建筑工程质量检查员
继续教育培训教材

(土建工程)

张大春 金孝权 等编著

中国建筑工业出版社

图书在版编目（CIP）数据

建筑工程质量检查员继续教育培训教材（土建工程）/
张大春，金孝权等编著.—北京：中国建筑工业出版社
，2009

ISBN 978-7-112-11283-8

Ⅰ.建… Ⅱ.①张…②金… Ⅲ.建筑工程—工程质量—
质量检查—终生教育—教材 Ⅳ.TU712

中国版本图书馆 CIP 数据核字（2009）第 169172 号

本书为建筑工程质量检查员继续教育而编写，分为土建工程、安装工程及市政工程三个分册。本册为土建部分，内容包括：建筑地面工程、屋面工程、地基与基础工程、钢结构工程、砌体工程、建筑装饰装修工程、幕墙工程、建筑节能工程施工质量验收、住宅工程质量分户验收规则及法律法规。

* * *

责任编辑：郦锁林
责任设计：赵明霞
责任校对：刘　钰　王雪竹

建筑工程质量检查员继续教育培训教材
（土建工程）
张大春　金孝权　等编著

*

中国建筑工业出版社出版、发行（北京西郊百万庄）
各地新华书店、建筑书店经销
南京碧峰印务有限公司制版
北京云浩印刷有限责任公司印刷

*

开本：850×1168 毫米　1/16　印张：13¾　字数：418 千字
2009 年 12 月第一版　2010 年 4 月第二次印刷
定价：36.00 元
ISBN 978-7-112-11283-8
(18615)

版权所有　翻印必究
如有印装质量问题，可寄本社退换
（邮政编码　100037）

《建筑工程质量检查员继续教育培训教材》
编写人员名单

（土建工程）

张大春	金孝权	陈 曦	陆金方
刘智璋	徐秋林	蒋礼兵	姚启玉
金同权	胡国良	成向权	王 飞

前　言

质量是建设工程永恒的主题,是建设工程的生命。抓好工程质量,需要所有各参建方的齐心努力。由于施工企业是主要建设方,所以对其管理人员的要求就更高。为贯彻建设部颁布的《建筑工程施工质量验收统一标准》等14本系列标准规范,提高工程质量检查员业务水平,江苏省建设厅从2002年11月开始对全省建筑工程质量检查员进行新规范的培训工作,2003年结合培训在全省进行土建、安装、市政专业质量检查员统一考试取证工作。从此以后,培训考试成为每年的例行工作,为江苏省施工企业培养了一大批合格的质量检查员。根据江苏省住房和城乡建设厅的要求,质量检查员取证五年后需重新进行继续教育和证书年检,为了做好继续教育工作,根据江苏省住房和城乡建设厅的统一安排,我们对原教材出版以来国家和江苏省颁布的有关规范和标准以及与质量管理有关的文件进行重新编撰,供广大学员继续教育培训时参考。

本教材由江苏省建设工程质量监督总站,江苏省建设教育协会组织,邀请多年从事工程质量监督和管理工作的专家进行编撰。以新出版的规范标准按照有关条文逐一列出说明;修订的规范标准主要将修改和增加的条文列出说明。本教材不是系统的教材,主要以2005年以后颁发和修改的标准、规范为主线,作为补充学习、继续教育使用。本书各章所列条款并非完全是原规范条款,主要是为了本书的条理性,所以可能和规范条款无关。每章均有相应的思考题,附在书后供大家参考。

由于本书内容涉及面较宽,编写时间有限,错漏之处在所难免,欢迎批评指正。

目　录

第一章　建筑地面工程
　第一节　水泥地面（砂浆、混凝土） ………………………………………………… 1
　第二节　楼梯踏步 ……………………………………………………………………… 2
　第三节　厨、卫间楼地面 ……………………………………………………………… 2
　第四节　地面基土 ……………………………………………………………………… 3
　第五节　质量验收要求 ………………………………………………………………… 3

第二章　屋面工程
　第一节　一般规定 ……………………………………………………………………… 4
　第二节　找平层 ………………………………………………………………………… 4
　第三节　卷材防水层 …………………………………………………………………… 4
　第四节　刚性防水层 …………………………………………………………………… 5
　第五节　细部构造 ……………………………………………………………………… 6
　第六节　质量验收要求 ………………………………………………………………… 7

第三章　地基与基础工程
　第一节　建筑桩基技术规范 …………………………………………………………… 8
　第二节　建筑变形测量规范 ………………………………………………………… 12

第四章　混凝土结构工程
　第一节　《建筑抗震设计规范》局部修订 ………………………………………… 15
　第二节　《住宅工程质量通病控制标准》中混凝土结构部分内容 ……………… 17
　第三节　钢筋混凝土用钢第1部分：热轧光圆钢筋 ……………………………… 23
　第四节　钢筋混凝土用钢第2部分：热轧带肋钢筋 ……………………………… 25
　第五节　普通混凝土用砂、石质量及检验方法标准 ……………………………… 31
　第六节　特色工法 …………………………………………………………………… 40

第五章　钢结构工程
　第一节　多层及高层钢结构安装焊接 ……………………………………………… 49
　第二节　焊接质量检查和缺陷返修 ………………………………………………… 55

第六章　砌体工程
　第一节　预拌砂浆 …………………………………………………………………… 61
　第二节　《住宅工程质量通病控制标准》砌体工程部分 ………………………… 72
　第三节　通用硅酸盐水泥 …………………………………………………………… 77
　第四节　砌筑砂浆 …………………………………………………………………… 83
　第五节　特色工法 …………………………………………………………………… 85

第七章　建筑装饰装修工程
　第一节　涉及建筑装饰装修工程的法律法规 ……………………………………… 89
　第二节　常见建筑装饰装修工程的质量通病及防治措施 ………………………… 89
　第三节　《建筑工程饰面砖砖粘结强度检验标准》 ……………………………… 91

第八章　幕墙工程

第一节　一般规定 …… 94
　　第二节　构件式玻璃幕墙 …… 101
　　第三节　石材幕墙专项要求 …… 107
　　第四节　金属板幕墙专项要求 …… 111
第九章　建筑节能工程施工质量验收(土建工程)
　　第一节　概述 …… 115
　　第二节　有关建筑节能工程术语解释 …… 117
　　第三节　管理基本要求 …… 118
　　第四节　墙体节能工程 …… 122
　　第五节　幕墙节能工程 …… 130
　　第六节　门窗节能工程 …… 134
　　第七节　屋面节能工程 …… 137
　　第八节　地面节能工程 …… 140
　　第九节　围护结构现场实体检验 …… 143
　　第十节　建筑节能分部工程质量验收 …… 147
第十章　住宅工程质量分户验收规则(土建工程)
　　第一节　基本规定 …… 164
　　第二节　室内地面 …… 166
　　第三节　室内墙面、顶棚抹灰工程 …… 166
　　第四节　空间尺寸 …… 167
　　第五节　门窗、护栏和护手、玻璃安装工程 …… 167
　　第六节　防水工程 …… 169
　　第七节　安装工程 …… 170
　　第八节　公共部位及其他 …… 174
第十一章　法律法规
　　一、民用建筑节能条例 …… 176
　　二、关于新建居住建筑严格执行节能设计标准的通知
　　　　建科[2005]55号 …… 181
　　三、关于印发《建筑门窗节能性能标识试点工作管理办法》的通知
　　　　建科[2006]319号 …… 184
　　四、关于印发《民用建筑节能信息公示办法》的通知
　　　　建科[2008]116号 …… 187
　　五、关于加强建筑节能材料和产品质量监督管理的通知
　　　　建科[2008]147号 …… 192
　　六、关于印发《关于进一步加强我省民用建筑节能工作的实施意见》的通知
　　　　苏建科[2005]206号 …… 195
　　七、江苏省建设厅关于印发《复合保温砂浆建筑保温系统应用管理暂行规定》的通知
　　　　苏建科[2007]144号 …… 200
　　八、江苏省建设厅关于加强节能建筑墙体自保温推广应用的通知
　　　　苏建科[2007]275号 …… 202
　　九、关于加强太阳能热水系统推广应用和管理的通知
　　　　苏建科[2007]361号 …… 204

十、江苏省建设厅关于统一使用《建筑节能工程施工质量验收资料》的通知
　　苏建质[2007]371号 ··· 206

十一、江苏省建设关于进一步加强复合保温砂浆建筑保温系统应用管理的通知
　　苏建函科[2008]228号 ··· 207

十二、江苏省建设厅关于加强建筑节能门窗和外遮阳应用管理工作的通知
　　苏建科[2008]269号 ··· 208

十三、江苏省建设厅关于印发《江苏省应用外墙外保温粘贴饰面砖做法技术规定》的通知
　　苏建科[2008]295号 ··· 209

第一章 建筑地面工程

本章内容主要根据江苏省工程建设标准《住宅工程质量通病控制标准》DGJ32/J 16－2005（楼地面工程）及《建筑地基基础工程施工质量验收规范》GB50202－2002有关要求编写。对日常检查中易出现的问题做了强调，主要提出了江苏省地方标准《住宅质量问题控制标准》的内容。

国家标准《建筑地面工程施工质量验收规范》GB50209－2002正在修订，2009年8月组织了审定，修订的内容主要是建筑材料方面的个别条文，日常工作中关注新规范的发布。

第一节 水泥地面（砂浆、混凝土）

1.1.1 面层为水泥砂浆时，应采用1:2水泥砂浆。细石混凝土面层的混凝土强度等级不应小于C20。

针对水泥楼地面起砂的质量通病，从设计、材料选用及施工控制几个方面提出了明确要求。砂子过细，拌料时需水量大，则水灰比大，易使面层混凝土强度降低，这是水泥楼地面发生起砂的主要原因之一，所以，规定应用中粗砂。

1.1.2 宜采用早期强度较高的硅酸盐水泥、普通硅酸盐水泥。选用中、粗砂，含泥量≤3%。面层为细石混凝土时，细石粒径不大于15mm，且不大于面层厚度的2/3；石子含泥量应≤1%。

砂子过细，拌料时需水量大，则水灰比大，易使面层混凝土强度降低。

1.1.3 浇筑面层混凝土或铺设水泥砂浆前基层应湿润，消除积水。

基层表面存在浮灰等杂物时，与面层之间出现隔离层，这是楼地面空鼓的主要原因；浇筑面层混凝土或铺设水泥砂浆前，应用压力水冲洗基层表面，保证基层表面湿润且无积水、无浮灰、无杂物。

1.1.4 严格控制水灰比，用于面层的水泥砂浆稠度应≤35mm，用于铺设地面的混凝土坍落度应≤30mm。

水泥砂浆面层要涂抹均匀，随抹随用短杠刮平；混凝土面层浇筑时应采用平板振捣器或辊子滚压，保证面层强度和密实。

1.1.5 掌握和控制压光时间，压光次数不少于2遍，分遍压实。

1.1.6 水泥楼地面面层施工24h后应进行养护并加强对成品的保护，连续养护时间不应少于7d；当环境温度低于5℃时，应采取防冻施工措施。

低温条件下水泥砂浆或混凝土面层易受冻强度降低。

楼地面不规则裂缝产生的主要原因，是材料选用不当或施工养护不到位。

采用涂刷界面剂或水泥浆增强基层与面层的粘结力是克服楼地面空鼓的有效措施。但是若涂刷后间隔很长时间才浇筑面层，此时涂刷的界面剂或水泥浆已结硬失去粘结力并形成隔离层，反而会造成地面空鼓，因此界面剂或水泥浆涂刷与浇筑面层要随刷随浇筑。

不应采用撒干水泥方法吸收表面泌水。

面层浇筑混凝土或铺设水泥砂浆完成后应及时采取覆盖和养护措施。

第二节 楼梯踏步

1.2.1 踏步阳角开裂或脱落防治措施

1 应在阳角处增设护角。

在踏步阳角设置护角铜条等是防止阳角开裂和脱落的有效措施。

2 踏步抹面(或抹底糙)前,应将基层清理干净,并充分洒水湿润。

3 抹砂浆前应先刷一度素水泥浆或界面剂,并严格做到随刷随抹。

4 砂浆稠度应控制在35mm左右。抹面工作应分次进行,每次抹砂浆厚度应控制在10mm之内。

5 踏步平、立面的施工顺序应先抹立面,后抹平面,使平立面的接缝在水平方向,并应将接缝搓压紧密。

6 抹面(或底糙)完成后应加强养护。养护天数为7~14d,养护期间应禁止行人上下。正式验收前,宜用木板或角钢置于踏步阳角处以防被碰撞损坏。

1.2.2 踏步尺寸不一致防治措施

1 楼梯结构施工阶段踏步、模板应用木模板制作,尺寸一致。

2 计算楼梯平台处结构标高与建筑标高差值,以此差值控制地面面层厚度。

3 统一楼梯面层做法,若平台与踏步面层做法不一致应在梯段结构层施工时调整结构尺寸。

4 面层抹灰时,调整楼面面层厚度使楼梯踏步尺寸统一。

造成楼梯踏步尺寸不一的主要原因是,楼梯结构施工阶段踏步分段尺寸不准或模板尺寸偏差,及楼梯面层施工时没有按实际结构尺寸与建筑标高的差值来调整面层厚度。

第三节 厨、卫间楼地面

1.3.1 厨卫间和有防水要求的建筑地面必须设置防水隔离层。

1.3.2 厨卫间和有防水要求的楼板周边除门洞外,应向上做一道高度不小于200mm的混凝土反梁,梁宽同墙宽,与楼板一同浇筑,地面标高应比室内其他房间地面低30mm。

本条反梁高度要求为200mm,略高于《建筑地面工程施工质量验收规范》GB 50209 120mm的要求。

1.3.3 主管道穿过楼面处,应设置金属套管。

1.3.4 上下水管等预留洞口坐标位置应正确,洞口形状为上大下小。

1.3.5 现浇板预留洞口填塞前,应将洞口清洗干净、毛化处理、涂刷加胶水泥浆作粘结层。洞口填塞分二次浇筑,先用掺入抗裂防渗剂的微膨胀细石混凝土浇筑至楼板厚度的2/3处,待混凝土凝固后进行4h蓄水试验;无渗漏后,用掺入抗裂防渗剂的水泥砂浆填塞。管道安装后,应在管周进行24h蓄水试验,不渗不漏后再做防水层。

1.3.6 防水层施工前,应先将楼板四周清理干净,阴角处粉成小圆弧。防水层的泛水高度不得小于300mm。

将防水层上翻300mm是保证墙角处不渗漏水的有效措施。

1.3.7 地面找平层朝地漏方向的排水坡度为1%~1.5%,地漏口最终标高应比相邻地面低5mm。

1.3.8 烟道根部向上300mm范围内宜采用聚合物防水砂浆粉刷或采用柔性防水层。

1.3.9 卫生间墙面应用防水砂浆分2次刮糙。

第四节 地面基土

1.4.1 基土填筑厚度及压实遍数应符合《建筑地基基础工程施工质量验收规范》GB50202 第6.3.3条的规定。

1.4.2 基土的质量验收按《建筑地基基础工程施工质量验收规范》GB50202 第6.3.4条的规定执行。

1.4.3 软弱基土上的混凝土垫层厚度不宜小于100mm,并应配置 $\phi 6$ 及以上双向钢筋网片,钢筋间距不应大于200mm。

1.4.4 基土应均匀密实,压实系数应符合设计要求。设计无要求时,不应小于0.9,压实系数应有试验报告。

基土填筑质量直接影响室内、外地面及散水坡的质量。基土应均匀密实,压实系数应符合设计要求。回填土的压实系数与土的种类和含水率有关。在检查验收时应检查分层压实系数的试验报告。试验应由法定检测机构进行,执行标准试验方法。

第五节 质量验收要求

1.5.1 面层与基层应结合牢固,无空鼓。

注:空鼓面积不应大于400cm^2,且每自然间(标准间)不多于2处可不计。

1.5.2 水泥地面面层不应有裂缝、脱皮、起砂等缺陷。

1.5.3 有防水要求的地面(厨卫间、开放式阳台等)不应有倒泛水和积水,蓄水深度最浅处大于20mm,蓄水时间不少于24h 试验无渗漏。

水泥地面极易出现起砂、空鼓、开裂等质量缺陷,特别是楼梯踏步阳角极易破损,本章对水泥地面的原材料质量、施工操作提出了最基本要求。

在对工程进行检查与验收时,以上三条是最基本的要求,实际操作时,应执行《建筑地面工程施工质量验收规范》GB 50209,此内容质检员取证时均已学习过,不再叙述。

思考题

1. 试述建筑地面工程中常见的质量通病。
2. 为什么当环境温度低于5℃时,应采取防冻施工措施?
3. 论述防止卫生间地面渗漏的措施。

第二章 屋面工程

本章的内容主要根据江苏省工程建设标准《住宅工程质量通病控制标准》DGJ32/J 16—2005（10 屋面工程）和《屋面工程技术规范》GB50345—2004 的有关要求编写。

第一节 一般规定

2.1.1 屋面工程施工前，施工单位应编制详细的施工方案，经监理工程师确认后组织施工。

2.1.2 屋面工程的防水层应由经资质审查合格的防水专业队伍进行施工。作业人员应持有当地建设行政主管部门颁发的上岗证。

防水工程施工，实际上是对防水材料的一次再加工，必须由防水专业队伍进行施工，才能保证防水工程的质量。

2.1.3 屋面工程所采用的防水、保温隔热材料应有产品合格证书和性能检测报告，材料的品种、规格、性能等应符合现行国家产品标准和设计要求。

2.1.4 屋面工程完工后，应按屋面工程质量验收规范的有关规定对细部构造、接缝、保护层等进行外观检验，并应进行淋水或蓄水检验。

目前，国家将屋面防水等级划分为四级，屋面质量保修期为五年。试想，居住在顶层的住户在屋面渗漏后多次进行维修，其生活是多么的不便。淮安市 2007 年作出规定，屋面、地下防水等级不低于二级。屋面防水层施工单位的资质、操作工人资格是《屋面工程质量验收规范》GB 50207 第 3.0.5 条作出的规定，这是保证屋面防水层施工质量的重要措施之一，在此强调一下。

第二节 找平层

2.2.1 水泥砂浆找平层配合比应符合设计要求，宜采用 1:2.5～1:3（水泥:砂）体积配合比，水灰比应小于 0.55。

2.2.2 水泥砂浆应用机械搅拌，严格控制水灰比，搅拌时间不应少于 1.5min，随拌随用。

2.2.3 水泥砂浆摊铺前，基层应清扫干净，用水充分湿润；摊铺时，应用水泥净浆涂刷一层，加强水泥砂浆与基层的粘结效果。

2.2.4 水泥砂浆摊铺和压实时，应用靠尺刮平，木抹子搓压，并在初凝收水前用铁抹子分两次压实和收光。

2.2.5 在松散材料保温层上做找平层时，宜选用细石混凝土，其厚度不宜小于为 30mm，混凝土强度等级应大于 C20，必要时，可在混凝土内配置双向 $\phi b4@200mm$ 的钢丝网片。

2.2.6 施工后，应及时用塑料薄膜或草帘覆盖浇水养护，使其表面保持湿润，养护时间不少于 7d。

实践证明，找平层的开裂能够引发防水卷材层的开裂和脱壳。通过控制找平层混凝土的施工质量、增设钢筋网片、合理设置分格缝和加强养护等措施来消除起砂、开裂和起皮现象。

第三节 卷材防水层

2.3.1 基层处理剂涂刷均匀，对屋面节点、周边、转角等用毛刷涂刷，基层处理剂、接缝胶粘剂、密封材料等应与铺贴的卷材材料相容。

2.3.2 防水层施工前,应将卷材表面清刷干净;热铺贴卷材时,玛琋脂应涂刷均匀、压实、挤密,确保卷材防水层与基层的粘结能力。

2.3.3 不应在雨天、大雾、雪天、大风天气和环境平均温度低于5℃时施工,并应防止基层受潮。

粘贴卷材防水屋面时,应严格控制基层的含水率,否则,易在气温影响下,水汽膨胀造成卷材防水层起鼓。

2.3.4 应根据建筑物的使用环境和气候条件选用合适的防水卷材和铺贴方法。上道工序施工完,应检查合格,方可进行下道工序。

2.3.5 卷材大面积铺贴前,应先做好节点密封处理、附加层和屋面排水较集中部位(如屋面与水落口连接处、檐口、天沟、檐沟、屋面转角处、板端缝等)细部构造处理、分格缝的空铺条处理等,应由屋面最低标高处向上施工;铺贴天沟、檐沟卷材时,宜顺天沟、檐沟方向铺贴,从水落口处向分水线方向铺贴,尽量减少搭接。

节点、附加层和屋面排水比较集中部位,出现渗漏现象较多,故应先行认真处理,检查无误后再开始铺贴大面积卷材,这是保证防水质量的重要措施之一,也是屋面防水施工中必须遵守的施工顺序。

2.3.6 上下层卷材铺贴方向应正确,不应相互垂直铺贴。

2.3.7 相邻两幅卷材的接头应相互错开300mm以上。

2.3.8 叠层铺贴时,上下层卷材间的搭接缝应错开;叠层铺设的各层卷材,在天沟与屋面的连接处应采取叉接法搭接,搭接缝应错开;接缝宜留在屋面或天沟侧面,不宜留在沟底,搭接无滑移、无翘边。

2.3.9 高聚物改性沥青防水卷材和合成高分子防水卷材的搭接缝,宜用材料性能相容的密封材料封严。

2.3.10 屋面各道防水层或隔汽层施工时,伸出屋面各管道、井(烟)道及高出屋面的结构根部,均应用柔性防水材料做泛水,高度不应小于250mm。管道泛水不应小于300mm,最后一道泛水应用卷材,并用管箍或压条将卷材上口压紧,再用密封材料封口。

干燥程度简易检验方法,是将$1m^2$卷材平坦的干铺在找平层上,静置3~4h后掀开检查,覆盖部位的找平层和卷材上未见水印,即可铺设防水卷材。

气候条件和地基变形程度以及屋面结构的形式决定了卷材的选用和施工方法。天沟、沿沟的防水构造应增铺附加层并采用能适应变形的密封处理。改性沥青胶粘剂、合成高分子胶粘剂应与卷材的性质相容,才能保证卷材接缝的粘结质量。

当前,卷材质量参差不齐,价格相差较大,设计文件中应注明防水卷材的名称、物理性能指标。

第四节 刚性防水层

2.4.1 刚性防水层与山墙、女儿墙以及突出屋面结构的交接处应留缝隙,缝宽15~20mm,并做柔性密封处理。

由于刚性防水层的温差变形及干燥变形,易造成刚性防水层开裂及推裂女儿墙的现象,故本条在这些部位留设缝隙,并用柔性防水材料对缝隙进行处理,以防渗漏。

2.4.2 细石混凝土防水层不应直接摊铺在砂浆基层上,与基层间应设置隔离层,隔离层可用纸胎油毡、聚乙烯薄膜、纸筋灰、1:3石灰砂浆。

2.4.3 在出屋面的管道与防水层相交的阴角处,应留设缝隙15~20mm宽,用密封材料嵌填,并加设柔性防水附加层;且收头处固定密封,其泛水宜做成圆弧形,并适当加厚。

2.4.4 细石混凝土防水屋面施工除应符合相关规范要求外,还应满足以下要求:

1 钢筋网片应采用焊接型网片。

2 混凝土浇捣时,宜先铺2/3厚度混凝土,并摊平,再放置钢筋网片,后铺1/3的混凝土,振捣并碾压密实,收水后分二次压光。

3 分格缝应上下贯通,缝内不得有水泥砂浆等杂物。待分格缝干燥后,用与密封材料相匹配的基层处理剂涂刷,待其表面干燥应立即嵌填防水油膏,密封材料底层应填背衬泡沫棒,分格缝上口粘贴不小于200mm宽的卷材保护层。

4 混凝土养护不少于14d。

由于刚性防水材料的表观密度大,抗拉强度低,极限拉应变小,且混凝土因温差变形、干湿变形及结构变位易产生裂缝,所以在防水节点处应留缝隙,并且用柔性密封材料加以处理,以防渗漏。做隔离层、分格缝、增设钢筋网的措施都是为了杜绝细石混凝土防水层产生的不规则裂缝。

实践证明,刚性混凝土防水层分格缝间距的大小对裂缝产生的影响关系较大,当为XPS保温板时,分格缝太小可能压不住。

第五节 细部构造

2.5.1 天沟、檐沟

1 天沟、檐沟应增设附加层,采用沥青防水卷材时,应增铺一层卷材;采用高聚物改性沥青防水卷材或合成高分子防水卷材时,宜采用防水涂膜增强层。

2 天沟、檐沟与屋面交接处的附加层宜空铺,空铺宽度不应小于200mm;天沟、檐沟卷材收头处应密封固定。

2.5.2 女儿墙泛水、压顶防水处理应符合下列要求:

1 女儿墙为砖墙时卷材收头可直接铺压在女儿墙的混凝土压顶下,如女儿墙较高时,可在砖墙上留凹槽,卷材收头应压入凹槽并用压条钉压固定,嵌填密封材料封闭,凹槽距屋面找平层的最低高度不应小于250mm。

2 女儿墙为混凝土时,卷材的收头采用镀锌钢板或不锈钢压条钉压固定,钉距≤900mm,并用密封材料封闭严密;泛水宜采用隔热防晒措施,在泛水卷材面砌砖后抹水泥砂浆或细石混凝土保护,或涂刷浅色涂料,或粘贴铝箔保护层。

2.5.3 水落口处防水处理应符合下列要求:

1 水落口杯埋设标高应正确,应考虑水落口设防时增加的附加层和柔性密封层的厚度及排水坡度加大的尺寸。

2 水落口周围500mm范围内坡度不应小于5%,并应先用防水涂料或密封材料涂封,其厚度为2~5mm,水落口杯与基层接触处应留宽20mm、深20mm的凹槽,以便嵌填密封材料。

2.5.4 变形缝的防水构造处理应符合下列要求:

1 变形缝的泛水高度不应小于250mm。

2 防水层应铺贴到变形缝两侧砌体的上部。

3 变形缝内应填充聚苯乙烯泡沫塑料,上部填放衬垫材料,并用卷材封盖。

4 变形缝顶部应加扣混凝土或金属盖板,混凝土盖板的接缝应用密封材料嵌填。

2.5.5 伸出屋面管道周围的找平层应做成圆锥台,管道与找平层间应留凹槽,并嵌填密封材料;防水层收头处,应用金属箍箍紧,并用密封材料封严,具体构造应符合下列要求:

1 管道根部500mm范围内,砂浆找平层应抹出高30mm坡向周围的圆锥台,以防根部积水。

2 管道与基层交接处预留20mm×20mm的凹槽,槽内用密封材料嵌填严密。

3 管道根部周围做附加增强层,宽度和高度不小于300mm。

4 防水层贴在管道上的高度不应小于300mm,附加层卷材应剪出切口,上下层切缝粘贴时错开,严密压盖。

5 附加层及卷材防水层收头处用金属箍箍紧在管道上,并用密封材料封严。

细部构造措施的处理原则是为了改善刚性防水层的整体防水性能,发挥不同材料的特点,消除质量通病。

细部构造质量如何,将直接影响屋面防水效果。屋面渗漏的主要原因:一是设计图纸节点细部构造标注不清;节点部位是应力集中、变形集中部位,应进行多道增强设防,可目前往往只作简单设防。二是施工人员对屋面防水节点细部构造要求不重视。

屋面防水节点细部构造是图纸会审中的重要内容之一。

第六节 质量验收要求

2.6.1 屋面面层不应有起砂、起皮、开裂等缺陷。

2.6.2 天沟、檐沟、泛水、变形缝等构造应符合设计要求。

2.6.3 屋面不应有积水现象(积水深度小于5mm不计)。

2.6.4 平屋面分块蓄水,蓄水深度最浅处不低于20mm,蓄水时间不少于24h不渗漏。

2.6.5 坡屋面在雨后或连续淋水2h后不渗漏。

思考题

1. 各屋面防水等级防水设防有何要求?
2. 屋面细部构造主要指哪些部位。
3. 屋面防水等级分为几级?
4. 屋面工程中,最常见的质量通病有哪些?

第三章 地基与基础工程

第一节 建筑桩基技术规范

本节主要介绍《建筑桩基技术规范》JGJ 94—2008,本规范是修订规范,介绍的内容主要是修订的内容。

3.1.1 《建筑桩基技术规范》JGJ94—2008 是在《建筑桩基技术规范》JGJ94—94 基础上修订而成,2008 年 4 月 22 日发布,2008 年 10 月 1 日实施。

3.1.2 本规范修订增加强条内容有 3 条:8.1.5 条、8.1.9 条、9.4.2 条。

3.1.3 为了在桩基设计与施工中贯彻执行国家的技术经济政策,做到安全适用、技术先进、经济合理、确保质量、保护环境,制定本规范。

新规范强调保护环境。成桩过程产生的噪声、振动、泥浆、挤土效应等对于环境的影响应作为选择成桩工艺的重要因素。

3.1.4 桩基的设计与施工,应综合考虑工程地质与水文地质条件、上部结构类型、使用功能、荷载特征、施工技术条件与环境;并应重视地方经验,因地制宜,注重概念设计,合理选择桩型、成桩工艺和承台形式,优化布桩,节约资源;强化施工质量控制与管理。

新规范注重概念设计。桩基概念设计的内涵是指综合上述诸因素制定该工程桩基设计的总体构思。包括桩型、成桩工艺、桩端持力层、桩径、桩长、单桩承载力、布桩、承台形式、是否设置后浇带等,它是施工图设计的基础。概念设计应在规范框架内,考虑桩、土、承台、上部结构相互作用对于承载力和变形的影响,既满足荷载与抗力的整体平衡,又兼顾荷载与抗力的局部平衡,以优化桩型选择和布桩为重点,力求减小差异变形,降低承台内力和上部结构次内力,实现节约资源、增强可靠性和耐久性。可以说,概念设计是桩基设计的核心。

3.1.5 灌注桩应按下列规定配筋:

1 配筋长度:

1) 端承型桩和位于坡地、岸边的基桩应沿桩身等截面或变截面通长配筋;

2) 摩擦型灌注桩配筋长度不应小于 2/3 桩长;当受水平荷载时,配筋长度尚不宜小于 $4.0/\alpha$(α 为桩的水平变形系数);

3) 对于受地震作用的基桩,桩身配筋长度应穿过可液化土层和软弱土层,进入稳定土层的深度不应小于《建筑桩基技术规范》JGJ 94—2008 第 3.4.6 条的规定;

4) 受负摩阻力的桩、因先成桩后开挖基坑而随地基土回弹的桩,其配筋长度应穿过软弱土层并进入稳定土层,进入的深度不应小于$(2\sim3)d$;

5) 抗拔桩及因地震作用、冻胀或膨胀力作用而受拔力的桩,应等截面或变截面通长配筋。

2 对于受水平荷载的桩,主筋不应小于 $8\phi12$;对于抗压桩和抗拔桩,主筋不应少于 $6\phi10$;纵向主筋应沿桩身周边均匀布置,其净距不应小于 60mm;

3 箍筋应采用螺旋式,直径不应小于 6mm,间距宜为 $200\sim300$mm;受水平荷载较大的桩基、承受水平地震作用的桩基以及考虑主筋作用计算桩身受压承载力时,桩顶以下范围内的箍筋应加密,间距不应大于 100mm;当桩身位于液化土层范围内时箍筋应加密;当考虑箍筋受力作用时,箍筋配置应符合现行国家标准《混凝土结构设计规范》GB50010 的有关规定;当钢筋笼长度超过 4m 时,应每隔 2m 设一道直径不小于 12mm 的焊接加劲箍筋。

配筋长度,主要考虑轴向荷载的传递特征及荷载性质。对于端承桩应通长等截面配筋,摩擦型桩宜分段变截面配筋;当桩较长也可部分长度配筋,但不宜小于 2/3 桩长。当受水平力时,尚不应小于反弯点下限;当有可液化层、软弱土层时,纵向主筋应穿越这些土层进入稳定土层一定深度。对于抗拔桩应根据桩长、裂缝控制等级、桩侧土性等因素通长等截面或变截面配筋。对于受水平荷载桩,其极限承载力受配筋率影响大,主筋不应小于 $8\phi12$,以保证受拉区主筋不小于 $3\phi12$。对于抗压桩和抗拔桩,为保证桩身钢筋笼的成型刚度以及桩身承载力的可靠性,主筋不应小于 $6\phi10$,$d \leqslant 400mm$ 时,不应小于 $4\phi10$。

关于箍筋的配置,主要考虑三方面因素。一是箍筋的受剪作用,对于地震设防地区,基桩桩顶要承受较大剪力和弯矩,在风载等水平力作用下也同样如此,故规定桩顶范围箍筋应适当加密,一般间距为 100mm;二是箍筋在轴压荷载下对混凝土起到约束加强作用,可大幅提高桩身受压承载力,而桩顶部分荷载最大,故桩顶部位箍筋应适当加密;三是为控制钢筋笼的刚度,根据桩身直径不同,箍筋直径一般为 $\phi6 \sim \phi12$,加劲箍为 $\phi12 \sim \phi18$。

3.1.6 桩身混凝土及混凝土保护层厚度应符合下列要求:

1 桩身混凝土强度等级不得小于 C25,混凝土预制桩尖强度等级不得小于 C30;

2 四类、五类环境中桩身混凝土保护层厚度应符合国家现行标准《港口工程混凝土结构设计规范》JTJ267、《工业建筑防腐蚀设计规范》GB50046 的相关规定。

桩身混凝土的最低强度等级由原规定 C20 提高到 C25,这主要是根据《混凝土结构设计规范》GB50010 规定,设计使用年限为 50 年,环境类别为二 a 时,最低强度等级为 C25;环境类别为二 b 时,最低强度等级为 C30。

3.1.7 钻孔达到设计深度,灌注混凝土之前,孔底沉渣厚度指标应符合下列规定:

1 对端承型桩,不应大于 50 mm;

2 对摩擦型桩,不应大于 100 mm;

3 对抗拔、抗水平力桩,不应大于 200 mm。

灌注混凝土之前,孔底沉渣厚度指标规定,对端承型桩不应大于 50mm;对摩擦型桩不应大于 100mm。首先这是多年灌注桩的施工经验;其二,近年对于桩底不同沉渣厚度的试桩结果表明,沉渣厚度大小不仅影响端阻力的发挥,而且也影响侧阻力的发挥。这是近年来灌注桩承载性状的重要发现之一,故对原规范关于摩擦桩沉渣厚度≤300mm 进行修订。

3.1.8 钢筋笼吊装完毕后,应安置导管或气泵管二次清孔,并应进行孔位、孔径、垂直度、孔深、沉渣厚度等检验,合格后应立即灌注混凝土。

3.1.9 长螺旋钻孔压灌桩

1 当需要穿越老黏土、厚层砂土、碎石土以及塑性指数大于 25 的黏土时,应进行试钻。

2 钻机定位后,应进行复检,钻头与桩位点偏差不得大于 20 mm,开孔时下钻速度应缓慢;钻进过程中,不宜反转或提升钻杆。

3 钻进过程中,当遇到卡钻、钻机摇晃、偏斜或发生异常声响时,应立即停钻,查明原因,采取相应措施后方可继续作业。

4 根据桩身混凝土的设计强度等级,应通过试验确定混凝土配合比;混凝土坍落度宜为 180 ~220 mm;粗骨料可采用卵石或碎石,最大粒径不宜大于 30 mm;可掺加粉煤灰或外加剂。

5 混凝土泵应根据桩径选型,混凝土输送泵管布置宜减少弯道,混凝土泵与钻机的距离不宜超过 60m。

6 桩身混凝土的泵送压灌应连续进行,当钻机移位时,混凝土泵料斗内的混凝土应连续搅拌,泵送混凝土时,料斗内混凝土的高度不得低于 400 mm。

7 混凝土输送泵管宜保持水平,当长距离泵送时,泵管下面应垫实。

8 当气温高于 30℃时,宜在输送泵管上覆盖隔热材料,每隔一段时间应洒水降温。

9 钻至设计标高后,应先泵入混凝土并停顿 10~20s,再缓慢提升钻杆。提钻速度应根据土层情况确定,且应与混凝土泵送量相匹配,保证管内有一定高度的混凝土。

10 在地下水位以下的砂土层中钻进时,钻杆底部活门应有防止进水的措施,压灌混凝土应连续进行。

11 压灌桩的充盈系数宜为 1.0~1.2。桩顶混凝土超灌高度不宜小于 0.3~0.5m。

12 成桩后,应及时清除钻杆及泵(软)管内残留混凝土。长时间停置时,应采用清水将钻杆、泵管、混凝土泵清洗干净。

13 混凝土压灌结束后,应立即将钢筋笼插至设计深度。钢筋笼插设宜采用专用插筋器。

长螺旋钻孔压灌桩成桩工艺是国内近年开发且使用较广的一种新工艺,适用于地下水位以上的黏性土、粉土、素填土、中等密实以上的砂土,属非挤土成桩工艺,该工艺有穿透力强、低噪声、无振动、无泥浆污染、施工效率高、质量稳定等特点。

长螺旋钻孔压灌桩成桩施工时,为提高混凝土的流动性,一般宜掺入粉煤灰。混凝土的粉煤灰掺量宜为 70~90kg/m³,坍落度应控制在 160~200mm,这主要是考虑保证施工中混合料的顺利输送。坍落度过大,易产生泌水、离析等现象,在泵压作用下,骨料与砂浆分离,导致堵管。坍落度过小,混合料流动性差,也容易造成堵管。另外所用粗骨料石子粒径不宜大于 30mm。

长螺旋钻孔压灌桩成桩,应准确掌握提拔钻杆时间,钻至预定标高后,开始泵送混凝土,管内空气从排气阀排出,待钻杆内管及输送软、硬管内混凝土达到连续时提钻。若提钻时间较晚,在泵送压力下钻头处的水泥浆液被挤出,容易造成管路堵塞。应杜绝在泵送混凝土前提拔钻杆,以免造成桩端处存在虚土或桩端混合料离析、端阻力减小。提拔钻杆中应连续泵料,特别是在饱和砂土、饱和粉土层中不得停泵待料,避免造成混凝土离析、桩身缩径和断桩,目前施工多采用商品混凝土或现场用两台 0.5m³ 的强制式搅拌机拌制。

灌注桩后插钢筋笼工艺近年有较大发展,插笼深度提高到目前 20~30m,较好地解决了地下水位以下压灌桩的配筋问题。但后插钢筋笼的导向问题没有得到很好的解决,施工时应注意根据具体条件采取综合措施控制钢筋笼的垂直度和保护层有效厚度。

3.1.10 灌注桩后注浆

1 灌注桩后注浆法可用于各类钻、挖、冲孔灌注桩及地下连续墙的沉渣(虚土)、泥皮和桩底、桩侧一定范围土体的加固。

灌注桩桩底后注浆和桩侧后注浆技术具有以下特点:一是桩底注浆采用管式单向注浆阀,有别于构造复杂的注浆预载箱、注浆囊、U 形注浆管,实施开敞式注浆,其竖向导管可与桩身完整性声速检测兼用,注浆后可代替纵向主筋;二是桩侧注浆是外置于桩土界面的弹性注浆阀,不同于设置桩身内的袖阀式注浆管,可实现桩身无损注浆。注浆装置安装简便、成本较低、可靠性高,适用于不同钻具成孔的锥形和平底孔型。

灌注桩后注浆是灌注桩的辅助工法。该技术旨在通过桩底桩侧后注浆固化沉渣(虚土)和泥皮,并加固桩底和桩周一定范围的土体,以大幅提高桩的承载力,增强桩的质量稳定性,减小桩基沉降。对于干作业的钻、挖孔灌注桩,经实践表明均取得良好成效。故本规定适用于除沉管灌注桩外的各类钻、挖、冲孔灌注桩。该技术目前已应用于全国二十多个省市的数以千计的桩基工程中。

2 后注浆装置的设置应符合下列规定:
1) 后注浆导管应采用钢管,且应与钢筋笼加劲筋绑扎固定或焊接;

2）桩端后注浆导管及注浆阀数量宜根据桩径大小设置。对于直径不大于1200mm的桩，宜沿钢筋笼圆周对称设置2根；对于直径大于1200mm而不大于2500mm的桩，宜对称设置3根；

3）对于桩长超过15m且承载力增幅要求较高者，宜采用桩端桩侧复式注浆。桩侧后注浆管阀设置数量应综合地层情况、桩长和承载力增幅要求等因素确定，可在离桩底5～15m以上、桩顶8m以下，每隔6～12m设置一道桩侧注浆阀，当有粗粒土时，宜将注浆阀设置于粗粒土层下部，对于干作业成孔灌注桩宜设于粗粒土层中部；

4）对于非通长配筋桩，下部应有不少于2根与注浆管等长的主筋组成的钢筋笼通底；

5）钢筋笼应沉放到底，不得悬吊，下笼受阻时不得撞笼、墩笼、扭笼。

桩底后注浆管阀的设置数量应根据桩径大小确定，最少不少于2根，对于$d>1200$mm桩应增至3根。目的在于确保后注浆浆液扩散的均匀对称及后注浆的可靠性。桩侧注浆断面间距视土层性质、桩长、承载力增幅要求而定，宜为6～12m。

3.1.11 后注浆阀应具备下列性能：

1 注浆阀应能承受1MPa以上静水压力；注浆阀外部保护层应能抵抗砂石等硬质物的刮撞而不致使管阀受损；

2 注浆阀应具备逆止功能。

3.1.12 浆液配比、终止注浆压力、流量、注浆量等参数设计应符合下列规定：

1 浆液的水灰比应根据土的饱和度、渗透性确定，对于饱和土水灰比宜为0.45～0.65，对于非饱和土水灰比宜为0.7～0.9（松散碎石土、砂砾宜为0.5～0.6）；低水灰比浆液宜掺入减水剂；

2 桩端注浆终止注浆压力应根据土层性质及注浆点深度确定，对于风化岩、非饱和黏性土及粉土，注浆压力宜为3～10MPa；对于饱和土层注浆压力宜为1.2～4MPa，软土宜取低值，密实黏性土宜取高值；

3 注浆流量不宜超过75L/min；

4 单桩注浆量的设计应根据桩径、桩长、桩端桩侧土层性质、单桩承载力增幅及是否复式注浆等因素确定，可按下式估算：

$$G_c = \alpha_p d + \alpha_s n d$$

式中　α_p、α_s——分别为桩端、桩侧注浆量经验系数，$\alpha_p = 1.5 \sim 1.8$，$\alpha_s = 0.5 \sim 0.7$；对于卵石、砾石、中粗砂取较高值；

　　　　n——桩侧注浆断面数；

　　　　d——基桩设计直径(m)；

　　　　G_c——注浆量，以水泥质量计(t)；

对独立单桩、桩距大于6d的群桩和群桩初始注浆的数根基桩的注浆量应按上述估算值乘以1.2的系数；

5 后注浆作业开始前，宜进行注浆试验，优化并最终确定注浆参数。

3.1.13 后注浆作业起始时间、顺序和速率应符合下列规定：

1 注浆作业宜于成桩2d后开始；

2 注浆作业与成孔作业点的距离不宜小于8～10m；

3 对于饱和土中的复式注浆顺序宜先桩侧后桩端；对于非饱和土宜先桩端后桩侧；多断面桩侧注浆应先上后下；桩侧桩端注浆间隔时间不宜少于2h；

4 桩端注浆应对同一根桩的各注浆导管依次实施等量注浆；

5 对于桩群注浆宜先外围、后内部。

浆液水灰比是根据大量工程实践经验提出的。水灰比过大容易造成浆液流失，降低后注浆的有效性；水灰比过小会增大注浆阻力，降低可注性，乃至转化为压密注浆。因此，水灰比的大小应根据土层类别、土的密实度、土是否饱和诸因素确定。当浆液水灰比不超过0.5时,加入减水、微膨胀等外加剂在于增加浆液的流动性和对土体的增强效应。确保最佳注浆量是确保桩的承载力增幅达到要求的重要因素,过量注浆会增加不必要的消耗,应通过试注浆确定。这里推荐的用于预估注浆量公式是以大量工程经验确定有关参数推导提出的。关于注浆作业起始时间和顺序的规定是大量工程实践经验的总结,对于提高后注浆的可靠性和有效性至关重要。

3.1.14 当满足下列条件之一时可终止注浆:
1 注浆总量和注浆压力均达到设计要求;
2 注浆总量已达到设计值的75%,且注浆压力超过设计值。

3.1.15 当注浆压力长时间低于正常值或地面出现冒浆或周围桩孔串浆,应改为间歇注浆,间歇时间宜为30~60min,或调低浆液水灰比。

3.1.16 后注浆施工过程中,应经常对后注浆的各项工艺参数进行检查,发现异常应采取相应处理措施。当注浆量等主要参数达不到设计值时,应根据工程具体情况采取相应措施。

3.1.17 后注浆桩基工程质量检查和验收应符合下列要求:
1 后注浆施工完成后应提供水泥材质检验报告、压力表检定证书、试注浆记录、设计工艺参数、后注浆作业记录、特殊情况处理记录等资料;
2 在桩身混凝土强度达到设计要求的条件下,承载力检验应在后注浆20d后进行,浆液中掺入早强剂时可于注浆15d后进行。

规定终止注浆的条件是为了保证后注浆的预期效果及避免无效过量注浆。采用间歇注浆的目的是通过一定时间的休止使已压入浆提高抗浆液流失阻力,并通过调整水灰比消除规定中所述的两种不正常现象。实践过程曾发生过高压输浆管接口松脱或爆管而伤人的事故,因此,操作人员应采取相应的安全防护措施。

3.1.18 桩的连接可采用焊接、法兰连接或机械快速连接(螺纹式、咬合式)。

管桩接桩有焊接、法兰连接和机械快速连接三种方式。本规范对不同连接方式的技术要点和质量控制作出相应规定,以避免以往工程实践中常见的由于接桩质量问题导致沉桩过程由于锤击拉应力和土体上涌接头被拉断的事故。

3.1.19 挖土应均衡分层进行,对流塑状软土的基坑开挖,高差不应超过1m。

本条改为强制性条文。软土地区基坑开挖分层均衡进行极其重要。某电厂厂房基础,桩断面尺寸为450mm×450mm,基坑开挖深度4.5m。由于没有分层挖土,由基坑的一边挖至另一边,先挖部分的桩体发生很大水平位移,有些桩由于位移过大而断裂。类似的由于基坑开挖失当而引起的事故在软土地区屡见不鲜。因此对挖土顺序必须合理适当,严格均衡开挖,高差不应超过1m;不得于坑边弃土;对已成桩须妥善保护,不得让挖土设备撞击;对支护结构和已成桩应进行严密监测。

3.1.20 在承台和地下室外墙与基坑侧壁间隙回填土前,应排除积水,清除虚土和建筑垃圾,填土应按设计要求选料,分层夯实,对称进行。

本条改为强制性条文。

3.1.21 工程桩应进行承载力和桩身质量检验。

本条改为强制性条文。新规范规定:静荷载试验对工程桩单桩竖向承载力检测可按现行行业标准《建筑基桩检测技术规范》JGJ 106执行。

第二节　建筑变形测量规范

本节介绍建筑变形测量要求。

3.2.1 《建筑变形测量规范》JGJ8—2007是在《建筑变形测量规范》JGJ/T8—97基础上修订而成,

2007年9月4日发布,2008年3月1日实施。

3.2.2 建筑沉降观测可根据需要,分别或组合测定建筑场地沉降、基坑回弹、地基土分层沉降以及基础和上部结构沉降。对于深基础建筑或高层、超高层建筑,沉降观测应从基础施工时开始。

对于深基础或高层、超高层建筑,基础的荷载不可漏测,观测点需从基础底板开始布设并观测。据某设计院提供的资料,如仅在建筑底层布设观测点,将漏掉$5t/m^3$的荷载(约等于三层楼),从而将影响变形的整体分析。因此,对这类建筑的沉降观测,应从基础施工时就开始,以获取基础和上部结构的沉降量。

3.2.3 各类沉降观测的级别和精度要求,应视工程的规模、性质及沉降量的大小及速度确定。

同一测区或同一建筑物随着沉降量和沉降速度的变化,原则上可以采用不同的沉降观测等级和精度,因为有的工程由于沉降观测初期沉降量较大或非常明显,采用较高精度不仅费时、费工造成浪费,而且也无必要。而在观测后期或经过治理以后沉降量较小,采用低精度观测则不能正确反映其沉降量。同一测区也有沉降量大的区域和小的区域,采用不同的观测等级和精度较为经济,也符合要求。但一般情况下,如果变形量差别不是很大,还是采用一种观测精度较为方便。

3.2.4 布设沉降观测点时,应结合建筑结构、形状和场地工程地质条件,并应顾及施工和建成后的使用方便。同时,点位应易于保存,标志应稳固美观。

3.2.5 各类沉降观测应根据本规范第9.1节的规定及时提交相应的阶段性成果和综合成果。

规范第9.1节对建筑变形测量阶段性成果和综合成果的内容进行了较详细的规定。对于不同类型的变形测量,应提交的图表可能有所不同。因此本规范对各类变形测量提出了应提交的主要图表类型,分别列在规范的有关章节中,结合规范学习。

3.2.6 建筑场地沉降观测

建筑场地沉降观测应分别测定建筑相邻影响范围之内的相邻地基沉降与建筑相邻影响范围之外的场地地面沉降。

现行规范删除了原规程JGJ/T 8—97中此条的"注"。原文为"注:1 相邻地基沉降,系指由于毗邻高低层建筑荷载差异、新建高层建筑基坑开挖、基础施工中井点降水、基础大面积打桩等因素引起的相邻地基土应力重新分布而产生的附加沉降;2 场地地面沉降,系指由于长期降雨、下水道漏水、地下水位大幅度变化、大量堆载和卸载、地裂缝、潜蚀、砂土液化以及采掘等原因引起的一定范围内的地面沉降。"

将建筑场地沉降观测分为相邻地基沉降观测与场地地面沉降观测,是根据建筑设计、施工的实际需要特别是软土地区密集房屋之间的建筑施工需要来确定的。这两种沉降的定义见本规范第2.1节术语,结合现行规范进行学习。

毗邻的高层与低层建筑或新建与已建的建筑,由于荷载的差异,引起相邻地基土的应力重新分布,而产生差异沉降,致使毗邻建筑物遭到不同程度的危害。差异沉降越大,建筑刚度越差,危害愈烈,轻者房屋粉刷层坠落、门窗变形,重则地坪与墙面开裂、地下管道断裂,甚至房屋倒塌。因此建筑场地沉降观测的首要任务是监视已有建筑安全,开展相邻地基沉降观测。

在相邻地基变形范围之外的地面,由于降雨、地下水等自然因素与堆卸、采掘等人为因素的影响,也产生一定沉降,并且有时相邻地基沉降与场地地面沉降还会交错重叠。但两者的变形性质与程度毕竟不同,分别研究场地与建筑共同沉降的程度、进行整体变形分析和有效验证设计参数是有益的。

3.2.7 基坑回弹观测

回弹观测点的布设,应根据基坑形状、大小、深度及地质条件确定,用适当的点数测出所需纵横断面的回弹量。可利用回弹变形的近似对称特性,按下列规定布点:

对于矩形基坑,应在基坑中央及纵(长边)横(短边)轴线上布设,纵向每8~10m布一点,横向每3~4m布一点。对其他形状不规则的基坑,可与设计人员商定。

基坑回弹观测比较复杂,需要建筑设计、施工和测量人员密切配合才能完成。回弹观测点埋设也十分费时、费工,在基坑开挖时保护也相当困难,因此在选定点位时要与设计人员讨论,原则上以较少数量的点位能测出基坑必要的回弹量为出发点。

3.2.8 建筑沉降观测

1 沉降观测的标志可根据不同的建筑结构类型和建筑材料、采用墙(柱)标志、基础标志和隐蔽式标志等形式,并符合下列规定:

当应用静力水准测量方法进行沉降观测时,观测标志的形式及其埋设,应根据采用的静力水准仪的型号、结构、读数方式以及现场条件确定。标志的规格尺寸设计,应符合仪器安置的要求。

2 沉降观测的作业方法和技术要求对特级、一级沉降观测,应按本规范第4.4节的规定执行。本书未介绍沉降观测方法,沉降观测方法主要由测量人员掌握。

思考题

一、问答题

1. 选择成桩工艺的重要因素有哪些?
2. 桩身混凝土及混凝土保护层厚度应符合哪些要求?
3. 钻孔灌注桩在灌注混凝土之前,孔底沉渣厚度指标应符合哪些规定?
4. 钻孔灌注桩在钢筋笼吊装完毕至灌注混凝土之间,应进行哪些施工和检验?
5. 长螺旋钻孔压灌桩有哪些特点?
6. 灌注桩桩底后注浆和桩侧后注浆技术有哪些特点?
7. 后注浆作业起始时间、顺序和速率应符合哪些规定?
8. 建筑沉降是否进入稳定阶段应怎样判定?
9. 建筑沉降观测应提交哪些图表?

二、论述题

论述建筑沉降观测点宜设置的位置。

第四章 混凝土结构工程

本章主要介绍《建筑抗震设计规范》局部修订内容、《住宅工程质量通病控制标准》中混凝土结构部分内容、《钢筋混凝土用钢第1部分:热轧光圆钢筋》GB 11499.1—2008、《钢筋混凝土用钢第2部分:热轧带肋钢筋》GB1499.2—2007、《普通混凝土用砂、石质量及检验方法标准》JGJ 52—2006。

第一节 《建筑抗震设计规范》局部修订

汶川地震表明,严格按照现行规范进行设计、施工和使用的建筑,在遭遇比当地设防烈度高一度的地震作用下,没有出现倒塌破坏,有效地保护了人民的生命安全。说明我国在1976年唐山地震后,建设部做出房屋从6度开始抗震设防和按高于设防烈度一度的"大震"不倒塌的设防目标进行抗震设计的决策是正确的。

4.1.1 结构构件应符合下列要求:

1 砌体结构应按规定设置钢筋混凝土圈梁和构造柱、芯柱,或采用配筋砌体等。

2 混凝土结构构件应控制截面尺寸和纵向受力钢筋与箍筋的设置,防止剪切破坏先于弯曲破坏、混凝土的压溃先于钢筋的屈服、钢筋的锚固先于构件破坏。

3 预应力混凝土构件,应配有足够的非预应力钢筋。

4 钢结构构件应避免局部失稳或整个构件失稳。

5 多、高层的混凝土楼、屋盖宜优先采用现浇混凝土板。当采用混凝土预制装配式楼、屋盖时,应从楼盖体系和构造上采取措施确保各预制板之间连接的整体性。

本条针对预制混凝土板在强烈地震中容易脱落导致人员伤亡的震害,增加了推荐采用现浇楼、屋盖,特别强调装配式楼、屋盖需加强整体性的基本要求。

4.1.2 附着于楼、屋面结构上的非结构构件,以及楼梯间的非承重墙体,应采取与主体结构可靠连接或锚固等避免地震时倒塌伤人或砸坏重要设备的措施。

本条新增疏散通道的楼梯间墙体的抗震安全性要求,提高对生命的保护。

4.1.3 框架结构的围护墙和隔墙,应考虑其设置对结构抗震的不利影响,避免不合理设置而导致主体结构的破坏。

本条新增为强制性条文,以加强围护墙、隔墙等建筑非结构构件的抗震安全性,提高对生命的保护。

4.1.4 结构材料性能指标,应符合下列最低要求:

1 砌体结构材料应符合下列规定:

1)烧结普通砖和烧结多孔砖的强度等级不应低于MU10,其砌筑砂浆强度等级不应低于M5;

2)混凝土小型空心砌块的强度等级不应低于MU7.5,其砌筑砂浆强度等级不应低于M7.5。

2 混凝土结构材料应符合下列规定:

1)混凝土的强度等级,框支梁、框支柱及抗震等级为一级的框架梁、柱、节点核心区,不应低于C30;构造柱、芯柱、圈梁及其他各类构件不应低于C20;

2)抗震等级为一、二级的框架结构,其纵向受力钢筋采用普通钢筋时,钢筋的抗拉强度实测值与屈服强度实测值的比值不应小于1.25;钢筋的屈服强度实测值与强度标准值的比值不应大于

1.3;且钢筋在最大拉力下的总伸长率实测值不应小于9%。

  3 钢结构的钢材应符合下列规定：

   1）钢材的屈服强度实测值与抗拉强度实测值的比值不应大于0.85；

   2）钢材应有明显的屈服台阶，且伸长率不应小于20%；

   3）钢材应有良好的焊接性和合格的冲击韧性。

  本条将烧结黏土砖改为烧结砖，适用范围更宽些。

  新增加的钢筋伸长率的要求，是控制钢筋延性的重要性能指标。其取值依据产品标准《钢筋混凝土用钢 第2部分：热轧带肋钢筋》GB1499.2—2007 规定的钢筋抗震性能指标提出。

  结构钢材的性能指标，按钢材产品标准《建筑结构用钢》GB/T 19879—2005 规定的性能指标，将分子、分母对换，改为屈服强度与抗拉强度的比值。

4.1.5 结构材料性能指标，尚宜符合下列要求：

  1 普通钢筋宜优先采用延性、韧性和焊接性较好的钢筋；普通钢筋的强度等级，纵向受力钢筋宜选用符合抗震性能指标的 HRB400 级热轧钢筋，也可采用符合抗震性能指标的 HRB335 级热轧钢筋；箍筋宜选用符合抗震性能指标的 HRB335、HRB400 级热轧钢筋。

  注：钢筋的检验方法应符合现行国家标准《混凝土结构工程施工质量验收规范》GB50204 的规定。

  2 混凝土结构的混凝土强度等级，9 度时不宜超过 C60，8 度时不宜超过 C70。

  3 钢结构的钢材宜采用 Q235 等级 B、C、D 的碳素结构钢及 Q345 等级 B、C、D、E 的低合金高强度结构钢；当有可靠依据时，尚可采用其他钢种和钢号。

  本次修订，考虑到产品标准《钢筋混凝土用钢 第2部分：热轧带肋钢筋》GB1499.2—2007 增加了抗震钢筋的性能指标（强度等级编号加字母 E），条文作了相应改动。

4.1.6 当需要以强度等级较高的钢筋替代原设计中的纵向受力钢筋时，应按照钢筋承载力设计值相等的原则换算，并应满足最小配筋率、抗裂验算等要求。

  本条新增为强制性条文，以加强对施工质量的监督和控制，实现预期的抗震设防目标。文字有所修改，将构造要求等具体化。

4.1.7 钢筋混凝土构造柱、芯柱和底部框架—抗震墙砖房中砖抗震墙的施工，应先砌墙后浇构造柱、芯柱和框架梁柱。

  本条新增为强制性条文，以加强对施工质量的监督和控制，实现预期的抗震设防目标。

4.1.8 普通砖、多孔砖和小砌块砌体承重房屋的层高，不应超过 3.6m；底部框架—抗震墙房屋的底部和内框架房屋的层高，不应超过 4.5m。

  注：当使用功能确有需要时，采用约束砌体等加强措施的普通砖墙体的层高不应超过3.9m。

  作为例外，本条补充了砌体结构层高采用 3.9m 的条件。

4.1.9 多层砌体房屋的结构体系，应符合下列要求：

  1 应优先采用横墙承重或纵横墙共同承重的结构体系。

  2 纵横墙的布置宜均匀对称，沿平面内宜对齐，沿竖向应上下连续；同一轴线上的窗间墙宽度宜均匀。

  3 房屋有下列情况之一时宜设置防震缝，缝两侧均应设置墙体，缝宽应根据烈度和房屋高度确定，可采用 50～100mm：

   1）房屋立面高差在 6m 以上；

   2）房屋有错层，且楼板高差较大；

   3）各部分结构刚度、质量截然不同。

  4 楼梯间不宜设置在房屋的尽端和转角处。

  5 烟道、风道、垃圾道等不应削弱墙体；当墙体被削弱时，应对墙体采取加强措施；不宜采用无竖向配筋的附墙烟囱及出屋面的烟囱。

　　6　教学楼、医院等横墙较少、跨度较大的房屋,宜采用现浇钢筋混凝土楼、屋盖。

　　7　不应采用无锚固的钢筋混凝土预制挑檐。

　　本条补充了对教学楼、医院等横墙较少砌体房屋的楼、屋盖体系的要求,以加强横墙较少、跨度较大房屋的楼、屋盖的整体性。

4.1.10　楼梯间应符合下列要求:

　　1　顶层楼梯间横墙和外墙应沿墙高每隔500mm设2φ6通长钢筋;7～9度时其他各层楼梯间墙体应在休息平台或楼层半高处设置60mm厚的钢筋混凝土带或配筋砖带,其砂浆强度等级不应低于M7.5,纵向钢筋不应少于2φ10。

　　2　楼梯间及门厅内墙阳角处的大梁支承长度不应小于500mm,并应与圈梁连接。

　　3　装配式楼梯段应与平台板的梁可靠连接;不应采用墙中悬挑式踏步或踏步竖肋插入墙体的楼梯,不应采用无筋砖砌栏板。

　　4　突出屋顶的楼、电梯间,构造柱应伸到顶部,并与顶部圈梁连接,内外墙交接处应沿墙高每隔500mm设2φ6通长拉结钢筋。

　　本条新增为强制性条文,楼梯间作为地震疏散通道,而且地震时受力比较复杂,容易造成破坏,故提高了砌体结构楼梯间的构造要求。

第二节　《住宅工程质量通病控制标准》中混凝土结构部分内容

4.2.1　混凝土结构裂缝

　　1　住宅的建筑平面应规则,避免平面形状突变。当平面有凹口时,凹口周边楼板的配筋应适当加强;当楼板平面形状不规则时,应调整平面或采取构造措施。

　　本条出自《建筑抗震设计规范》GB50011—2001第3.4条。强调本条的目的,在于防止由于建筑平面不规则而导致现浇楼板裂缝的出现。因为住宅的建筑平面不规则,如楼板缺角的凹角处或带有外挑转角阳台的凸角板端、楼板在相邻板跨连接处厚薄相差过于悬殊、局部开洞、错层等情况下,都会产生应力集中现象,对钢筋混凝土现浇楼板裂缝的防治非常不利。

　　2　钢筋混凝土现浇楼板(以下简称现浇板)的设计厚度不宜小于120mm,厨房、浴厕、阳台板不应小于90mm。

　　楼板设计厚度过薄,则楼板刚度小,易变形,且不能满足建筑物正常使用功能的要求,对现浇板配筋和板内预埋管线布置楼层隔声等都有影响,根据南京市住宅工程质量通病防治经验,并参考其他城市的做法,现浇板的合理厚度应不小于本标准中的规定,这个指标要高于《混凝土结构设计规范》GB50010中现浇板最小厚度的规定。理论与试点工程的经验表明,提高板厚对防止现浇板开裂有很好的作用

　　3　当阳台挑出长度$L \geqslant 1.5m$时,应采用梁式结构;当阳台挑出长度$L < 1.5m$且需采用悬挑板时,其根部板厚不小于$L/10$且不小于120mm,受力钢筋直径不应小于10mm。

　　悬臂现浇钢筋混凝土板式阳台,经常由于上表面的钢筋在施工过程中,受施工人员的踩踏影响,钢筋严重移位,使构件截面有效高度减少,从而使板式阳台跨塌,造成质量事故。正常情况下宜选择梁板式阳台。

　　4　建筑物两端端开间及变形缝两侧的现浇板应设置双层双向钢筋,其他开间宜设置双层、双向钢筋,钢筋直径不应小于8mm,间距不应大于100mm。其他外墙阳角处应设置放射形钢筋,钢筋的数量不应少于7φ10,长度应大于板跨的1/3,且不应小于2000mm。

　　端开间及转角单元在山墙与纵墙交角处,因温度变形会导致板角产生较大的主拉应力而产生

裂缝。较好的构造措施是在端开间及变形缝两侧的现浇板配置双层、双向钢筋;钢筋间距不大于100mm。这些钢筋不仅是承受板在角端嵌固在墙中而引起的负弯矩,更重要的是起到协调两片交角墙体与板在受到温度变化时产生的变形,保证共同工作。根据南京市住宅工程质量通病防治经验,结合其他城市的做法,在其他外墙阳角处设置放射状钢筋,现浇板容易出现45°剪切裂缝的问题得到了较好的解决

5 在现浇板的板宽急剧变化、大开洞削弱等易引起应力集中处,钢筋直径不应小于8mm,间距不应大于100mm,并应在板的上表面布置纵横两个方向的温度收缩钢筋。板的上、下表面沿纵横两个方向的配筋率均应符合规范要求。

本条出自《混凝土结构设计规范》GB50010—2002 第10.1.9条。此条的目的在于解决近年来,由于混凝土收缩和温度变化在现浇楼板内引起的约束拉应力,导致现浇板裂缝比较严重的问题。设置温度收缩钢筋有助于减少这类裂缝。鉴于受力钢筋和分布钢筋也可以起到一定的抵抗温度、收缩应力的作用,故主要应在未配钢筋的部位或配筋数量不足的部位,沿两个正交方向(特别是温度、收缩应力的主要作用方向)布置收缩钢筋。本条中钢筋间距取规范中的150mm,并强调了配筋率的要求。

6 室外悬臂板挑出长度$L \geqslant 400$mm、宽度$B \geqslant 3000$mm 时,应配抗裂分布钢筋,直径不应小于6mm,间距不应大于200mm。

室外悬臂板因受自然气候的影响,常常会出现横向裂缝,故提出此条要求。

7 梁腹板高度$h_w \geqslant 450$mm 时,应在梁两侧面设置腰筋,钢筋直径不应小于12mm,每侧腰筋配筋率$A_s > bh_w/1000$,间距不大于200mm,如图4.2.1-1所示。

梁腹板高度大于450mm 时,如果腰筋配制不足,钢筋混凝土梁受温度及混凝土自身特性的影响,常常在钢筋混凝土梁上产生梭子形竖向裂缝,故提出了此条要求。

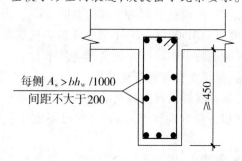

图4.2.1-1 ($h_w \geqslant 450$mm 时)

8 钢筋混凝土现浇墙板长度超20m 时,钢筋应采用细而密的布置方式,钢筋的间距宜≤150mm。

钢筋混凝土现浇墙板,特别是地下室墙板的竖向开裂的情况经常发生,该裂缝和构件的长度、温度、混凝土的养护措施以及混凝土的特性有关,同时,抗裂钢筋构造措施不到位也是一个重要因素,在配筋率不变的情况下,减小钢筋直径和钢筋间距,对减少该裂缝的效果很好。《工程结构裂缝控制》有一经验公式如下:

$$\varepsilon_{pa} = 0.5 R_f (1 + \rho/d) \times 10^{-4}$$

式中 ε_{pa}——配筋后的混凝土极限拉伸;
　　R_f——混凝土抗裂设计强度(MPa);
　　ρ——截面配筋率$\mu \times 100$,例如配筋率$\mu = 0.2\%$,则$\rho = 0.2$;
　　d——钢筋直径(cm),如钢筋$d = 1.2$cm,则$d = 1.2$。

9 现浇板混凝土强度等级不宜大于C30。

当混凝土强度过高,水泥用量和用水量势必增加,会导致现浇板后期收缩加大,使现浇板产生裂缝。

10 水泥宜优先采用早期强度较高的硅酸盐水泥、普通硅酸盐水泥,进场时应对其品种、级别、包装或批次、出厂日期和进场的数量等进行检查,并应对其强度、安定性及其他必要的性能指标进行复验。

为控制混凝土现浇板的裂缝,水泥采用早期强度较高的硅酸盐水泥、普通硅酸盐水泥,这样混凝土的早期强度较高,能够抵抗混凝土早期收缩、温度等应力,减少混凝土结构的开裂。对于其他构件则不受此限制。水泥进场时,应根据产品合格证检查其品种、级别和进场数量等,并有序存放,以免造成混料错批,特别是进场数量,验收时要严格把关,根据进场批次和数量进行复验。强度、安定性等是水泥的重要性能指标,进场时应作复验,其质量应符合现行国家标准《通用硅酸盐水泥》GB175的要求。水泥是混凝土的重要组成成分,若其中含有氯化物,可能引起混凝土结构中钢筋的锈蚀,故应严格控制。

11 混凝土应采用减水率高、分散性能好、对混凝土收缩影响较小的外加剂,其减水率不应低于12%。掺用矿物掺合料的质量应符合相关标准规定,掺量应根据试验确定。

根据工程实践和南京市住宅工程质量通病防治经验,结合有关对混凝土用水量的研究成果,混凝土的用水量是影响现浇混凝土楼板裂缝最主要,也是最关键的因素。混凝土的用水量会从三个方面影响现浇楼板裂缝的产生。第一,混凝土用水量的增加不仅会增加混凝土结构内部毛细孔的数量,而且会增加混凝土浇筑成型后毛细孔内含水量,从而将增大混凝土的塑性收缩和干燥收缩。第二,在保证混凝土强度不变的情况下,混凝土用水量的增加会相应增加水泥用量,而水泥用量的增加同样会增加混凝土结构内部毛细孔的数量,也会增大混凝土的塑性收缩和干燥收缩。第三,混凝土用水量增加,使混凝土中泌水增加,而泌水增加,促使混凝土中有更多的毛细孔相贯通、使毛细孔中水分蒸发更快,从而增加混凝土的塑性收缩和干燥收缩。用水量减少后,早期强度增加,也会提高混凝土的抗裂能力。为减少用水量,防止混凝土开裂,制定本条。混凝土掺合料的种类主要有粉煤灰、粒化高炉矿渣粉、沸石粉、硅灰和复合掺合料等,有些目前尚没有产品质量标准。对各种掺合料,均应提出相应的质量要求,并通过试验确定其掺量。工程应用时,应符合国家现行标准《粉煤灰混凝土应用技术规范》GBJ146、《粉煤灰在混凝土和砂浆中应用技术规程》JGJ28、《用于水泥与混凝土中粒化高炉矿渣》GB/T18046等的规定。如果不能合理掺用掺合料,则混凝土中毛细孔数量会增多,反而不利于防止混凝土的收缩。因此,对粉煤灰的掺量加以限制。对掺合料在两种及两种以上的,应做掺合料的适应性试验。

12 现浇板的混凝土应采用中、粗砂。

砂的细度对混凝土裂缝的影响是众所周知的,砂越细,其表面积越大,需要越多的水泥等胶凝材料包裹,由此带来水泥用量和用水量的增加,使混凝土的收缩加大。因此,现浇板的混凝土应采用中粗砂。

13 预拌混凝土的含砂率、粗骨料的用量应根据试验确定。

混凝土中粗骨料是抵抗收缩的主要材料,在其他原材料用量不变的情况下,混凝土的干燥收缩随砂率增大而增大。砂率降低,即增加粗骨料用量,这对控制混凝土干燥收缩有利。

14 预拌混凝土应检查入模坍落度,取样频率同混凝土试块的取样频率,但对坍落度有怀疑时应随时检查,并做检查记录。高层住宅混凝土坍落度不应大于180mm,其他住宅不应大于150mm。

预拌混凝土为满足泵送和振捣要求,其坍落度一般在100mm以上,坍落度过大会增加混凝土的用水量与水泥用量,从而加大混凝土的收缩。统计数据表明,混凝土坍落度每增加20mm,每立方米混凝土用水量增加5kg。另一方面,混凝土沉缩变形的大小与混凝土的流态有关,混凝土流动性越大,相对沉缩变形越大,越容易出现沉缩裂缝。因此,在满足混凝土运输和泵送的前提下,坍落度应尽可能减小。

15 模板和支撑的选用必须经过计算,除满足强度要求外,还必须有足够的刚度和稳定性。边支撑立杆与墙间距不应大于300mm,中间不宜大于800mm。根据工期要求,配备足够数量的模板。拆模时,混凝土强度应满足规范要求。

本条出自《混凝土结构工程施工质量验收规范》GB50204—2002 第4.1条,模板支撑未经计算或水平、竖向连系杆设置不合理,造成支撑刚度不够,当混凝土强度尚未达到一定值时,由于楼面荷载的影响,模板支撑变形加大,楼板产生超值挠曲,引起裂缝。由于工期短,加之模板配备数量不足,出现非预期的早拆模,拆模时混凝土强度未达到规范要求,导致挠曲增大,也会引起裂缝。

16 现场自拌混凝土时,其配合比应根据砂石的含水率进行调整,每盘材料要进行计量(重量)。

现场采用自拌混凝土时,由于砂、石的含水率和试验室的混凝土配合比的砂、石含水率不同,故施工配合比要根据现场砂、石的含水率进行调整,应出具现场施工配合比。现场拌制混凝土时,原材料要进行计量,是重量配合比,不是体积配合比。

17 严格控制现浇板的厚度和现浇板中钢筋保护层的厚度。阳台、雨篷等悬挑现浇板的负弯矩钢筋下面,应设置间距不大于500mm的钢筋保护层支架。在浇筑混凝土时,保证钢筋不位移。

本条出自《混凝土结构工程施工质量验收规范》GB50204—2002 第5.5.2条规定,并结合工程中的实践经验。由于不注意加强施工管理,在现浇楼板近支座处的上部负弯矩钢筋绑扎结束后,楼板混凝土浇筑前,部分上部钢筋常常被工作人员踩踏下沉,使其不能有效发挥抵抗负弯矩的作用,使板的实际有效高度减少,结构抵抗外荷载的能力降低,裂缝就容易出现。

18 现浇板中的线管必须布置在钢筋网片之上(双层双向配筋时,布置在下层钢筋之上),交叉布线处应采用线盒,线管的直径应小于1/3楼板厚度,沿预埋管线方向应增设 $\phi 6@150$、宽度不小于450mm的钢筋网带。水管严禁水平埋设在现浇板中。

由于现浇板中线管出现十字交叉的现象较多,又无其他措施,对混凝土板断面的削弱过多,造成楼板易出现沿现浇板预埋线管方向的楼面裂缝。从南京市住宅工程质量通病防治经验来看,在线管的上表面未设置钢筋的部位或上层钢筋间距大于150mm时,沿线管的走向增加构造钢筋网片,如图4.2.1-2可有效解决上述问题。

19 楼板、屋面板混凝土浇筑前,必须搭设可靠的施工平台、走道,施工中应派专人护理钢筋,确保钢筋位置符合要求。

本条主要是保证钢筋在混凝土构件中的位置,防止施工中人为踩踏造成钢筋移位,使构件抵抗外荷载的能力降低,在现浇板上产生裂缝。

20 现浇板浇筑时,在混凝土初凝前应进行二次振捣,在混凝土终凝前进行两次压抹。

根据工程实践,混凝土浇捣后,在其终凝前用木蟹压抹,能有效避免出现板面龟裂。

21 施工缝的位置和处理、后浇带的位置和混凝土浇筑应严格按设计要求和施工技术方案执行。后浇带应在其两侧混凝土龄期大于60d后再施工,浇筑时,应采用补偿收缩混凝土,其混凝土强度应提高一个等级。

图4.2.1-2

根据工程实践,后浇带的作用主要是为了防止结构因沉降及变形引起构件开裂等现象。对于起伸缩作用的后浇带的浇筑时间主要考虑主体结构混凝土早期收缩的完成量,一般以完成主体构件收缩量的60%~70%为宜,在正常养护条件下大约为6周时间。浇筑后浇带的混凝土最好用微膨胀的水泥配制,以防止新老混凝土之间出现裂缝。

22 预制楼板安装时,必须先找平,后座浆。相邻板底下口必须留缝,缝隙宽为15~20mm,预制楼板的板缝宜用强度等级不小于C20细石混凝土隔层灌缝,并分二次浇捣灌实,板缝上、下各留5~10mm凹槽,待细石混凝土强度达到70%后,方可加荷载;其板底缝隙宜在平顶抹灰前加贴200mm的耐碱网格布,再进行平顶抹灰施工。

预制板安装时要先找平后座浆,保证预制板安装稳固。采用隔层灌缝,是防止预制板一安装完就灌缝,灌缝的混凝土抗剪强度不能抵抗预制板上施工荷载产生的应力而产生板缝。

23 应在混凝土浇筑完毕后的12h以内,对混凝土加以覆盖和保湿养护。
1) 根据气候条件,淋水次数应能使混凝土处于润湿状态。养护用水应与拌制用水相同。
2) 用塑料布覆盖养护,应全面将混凝土盖严,并保持塑料布内有凝结水。
3) 日平均气温低于5℃时,不应淋水。
4) 对不便淋水和覆盖养护的,宜涂刷保护层(如薄膜养生液等)养护,减少混凝土内部水分蒸发。

24 混凝土养护时间应根据所用水泥品种确定。
1) 采用硅酸盐水泥、普通硅酸盐水泥拌制的混凝土,养护时间不应少于7d。
2) 对掺用缓凝型外加剂或有抗渗性能要求的混凝土,养护时间不应少于14d。

当混凝土浇捣完后未进行表面覆盖或浇水养护或养护时间不足时,由于受风吹日晒,混凝土板表面游离水分蒸发过快,水泥缺乏必要的水化水,而产生急剧的体积收缩,由收缩而产生拉应力,此时混凝土早期强度低,不能抵抗这种应力而产生开裂。特别是夏冬两季,因昼夜温差大,养护不当最容易产生温差裂缝。从工程实际情况看,不少施工单位对养护工作不够重视,因此,制定本条加以强调。

25 现浇板养护期间,当混凝土强度小于1.2MPa时,不应进行后续施工。当混凝土强度小于10MPa时,不应在现浇板上吊运、堆放重物。吊运、堆放重物时,应采取措施,减轻对现浇板的冲击影响。

施工中在混凝土未达到规定强度或者在混凝土未达到终凝时就上荷载,这些都可造成混凝土楼板的变形,导致楼板开裂。

4.2.2 混凝土保护层偏差

1 严禁使用碎石及短钢筋头作梁、板、基础等钢筋保护层的垫块。梁、板、柱、墙、基础的钢筋保护层宜优先选用塑料垫卡支垫钢筋;当采用砂浆垫块时,强度应不低于M15,面积不小于40mm×40mm。

用碎石作梁、板、柱及基础等的钢筋保护层垫块时,钢筋稍有振动,碎石就会产生移动,起不到保护垫块的作用。采用塑料垫块,从目前使用情况看效果比较好,梁、板、柱都有专用的保护层垫块,能用于各类房屋建筑,而且脱模后在混凝土表面不留任何疤痕。当采用砂浆做垫块时,要保证砂浆的强度、受力面积、厚度和绑扎要求。

2 梁、柱垫块应垫于主筋处,砂浆垫块应按图4.2.2-1预埋18号绑扎固定低碳钢丝。

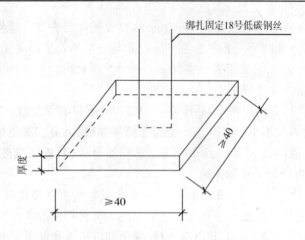

图 4.2.2-1

3 当板面受力钢筋和分布钢筋的直径均小于10mm时,应采用钢筋支架支撑钢筋,支架间距为:当采用φ6分布筋时不大于500mm;当采用φ8分布筋时不大于800mm;支架与受支承钢筋应绑扎牢固。当板面受力钢筋和分布钢筋的直径均不小于10mm时,可采用马凳作支架。马凳在纵横两个方向的间距均不大于800mm,并与受支承的钢筋绑扎牢固。当板厚h≤200mm时,马凳可用φ10钢筋制作;当200mm<h≤300mm时,马凳应用φ12钢筋制作;当h>300mm时,制作马凳的钢筋应适当加大。

用钢筋支架和马凳,保证钢筋在混凝土构件中的位置,防止施工中人为踩踏造成钢筋移位,不能充分发挥钢筋的作用,钢筋支架和钢筋马凳制作,如图4.2.2-2。

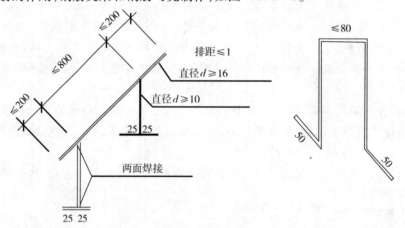

图 4.2.2-2

4.2.3 混凝土构件的轴线、标高等几何尺寸偏差

1 施工过程中的测量放线应由专人进行,各种测量仪器应定期校验。

2 主体混凝土施工阶段应及时弹出标高和轴线的控制线(如墙面1m线、地面方正控制线等),准确测量,认真记录,并确保现场控制线标识清楚。监理单位要对其复核。

住宅工程施工过程普遍未做该项工作,主要是控制住宅工程混凝土构件的轴线,住宅工程的房间出现大小头的现象时有发生,工程完工后处理的难度较大,所以,在施工过程中要对此控制。

3 模板支撑完成后,要测量、校正模板的标高和平整度,若有偏差随时调整。

4 严格控制现浇板厚度,在混凝土浇筑前应做好现浇板厚度的控制标识,每2延长米范围内宜设置一处。

5 楼(地)面水平结构构件施工完成后,在柱、墙上抄出水平控制线,以控制住宅工程的建筑标高。

主要是控制住宅工程混凝土构件的标高及楼层的净高,近期,住宅工程的房间几个角的净高不一致的现象时有发生,并成为住宅工程质量投诉的一个热点。由于工程完工后处理其难度较大,所以,在施工过程中要对此控制。

6 模板的背楞统一使用硬质木材或金属型材,统一加工尺寸。浇筑混凝土墙板、柱时,在现浇楼面埋设 $\phi 48$ 的钢管,增设斜撑,以增强模板的刚度和平整度。

7 根据混凝土的侧压力,墙、柱自楼面向上根据施工方案采取下密上疏的原则布置对拉螺栓。

8 模板支撑完成后,要全面检查模板的几何尺寸,合格后方可进入下一道工序施工。

主要是控制住宅工程混凝土构件的几何尺寸,特别是混凝土墙板的几何尺寸,现浇钢筋混凝土墙板胀模的现象较为普遍,墙板的几何尺寸偏差较大,也是住宅工程质量投诉的一个热点。

第三节 钢筋混凝土用钢第1部分:热轧光圆钢筋

钢筋混凝土用钢的标准不断更新,使用时应注意现行标准的应用。

修订说明

《钢筋混凝土用钢》GB1499 分为三个部分:

第1部分:热轧光圆钢筋;

第2部分:热轧带肋钢筋;

第3部分:钢筋焊接网。

本节介绍 GB 1499 的第1部分,该部分对应国际标准 ISO6935—1:1991《钢筋混凝土用钢 第1部分:光圆钢筋》,与 ISO6935—1:1991 的一致性程度为非等效,本部分同时参考了国际标准的修订稿"ISO/DIS6935—1(2005)"。

自本部分本标准名称为《钢筋混凝土用钢筋第1部分:热轧光圆钢筋》代号为 GB 1499.1—2008 实施之日起《低碳钢热轧圆盘条》GB/T701—1997 中建筑用盘条部分、《钢筋混凝土用热轧光圆钢筋》GB 13013—1991 作废。

本部分与 GB 13013—1991 相比,主要变化如下:

1 增加3.2特征值定义;

2 增加300强度级别;

3 结合 GB/T701—1997,增加产品规格;

4 增加第5章订货内容;

5 对"表面质量"、"重量偏差的测量"等条款作修改;

6 修改并统一钢筋牌号,将 GB 13013—1991 的强度等级代号 R235 和 GB/T701—1997 中建筑用牌号 Q235 统一为 HPB235。

4.3.1 定义

热轧光圆钢筋

经热轧成型,横截面通常为圆形,表面光滑的成品钢筋。

特征值

在无限多次的检验中,与某一规定概率所对应的分位值。

4.3.2 分级、牌号

1 钢筋按屈服强度特征值分为235、300级。

2 钢筋牌号的构成及其含义见表4.3.2。

钢筋牌号 表4.3.2

产品名称	牌号	牌号构成	英文字母含义
热轧光圆钢筋	HPB235 HPB300	由 HPB + 屈服强度特征值构成	HPB——热轧光圆钢筋的英文（Hot rolled Plain Bars）的缩写

4.3.3 订货内容

按本部分订货的合同至少应包括下列内容：

1）本部分标准编号；
2）产品名称；
3）钢筋牌号；
4）钢筋公称直径、长度及重量（或数量、盘重）；
5）特殊要求。

4.3.4 尺寸、外形、重量及允许偏差

1 公称直径范围及推荐直径

钢筋的公称直径范围为6~22mm，本部分推荐的钢筋公称直径为6mm、8mm、10mm、12mm、16mm、20mm。

2 公称横截面面积与理论重量

钢筋的公称横截面面积与理论重量列于表4.3.4-1。

钢筋的公称横截面面积与理论重量 表4.3.4-1

公称直径（mm）	公称横截面面积（mm^2）	理论重量（kg/m）
6(6.5)	28.27(33.18)	0.222(0.260)
8	50.27	0.395
10	78.54	0.617
12	113.1	0.888
14	153.9	1.21
16	201.1	1.58
18	254.5	2.00
20	314.2	2.47
22	380.1	2.98

注：表中理论重量按密度为7.85g/cm^3计算。公称直径6.5mm的产品为过渡性产品。

3 光圆钢筋的截面形状及尺寸允许偏差

光圆钢筋的直径允许偏差和不圆度应符合表4.3.4-2的规定。钢筋实际重量与理论重量的偏差符合表4.3.4-3规定时，钢筋直径允许偏差不作交货条件。

光圆钢筋的直径允许偏差和不圆度 表4.3.4-2

公称直径（mm）	允许偏差（mm）	不圆度（mm）
6(6.5) 8 10 12	±0.3	≤0.4
14 16 18 20 22	±0.4	

4 弯曲度和端部

直条钢筋的弯曲度应不影响正常使用,总弯曲度不大于钢筋的0.4%。

钢筋端部应剪切正常,局部变形应不影响使用。

5 重量及允许偏差

直条钢筋实际重量与理论重量的允许偏差应符合表4.3.4-3的规定。

直条钢筋实际重量与理论重量的允许偏差　　　　表4.3.4-3

公称直径(mm)	实际重量与理论重量的偏差(%)
6~12	±7
14~22	±5

4.3.5 技术要求

1 钢筋牌号及化学成分(熔炼分析)应符合表4.3.5-1的规定。

钢筋牌号及化学成分(熔炼分析)　　　　表4.3.5-1

牌号	化学成分(质量分数)(%)不大于				
	C	Si	Mn	P	S
HPB235	0.22	0.30	0.65	0.045	0.050
HPB300	0.25	0.55	1.50		

钢中残余元素铬、镍、铜含量应各不大于0.30%,供方如能保证可不作分析。

钢筋的成品化学成分允许偏差应符合GB/T 222的规定。

2 力学性能、工艺性能

钢筋的屈服强度R_{el}、抗拉强度R_m、断后伸长率A、最大力总伸长率A_{gt}等力学性能特征值应符合表4.3.5-2的规定。表4.3.5-2所列各力学性能特征值,可作为交货检验的最小保证值。

钢筋力学性能和工艺性能　　　　表4.3.5-2

牌号	R_{el}(MPa)	R_m(MPa)	A(%)	A_{gt}(%)	冷弯试验180° d——弯心直径 a——钢筋公称直径
			不小于		
HPB235	235	370	25.0	10.0	$d=a$
HPB300	300	420			

3 弯曲性能

按表4.3.5-2规定的弯芯直径弯曲180°后,钢筋受弯曲部位表面不得产生裂纹。

4 表面质量

钢筋应无有害的表面缺陷,按盘卷交货的钢筋应将头尾有害缺陷部分切除。

试样可使用钢丝刷清理,清理后的重量、尺寸、横截面积和拉伸性能满足本部分的要求,锈皮、表面不平整或氧化铁皮不作为拒收的理由。

第四节 钢筋混凝土用钢第2部分:热轧带肋钢筋

修订说明

GB1499分为三个部分:

第1部分:热轧光圆钢筋;

第 2 部分:热轧带肋钢筋;
第 3 部分:钢筋焊接网;

本节介绍 GB1499 的第 2 部分,标准名称为《钢筋混凝土用钢筋第 2 部分 热轧带肋钢筋》代号为 GB24992—2007,对应国际标准 ISO6935—1:1991《钢筋混凝土用钢 第 2 部分:带肋钢筋》,与 ISO6935—1:1991 的一致性程度为非等效,本部分同时参考了国际标准的修订稿"ISO/DIS6935—2(2005)"。

本部分代替《钢筋混凝土用钢热轧带肋钢筋》GB1499—1998。

本部分与 GB1499—1998 相比,主要变化如下:
1) 适用范围增加细晶粒热轧钢筋;
2) 增加细晶粒热轧钢筋 HRBF335、HRBF400、HRBF500 三个牌号
3) 增加 3.1 普通热轧钢筋、3.2 细晶粒热轧钢筋、3.11 特征值三条定义;
4) 增加第 5 章订货内容;
5) 增加 7.5 焊接性能、7.6 疲劳性能、7.7 晶粒度三项技术要求;
6) 对"表面质量"、"重量偏差的测量"、等条款作修改;
7) 修改钢筋牌号标志:HRB335、HRB400、HRB 500 分别以 3、4、5 表示,HRBF335、HRBF400、HRBF500 分别以 C3、C4、C5 表示;
8) 取消原附录 B"热轧带肋钢筋参考成分";
9) 增加现附录 B"特征值检验规则";
10) 增加附录 C"钢筋相对肋面积的计算公式"。

4.4.1 定义

1 普通热轧钢筋

按热轧状态交货的钢筋,其金相组织主要是铁素体加珠光体,不得有影响使用性能的其他组织存在。

2 细晶粒热轧钢筋

在热轧过程中,通过控轧和控冷工艺形成的细晶粒钢筋。其金相组织主要是铁素体加珠光体,不得有影响使用性能的其他组织存在,晶粒度不粗于 9 级。

3 带肋钢筋

横截面通常为圆形,且表面带肋的混凝土结构用钢材。

4 纵肋

平行于钢筋轴线的均匀连续肋。

5 横肋

与钢筋轴线不平行的其他肋。

6 月牙肋钢筋

横肋的纵截面呈月牙形,且与纵肋不相交的钢筋。

7 公称直径

与钢筋的公称横截面积相等的圆的直径。

8 相对肋面积

横肋在与钢筋轴线垂直平面上的投影面积与钢筋公称周长和横肋间距的乘积之比。

9 肋高

测量从肋的最高点到芯部表面垂直于钢筋轴线的距离。

10 肋间距

平行钢筋轴线测量的两相邻横肋中心间的距离。

4.4.2 分类、牌号

钢筋按屈服强度特征值分为335、400、500级。钢筋牌号的构成及其含义见表4.4.2。

钢筋牌号　　　　表4.4.2

类别	牌号	牌号构成	英文字母含义
普通热轧钢筋	HRB335 HRB400 HRB500	由HRB+屈服强度特征值构成	HRB——热轧带肋钢筋的英文（Hot rolled Rib-bed Bars）缩写
细晶粒热轧钢筋	HRBF335 HRBF400 HRBF500	由HRBF+屈服强度特征值构成	HRBF——在热轧带肋钢筋的英文缩写后加"细"的英文（Fine）首位字母

4.4.3 订货内容

按本部分订货的合同至少应包括下列内容：
1) 本部分编号；
2) 产品名称；
3) 钢筋牌号；
4) 钢筋公称直径、长度（或盘径）及重量（或数量、或盘重）；
5) 特殊要求。

4.4.4 尺寸、外形、重量及允许偏差

1 公称横截面面积与理论重量

钢筋的公称直径范围为6~50mm，本标准推荐的钢筋公称直径为6mm、8mm、10mm、12mm、16mm、20mm、25mm、32mm、40mm、50mm。

2 公称横截面面积与理论重量列于表4.4.4-1。

公称横截面面积与理论重量　　　　表4.4.4-1

公称直径(mm)	公称横截面面积(mm^2)	理论重量(kg/m)
6	28.27	0.222
8	50.27	0.395
10	78.54	0.617
12	113.1	0.888
14	153.9	1.21
16	201.1	1.58
18	254.5	2.00
20	314.2	2.47
22	380.1	2.98
25	490.9	3.85
28	615.8	4.83
32	804.2	6.31
36	1018	7.99
40	1257	9.87
50	1964	15.42

注：表2中理论重量按密度为$7.85g/cm^3$计算。

3 带肋钢筋的表面形状及尺寸允许偏差

带肋钢筋横肋设计原则应符合下列规定：

1）横肋与钢筋轴线的夹角β不应小于45°,当该夹角不大于70°时,钢筋相对两面上横肋的方向应相反。

2）横肋公称间距不得大于钢筋公称直径的0.7倍。

3）横肋侧面与钢筋表面的夹角α不得小于45°。

4）钢筋相邻两面上横肋末端之间的间隙（包括纵肋宽度）总和不应大于钢筋公称周长的20%。

5）当钢筋公称直径不大于12mm时,相对肋面积不应小于0.055;公称直径为14 mm和16mm时,相对肋面积不应小于0.060;公称直径大于16mm时,相对肋面积不应小于0.065。相对肋面积的计算可参考原标准,(本书略)附录C。

6）带肋钢筋通常带有纵肋,也可不带纵肋。

7）带有纵肋的月牙肋钢筋,尺寸及允许偏差应符合表4.4.4-2的规定,钢筋实际重量与理论重量的偏差符合表4.4.6规定时,钢筋内径偏差不做交货条件。

不带纵肋的月牙肋钢筋,其内径尺寸可按表4.4.4-2的规定做适当调整,但重量允许偏差仍应符合表4.4.6的规定。

尺寸及允许偏差(mm)　　　　表4.4.4-2

公称直径 d	内径 d_1		横肋高 h		纵肋高 h_1（不大于）	横肋宽 b	纵肋宽 a	横肋间距 l		横肋末端最大间隙（公称周长的10%弦长）
	公称尺寸	允许偏差	公称尺寸	允许偏差				公称尺寸	允许偏差	
6	5.8	±0.3	0.6	±0.3	0.8	0.4	1.0	4.0	±0.5	1.8
8	7.7		0.8	+0.4 −0.3	1.1	0.5	1.5	5.5		2.5
10	9.6		1.0	±0.4	1.3	0.6	1.5	7.0		3.1
12	11.5	±0.4	1.2		1.6	0.7	1.5	8.0		3.7
14	13.4		1.4	+0.4 −0.5	1.8	0.8	1.8	9.0		4.3
16	15.4		1.5		1.9	0.9	1.8	10.0		5.0
18	17.3		1.6	±0.5	2.0	1.0	2.0	10.0		5.6
20	19.3		1.7		2.1	1.2	2.0	10.0		6.2
22	21.3	±0.5	1.9		2.4	1.3	2.5	10.5	±0.8	6.8
25	24.2		2.1	±0.6	2.6	1.5	2.5	12.5		7.7
28	27.2		2.2		2.7	1.7	3.0	12.5		8.6
32	31.0	±0.6	2.4	+0.8 −0.7	3.0	1.9	3.0	14.0	±1.0	9.9
36	35.0		2.6	+1.0 −0.8	3.2	2.1	3.5	15.0		11.1
40	38.7	±0.7	2.9	±1.1	3.5	2.2	3.5	15.0		12.4
50	48.5	±0.8	3.2	±1.2	3.8	2.5	4.0	16.0		15.5

注:1.纵肋斜角θ为0°~30°。
　　2.尺寸a、b为参考数据。

表中　　d_1——钢筋内径；

h —— 横肋高度；
h_1 —— 纵肋高度；
a —— 纵肋顶宽；
l —— 横肋间距；
b —— 横肋顶宽。

4.4.5 弯曲度和端部

直条钢筋的弯曲度应不影响正常使用,总弯曲度不大于钢筋总长度的0.4%。

钢筋端部应剪切正直,局部变形应不影响使用。

4.4.6 重量及允许偏差

钢筋实际重量与理论重量的允许偏差应符合表4.4.6的规定。

钢筋实际重量与理论重量的允许偏差　　　　表4.4.6

公称直径(mm)	实际重量与理论重量的偏差(%)
6~12	±7
14~20	±5
22~50	±4

4.4.7 牌号和化学成分

1）钢筋牌号及化学成分和碳当量(熔炼分析)应符合表4.4.7的规定。根据需要,钢中还可加入 V、Ni、Ti 等元素。

钢筋牌号及化学成分和碳当量(熔炼分析)　　　　表4.4.7

牌号	化学成分(质量分数)(%),不大于					
	C	Si	Mn	P	S	Ceq
HRB335 HRBF335	0.25	0.80	1.60	0.045	0.045	0.52
HRB400 HRBF400						0.54
HRB500 HRBF500						0.55

2）碳当量 Ceq(百分比)值可按公式(4.4.7)计算：
$$Ceq = C + Mn/6 + (Cr + V + Mo)/5 + (Cu + Ni)/15 \quad (4.4.7)$$

3）钢的氮含量应不大于0.012%。供方如能保证可不作分析。钢中如有足够数量的氮结合元素,含氮量的限制可适当放宽。

4）钢筋的成品化学成分允许偏差应符合 GB/T222 的规定,碳当量 Ceq 的允许偏差为+0.03%。

4.4.8 力学性能

钢筋的屈服强度 R_{eL}、抗拉强度 R_m、断后伸长率 A、最大力总伸长率 A_{gt} 等力学性能特征值应符合表4.4.8的规定。表4.4.8所列各力学性能特征值,可作为交货检验的最小保证值。

热轧带肋钢筋力学性能   表4.4.8

牌号	R_{eL}(MPa)	R_m(MPa)	A(%)	A_{gt}(%)
	不小于			
HRB335 HRBF335	335	455	17	7.5
HRB400 HRBF400	400	540	16	
HRB500 HRBF500	500	630	15	

直径28~40mm各牌号钢筋的断后伸长率A可降低1%；直径大于40mm各牌号钢筋的断后伸长率A可降低2%。

有较高要求的抗震结构适用牌号为：在表4.4.8中已有牌号后加E(例如：HRB400E，HRBF400E)的钢筋，该类钢筋除应满足以下1)、2)、3)的要求外，其他要求与相应的已有牌号钢筋相同。

1) 钢筋实测抗拉强度与实测屈服强度之比 R^0_m/R^0_{eL} 不小于1.25。
2) 钢筋实测屈服强度与表4.4.8规定的屈服强度特征值之比 R^0_{eL}/R_{eL} 不大于1.30。
3) 钢筋的最大力总伸长率 A_{gt} 不小于9%。

注：R^0_m 为钢筋实测抗拉强度；R^0_{eL} 为钢筋实测屈服强度。

4.4.9 工艺性能

1 弯曲性能

按表4.4.9规定的弯芯直径弯曲180°后，钢筋受弯曲部位表面不得产生裂纹。

热轧带肋钢筋弯曲性能   表4.4.9

牌号	公称直径d	弯芯直径
HRB335 HRBF335	6~25	3d
	28~40	4d
	>40~50	5d
HRB400 HRBF400	6~25	4d
	28~40	5d
	>40~50	6d
HRB500 HRBF500	6~25	6d
	28~40	7d
	>40~50	8d

2 反向弯曲性能

根据需方要求，钢筋可进行反向弯曲性能试验。

反向弯曲试验的弯芯直径比弯曲试验相应增加一个钢筋公称直径。

反向弯曲试验，先正向弯曲90°再反向弯曲20°。两个弯曲角度均应在去载之前测量。经反向弯曲试验后，钢筋受弯曲部位表面不得产生裂纹。

3 疲劳性能

如需方要求，经供需双方协议，可进行疲劳性能试验，疲劳试验的技术要求和试验方法由供需双方协商确定。

4 焊接性能

钢筋的焊接工艺及接头的质量检验与验收应符合相关行业标准的规定。

普通热轧钢筋在生产工艺、设备有重大变化及新产品生产时进行型式检验。

细晶粒热轧钢筋的焊接工艺应经试验确定。

5 晶粒度

细晶粒热轧钢筋应做晶粒度检验,其晶粒度不粗于9级,如供方能保证可不做晶粒度检验。

4.4.10 表面质量

1 钢筋应无有害的表面缺陷。

2 只要经钢丝刷刷过的试样的重量、尺寸、横截面积和拉伸性能不低于本部分的要求,锈皮、表面不平整或氧化铁皮不作为拒收的理由。

第五节 普通混凝土用砂、石质量及检验方法标准

修订说明

新标准《普通混凝土用砂、石质量及检验方法标准》JGJ52—2006是根据建设部要求对原《普通混凝土用砂质量标准及检验方法》JGJ52—92和《普通混凝土碎石或卵石质量标准及检验方法》JGJ53—92进行了修订,2007年6月1日开始实施,修订的主要技术内容是:

1) 砂的种类增加了人工砂和特细砂,同时增加了相应的质量指标及试验方法;

2) 增加了海砂中贝壳的质量指标及试验方法;

3) 增加了C60以上混凝土用砂石的质量指标;

4) 将原筛分析试验方法中的圆孔筛改为方孔筛;

5) 增加了砂石碱活性试验的快速法。

4.5.1 为在普通混凝土中合理使用天然砂、人工砂和碎石、卵石,保证普通混凝土用砂、石的质量,制定新标准。

为建筑工程上合理地选择和使用天然砂、人工砂和碎石、卵石,保证新配制的普通混凝土的质量,制定新标准。

4.5.2 新标准适用于一般工业与民用建筑和构筑物中普通混凝土用砂和石的质量要求和检验。

新标准适用于一般工业与民用建筑和构筑物中的普通混凝土用砂和石的要求和质量检验。对用于港工、水工、道路等工程的砂和石,除按照各行业相应标准执行外,也可参照新标准执行。

修订标准中的砂系指:天然砂即河砂、海砂、山砂及特细砂;人工砂(包括尾矿)以及混合砂。石系指:碎石、碎卵石及卵石。通过本次修订扩大了砂的使用种类,将工人砂及特细砂纳入本标准,主要考虑天然砂资源日益匮乏,而建筑市场随着国民经济的发展日益扩大,天然砂供不应求,为了充分地利用有限的资源,解决供需矛盾,特作此修订。

4.5.3 对于长期处于潮湿环境的重要混凝土结构所用的砂、石,应进行碱活性检查。

"长期处于潮湿环境的重要混凝土结构"指的是处于潮湿或干湿交替环境,直接与水或潮湿土壤接触的混凝土工程;及有外部碱源,并处于潮湿环境的混凝土结构工程,如:地下构筑物,建筑物桩基、地下室、处于高盐碱地区的混凝土工程、盐碱化学工业污染范围内工程。引起混凝土中砂石碱活性反应应具备三个条件:一是活性骨料,二是有水,三是高碱。骨料产生碱活性反应,直接影响混凝土耐久性、建筑物的安全及使用寿命,因此将长期处于潮湿环境的重要混凝土结构用砂石应进行碱活性检验作为强制性条文。

4.5.4 术语

1 天然砂

由自然条件作用而形成的,公称粒径小于 5.00mm 的岩石颗粒。按其产源不同,可分为河砂、海砂、山砂。

由于试验筛孔径改为方孔,原 5.00mm 的筛孔直径改为边长 4.75mm,为不改变习惯称呼,将原来砂的粒径和筛孔直径,称为砂的公称粒径和砂筛的公称直径,与方孔筛筛孔尺寸对应起来。

2 人工砂

岩石经除土开采、机械破碎、筛分而成的,公称粒径小于 5.00mm 的岩石颗粒。

增加人工砂、混合砂是由于天然砂资源日益减少,混凝土用砂的供需矛盾日益突出。为了解决天然砂供不应求的问题,从 20 世纪 70 年代起,贵州省首先在建筑工程上广泛使用人工砂,近十几年来我国相继在十几个省市使用人工砂,并制定了各地区的人工砂标准及规定。

由于人工砂颗粒形状棱角多,表面粗糙不光滑,粉末含量较大。配制混凝土时用水量就比天然砂配制混凝土的用水量适当增加,增加量由试验确定。

人工砂配制混凝土时,当石粉含量较大时,宜配制低流动度混凝土,在配合比设计中,宜采用低砂率。细度模数高的宜采用较高砂率。

人工砂配制混凝土宜采用机械搅拌,搅拌时间应比天然砂配制混凝土的时间延长 1min 左右。

人工砂混凝土要注意早期养护。养护时间应比天然砂混凝土延长 2~3d。

实践证明人工砂配制混凝土的技术是可靠的,将给建筑工程带来经济与质量的双赢。

3 混合砂

由天然砂与人工砂按一定比例组合而成的砂。

混合砂的使用是为了克服机制砂粗糙、天然砂细度模数偏细的缺点。采用人工砂与天然砂混合,其混合的比例可按混凝土拌合物的工作性及所要求的细度模数进行调整,以满足不同要求的混凝土。

4 含泥量

砂、石中公称粒径小于 80μm 颗粒的含量。

5 坚固性

骨料在气候、环境变化或其他物理因素作用下抵抗破裂的能力。

6 碱活性骨料

能在一定条件下与混凝土中的碱发生化学反应导致混凝土产生膨胀、开裂甚至破坏的骨料。

4.5.5 质量要求

砂的质量要求:

1 砂的粗细程度按细度模数 η_f 分为粗、中、细、特细四级,其范围应符合下列规定:

粗砂:$\eta_f = 3.7 \sim 3.1$

中砂:$\eta_f = 3.0 \sim 2.3$

细砂:$\eta_f = 2.2 \sim 1.6$

特细砂:$\eta_f = 1.5 \sim 0.7$

本次修订增加了特细砂的细度模数。考虑到天然砂资源越来越匮乏,使用特细砂的地区已不限于重庆地区。而原建筑工程部标准关于《特细砂混凝土配制及应用规程》BJG19—65 至今一直未作修订,因此本次修订将特细砂纳入本标准范围内。

由特细砂配制的混凝土,俗称特细砂混凝土,在我国特别是重庆地区应用已有半个世纪,经研究和工程应用表明其许多物理力学性能和耐久性与天然砂配制的混凝土性能相当或接近,只要材料选择恰当,配合比设计合理,完全可以用于一般混凝土和钢筋混凝土工程。与人工砂复合改性,提高混合砂的细度模数与级配,也可以用于预应力混凝土工程。

用特细砂配制的混凝土拌合物黏度较大,因此,主要结构部位的混凝土必须采用机械搅拌和振捣。搅拌时间要比中、粗砂配制的混凝土延长 1~2min。配制混凝土的特细砂细度模数满足表 4.5.5-1 的要求。

配制混凝土特细砂细度模数的要求　　　　　　　　　　　　　　　表 4.5.5-1

强度等级	C50	C40~C45	C35	C30	C20~C25	C20
细度模数(不小于)	1.3	1.0	0.8	0.7	0.6	0.5

配制 C60 以上混凝土,不宜单独使用特细砂,应与天然砂、粗砂或人工砂按适当比例混合使用。

特细砂配制混凝土,砂率应低于中、粗砂混凝土。水泥用量和水灰比:最小水泥用量应比一般混凝土增加 $20kg/m^3$,最大水泥用量不宜大于 $550kg/m^3$,最大水灰比应符合《普通混凝土配合比设计规程》JGJ55 的有关规定。

特细砂混凝土宜配制成低流动度混凝土,配制坍落度大于 70mm 以上的混凝土时,宜掺外加剂。

2　砂筛应采用方孔筛。砂的公称粒径、砂筛筛孔的公称直径和方孔筛筛孔边长应符合表 4.5.5-2 的规定。

砂的公称粒径、砂筛筛孔的公称直径和方孔筛筛孔边长尺寸　　　　　　　表 4.5.5-2

砂的公称粒径	砂筛筛孔的公称直径	方孔筛筛孔边长
5.00mm	5.00mm	4.75mm
2.50mm	2.50mm	2.36mm
1.25mm	1.25mm	1.18mm
630μm	630μm	600μm
315μm	315μm	300μm
160μm	160μm	150μm
80μm	80μm	75μm

除特细砂外,砂的颗粒级配可按公称直径 630μm 筛孔的累计筛余量(以质量百分率计,下同),分成三个级配区(表 4.5.5-3),且砂的颗粒级配处于表 4.5.5-3 中的某一区内。

砂的实际颗粒级配与表 4.5.5-3 中的累计筛余相比,除公称粒径为 5.00mm 和 630μm(表 4.5.5-3 中斜体所标数值)的累计筛余外,其余公称粒径的累计筛余可稍有走出分界线,但总走出量不应大于 5%。

当天然砂的实际颗粒级配不符合要求时,宜采取相应的技术措施,并经试验证明能确保混凝土质量后,方允许使用。

砂颗粒级配区　　　　　　　　　　　　　　　表 4.5.5-3

累计筛余(%)　　　级配区 公称粒径	Ⅰ区	Ⅱ区	Ⅲ区
5.00mm	10~0	10~0	10~0
2.50mm	35~5	25~0	15~0
1.25mm	65~35	50~10	25~0
630μm	85~71	70~41	40~16

续表

累计筛余(%) \ 级配区	Ⅰ区	Ⅱ区	Ⅲ区
公称粒径			
315μm	95~80	92~70	85~55
160μm	100~90	100~90	100~90

配制混凝土时宜优先选用Ⅱ区砂。当采用Ⅰ区砂时,应提高砂率,并保持足够的水泥用量,满足混凝土的和易性;当采用Ⅲ区砂时,宜适当降低砂率;当采用特细砂时,应符合相应的规定。

配制泵送混凝土,宜选用中砂。

本次修订,筛分析试验与ISO6274《混凝土—骨料的筛分析》一致,将原2.50mm以上的圆孔筛改为方孔筛,原2.50mm、5.00mm、10.0mm孔径的圆孔筛,改为2.36mm、4.75mm、9.50mm孔径的方孔筛。经编制组试验证明:筛的孔径调整后,砂的颗粒级配区,用新旧两种不同的筛子无明显不同,砂的细度模数也无明显的差异。

为不改变习惯称呼,将原来砂的粒径和砂筛筛孔直径,称为砂的公称粒径和砂筛的公称直径,与方孔筛筛孔尺寸对应起来。

本次修订规定砂(除特细砂外)颗粒级配应满足本标准要求。

由于特细砂多数均为150μm以下颗粒,因此无级配要求。

由于天然砂是自然状态的级配,若不满足级配要求,允许采取一定的技术措施后,在保证混凝土质量的前提下,可以使用。

3 天然砂中含泥量应符合表4.5.5-4的规定。

天然砂中含泥量   表4.5.5-4

混凝土强度等级	≥C60	C55~C30	≤C25
含泥量(按质量计,%)	≤2.0	≤3.0	≤5.0

对于有抗冻、抗渗或其他特殊的小于或等于C25混凝土用砂,其含泥量不应大于3.0%。

增加了C60及C60以上混凝土的含泥量。国内外相关标准对含泥量的最严格的限定:美国标准ASTMC33规定受磨损的混凝土的限值为3%,其他混凝土限值为5.0%;德国DIN4226、英国BS882标准中最严格的要求均是4%。我国砂石国家产品标准规定Ⅰ类产品为1%,《高强混凝土结构技术规定》CECS104:99要求配制C70以上混凝土时为1.0%。经569批次C60混凝土用砂含泥量调查统计结果如下,含泥量:>1.5%占20.0%、>1.8%占18.4%、>2%占13.9%,鉴于砂子实际含泥的状况及国内外标准,同时考虑到在运输过程中的污染,因此将C60及C60以上混凝土的含泥量定在2%左右。

经试验证明,不同含泥量对混凝土拌合物和易性有一定影响。对低等级混凝土的影响比对高等级混凝土影响小,尤其是对低等级塑性贫混凝土,含有一定量的泥后,可以改善拌合物的和易性,因此含泥量可酌情放宽,放宽的量应视水泥等级和水泥用量而定,因此本次修订去掉了对C10以下混凝土中含泥量的规定。

4 砂中泥块含量应符合表4.5.5-5的规定。

砂中泥块含量   表4.5.5-5

混凝土强度等级	≥C60	C55~C30	≤C25
泥块含量(按质量计,%)	≤0.5	≤1.0	≤2.0

对于有抗冻、抗渗或其他特殊要求的小于或等于 C25 混凝土用砂,其泥块含量不应大于 1.0%。

增加了 C60 和 C60 以上混凝土用砂的泥块含量限值。美国标准对泥块的含量不分等级,所有混凝土限值均为 3.0%;《建筑用砂》GB/T 14684—2001、《高强混凝土结构技术规程》CECS104:99 要求 C60 以上混凝土,泥块含为 0。据调查,用于 C60 混凝土中的砂 569 个批次,泥块含量 >0.3% 占 18.3%、>0.5% 占 10.2%、>0.8% 占 8.6%,考虑到砂子的现实状况及运输堆放过程中的污染,允许有 0.5% 的泥块含量存在是合理的。

对 C10 和 C10 以下的混凝土用砂,适量的非包裹型的泥或胶泥,经加水搅拌粉碎后可改善混凝土的和易性,其量视水泥等级而定,因此本次修订去掉了对 C10 以下混凝土中泥块含量的规定。

5　人工砂或混合砂中石粉含量应符合表 4.5.5-6 的规定。

人工砂或混合砂中石粉含量　　　　　表 4.5.5-6

	混凝土强度等级	≥C60	C55～C30	≤C25
石粉含量 (%)	MB<1.4(合格)	≤5.0	≤7.0	≤10.0
	MB≥1.4(不合格)	≤2.0	≤3.0	≤5.0

石粉是指人工砂及混合砂中的小于 75μm 以下的颗粒。人工砂中的石粉绝大部分是母岩被破碎的细粒,与天然砂中的泥不同,它们在混凝土中的作用也有很大区别。石粉含量高一方面使砂的比表面积增大,增加用水量;另一方面细小的球形颗粒产生的滚珠作用又会改善混凝土和易性。因此不能将人工砂中的石粉视为有害物质。

石粉含量对人工砂的综合影响经过几十年的试验证明:贵州省从 20 世纪 70 年代开始研究使用人工砂,当人工砂中石粉含量在 0～30% 时,对混凝土的性能影响很小,对中、低等级混凝土的抗压、抗拉强度无影响,C50 级混凝土强度的降低也极小,收缩与河砂接近。铁科院的试验研究也证明,人工砂配制的混凝土各项力学性能与河砂混凝土相比更好一些(在水泥用量与混凝土拌合物稠度相等的条件下)。

经试验证明,当人工砂中含有 7.5% 的石粉时,配制 C60 泵送混凝土强度比普通天然砂的强度稍高,当石粉含量为 14.5% 时,配制 C35 的强度比普通天然砂高。因此现将石粉含量限值定为:大于等于 C60 时为 ≤5%、C55～C30 时为 ≤7%、小于等于 C25 时为 ≤10% 是可行的。

考虑到采矿时山上土层没有清除干净或有土的夹层会在人工砂中夹有泥土,标准要求人工砂或混合砂需先经过亚甲蓝法判定。亚甲蓝法对石粉的敏感性如何?经试验证明,此方法对于纯石粉其测值是变化不大的,当含有一定量的石粉时其测值有明显变化,黏土含量与亚甲蓝 MB 值之间的相关系数在 0.99。

6　砂的坚固性应采用硫酸钠溶液检验,试样经 5 次循环后,其质量损失应符合表 4.5.5-7 的规定。

砂的坚固性指标　　　　　表 4.5.5-7

混凝土所处的环境条件及其性能要求	5 次循环后的质量损失(%)
在严寒及寒冷地区室外使用并经常处于潮湿或干湿交替状态下的混凝土 对于有抗疲劳、耐磨、抗冲击要求的混凝土 有腐蚀介质作用或经常处于水位变化区的地下结构混凝土	≤8
其他条件下使用的混凝土	≤10

7 人工砂的总压碎值指标应小于30%。

人工砂的压碎值指标是检验其坚固性及耐久性的一项指标。经试验证明,中、低等级混凝土的强度不受压碎指标的影响,人工砂的压碎值指标对高等级混凝土抗冻性无显著影响,但导致耐磨性明显下降,因此将压碎值指标定为30%。

8 当砂中含有云母、轻物质、有机物、硫化物及硫酸盐等有害物质时,其含量应符合表4.5.5-8的规定。

砂中的有害物质含量　　　　　　　　　　　　　　　　　表4.5.5-8

项目	质量指标
云母含量(按质量计,%)	≤2.0
轻物质含量(按质量计,%)	≤1.0
硫化物及硫酸盐含量(折算成SO_3按质量计,%)	≤1.0
有机物含量(用比色法试验)	颜色不应深于标准色。当颜色深于标准色时,应按水泥胶砂强度试验方法进行强度对比试验,抗压强度比不应低于0.95

对于有抗冻、抗渗要求的混凝土用砂,其云母含量不应大于1.0%。

当砂中含有颗粒状的硫酸盐或硫化物杂质时,应进行专门检验,确认能满足混凝土耐久性要求后,方可采用。

9 对于长期处于潮湿环境的重要混凝土结构用砂,应采用砂浆棒(快递法)或砂浆长度法进行骨料的碱活性检验。经上述检验判断为有潜在危害时,应控制混凝土中的碱含量不超过$3kg/m^3$,或采用能抑制碱-骨料反应的有效措施。

将原"对重要工程结构混凝土使用的砂"改为"对长期处于潮湿环境的重要结构混凝土用砂"应进行碱活性检验。因活性骨料产生膨胀,需水及高碱,缺一不可,否则不会膨胀。

去掉了原采用的化学法检验砂的碱活性,增加了砂浆棒法。因化学法易受某些因素的干扰如:碳酸盐、氧化铝等。快速砂浆棒法从制作到在1mol/L的氢氧化钠溶液里浸泡14d,共16d即能判断砂的碱活性,快捷、方便、直观。

本标准本次修订提出了当骨料判为有潜在危害时,应控制混凝土中的碱含量不应超过$3kg/m^3$,与《混凝土结构设计规范》GB50010一致。

10 砂中氯离子含量应符合下列规定:
1)对于钢筋混凝土用砂,其氯离子含量不得大于0.06%(以干砂的质量百分率计);
2)对于预应力混凝土用砂,其氯离子含量不得大于0.02%(以干砂的质量百分率计)。

本条文为强制性条文。本标准要求除海砂外,对受氯离子侵蚀或污染的砂,也应进行氯离子检测。

11 海砂中贝壳含量应符合表4.5.5-9的规定。

海砂中贝壳含量　　　　　　　　　　　　　　　　　表4.5.5-9

混凝土强度等级	≥C60	C55~C30	≤C25~C15
贝壳含量(按质量计,%)	≤3	≤5	≤8

对于有抗冻、抗渗或其他特殊要求的小于或等于C25混凝土用砂,其贝壳含量不应大于5%。

本标准中的贝壳指的是4.75mm以下被破碎了的贝壳。海砂中的贝壳对混凝土的和易性、强度及耐久性有不同程度的影响,特别是对于C40以上的混凝土,两年后的混凝土强度会产生明显下降,对于低等级混凝土其影响较小,因此 C10 和 C10 以下的混凝土用砂的贝壳含量可不予规定。

石的质量要求：

1 石筛应采用方孔筛。石的公称粒径、石筛筛孔的公称直径与方孔筛筛孔边长应符合表 4.5.5-10 的规定。

石筛筛孔的公称直径与方孔筛尺寸(mm) 表 4.5.5-10

石的公称粒径	石筛筛孔的公称直径	方孔筛筛孔边长
2.50	2.50	2.36
5.00	5.00	4.75
10.0	10.0	9.5
16.0	16.0	16.0
20.0	20.0	19.0
25.0	25.0	26.5
31.5	31.5	31.5
40.0	40.0	37.5
50.0	50.0	53.0
63.0	63.0	63.0
80.0	80.0	75.0
100.0	100.0	90.0

碎石或卵石的颗粒级配,应符合表 4.5.5-11 的要求。混凝土用石应采用连续粒级。

单粒级宜用于组合成满足要求的连续粒级;也可与连续粒级混合使用,以改善其级配或配成较大粒度的连续粒级。

当卵石的颗粒级配不符合表 4.5.5-11 要求时,应采取措施并经试验证实能确保工程质量后,方允许使用。

碎石或卵石的颗粒级配范围 表 4.5.5-11

级配情况	公称粒级	累计筛余,按质量(%)										
		方孔筛筛孔边长尺寸(mm)										
		2.36	4.75	9.5	16.0	19.0	26.5	31.5	37.5	53	63	75	90
连续粒级	5~10	95~100	80~100	0~15	0	—	—	—	—	—	—	—	—
	5~16	95~100	85~100	30~60	0~10	0	—	—	—	—	—	—	—
	5~20	95~100	90~100	40~80	—	0~10	0	—	—	—	—	—	—
	5~25	95~100	90~100	—	30~70	—	0~5	0	—	—	—	—	—
	5~31.5	95~100	90~100	70~90	—	15~45	—	0~5	0	—	—	—	—
	5~40	—	95~100	70~90	—	30~65	—	—	0~5	0	—	—	—
	10~20	—	95~100	85~100	—	0~15	0	—	—	—	—	—	—
	16~31.5	—	95~100	—	85~100	—	—	0~10	—	—	—	—	—
	20~40	—	—	95~100	—	80~100	—	—	0~10	0	—	—	—
	31.5~63	—	—	—	95~100	—	—	75~100	45~75	—	0~10	0	—
	40~80	—	—	—	—	95~100	—	—	70~100	—	30~60	0~10	0

ISO6274《混凝土—骨料的筛分析》方法中规定试验用筛要求用方孔筛,为与国际标准一致,同时考虑到试验筛与生产用筛一致,将原来的圆孔筛改为方孔筛。为使原有指标不产生大的变化,圆孔改为方孔后,筛子的尺寸相应的变小。编制组共进行了164组对比试验,对不同公称粒径的级配进行了圆孔筛及方孔筛筛分析。试验证明,筛分结果基本与原标准的颗粒级配范围基本相符合。因此表中除将5~16的4.75mm筛上的累计筛余由原90~100改为85~100外,其余的均没变。

由于原圆孔筛与现在的方孔筛进行的筛分试验结果基本相符,在圆孔筛未损坏时,仍可使用。

为满足用户的习惯要求,筛孔尺寸改变,公称粒径称呼不变。

本次修订规定混凝土用石应采用连续粒级,去掉了可用单一粒级配制混凝土。主要是单粒级配制混凝土会加大水泥用量,对混凝土的收缩等性能造成不利影响。由于卵石的颗粒级配是自然形成的,若不满足级配要求时,允许采取一定的技术措施后,在保证混凝土质量的前提下,可以使用。

2 碎石或卵石中针、片状颗粒含量应符合表4.5.5-12的规定。

针、片状颗粒含量 　　　　　　　　　　　　　表4.5.5-12

混凝土强度等级	≥C60	C55~C30	≤C25
针、片状颗粒含量（按质量计,%）	≤8	≤15	≤25

碎石或卵石的针、片状含量增加了大于等于C60以上混凝土的指标。经调查用于C60混凝土的808个批次的碎石针、片状颗粒含量>8.0%的占39.6%、>10%的占22.5%、>12%的占5.4%,若将指标定在5%将有一半的石子无法使用,实践证明8%含量的针、片状颗粒能够配制C60的混凝土,因此本次修订将C60及C60以上混凝土的针、片状颗粒含量规定为≤8%。

3 碎石或卵石中含泥量应符合表4.5.5-13的规定。

碎石或卵石中含泥量 　　　　　　　　　　　　表4.5.5-13

混凝土强度等级	≥C60	C55~C30	≤C25
含泥量（按质量计,%）	≤0.5	≤1.0	≤2.0

对于有抗冻、抗渗或其他特殊要求的混凝土,其所用碎石或卵石中含泥量不应大于1.0%。当碎石或卵石的含泥是非黏土质的石粉时,其含泥量可由0.5%、1.0%、2.0%,分别提高到1.0%、1.5%、3.0%。

碎石或卵石中含泥量增加了大于等于C60的混凝土指标。经827批次的数据统计:含泥量>0.5%占21.8%、>0.6%的占13.9%、>0.8%的占4.1%。应考虑到含泥对混凝土耐久性有较大影响,将指标定在0.5%。

4 碎石或卵石中泥块含量应符合表4.5.5-14的规定。

碎石或卵石中泥块含量 　　　　　　　　　　　表4.5.5-14

混凝土强度等级	≥C60	C55~C30	≤C25
泥块含量（按质量计,%）	≤0.2	≤0.5	≤0.7

对于有抗冻、抗渗或其他特殊要求的强度等级小于C30的混凝土,其所用碎石或卵石中泥块含量不应大于0.5%。

增加了大于等于C60的混凝土泥块含量的指标。《建筑用卵石、碎石》GB/T 14685—2001要求I类等级泥块含量为0。美国根据不同气候条件及使用部位将黏土块含量为10%、5.0%、3.0%、2.0%四等。经827批次用于C60混凝土的石子统计,>2.0%的占5.6%、>0.3的占1.4%、>0.5的占

0.1%,应考虑到运输过程的污染,将指标定在0.2%,既满足使用要求又满足实际情况。

5 碎石的强度可用岩石的抗压强度和压碎值指标表示。岩石的抗压强度应比所配制的混凝土强度至少高2.0%。当混凝土强度等级大于或等于C60时,应进行岩石抗压强度检验。岩石强度首先应由生产单位提供,工程中可采用压碎值指标进行质量控制。碎石的压碎值指标宜符合表4.5.5-15的规定。

碎石的压碎值指标 表4.5.5-15

岩石品种	混凝土强度等级	碎石压碎值指标(%)
沉积岩	C60~C40	≤10
	≤C35	≤16
变质岩或深成的火成岩	C60~C40	≤12
	≤C35	≤20
喷出的火成岩	C60~C40	≤13
	≤C35	≤30

注:沉积岩包括石灰岩、砂岩等;变质岩包括片麻岩、石英岩等;深成的火成岩包括花岗岩、正长岩、闪长岩和橄榄岩等;喷出的火成岩包括玄武岩和辉绿岩等。

卵石的强度可用压碎值指标表示,其压碎值指标宜符合表4.5.5-16的规定。

卵石的压碎值指标 表4.5.5-16

混凝土强度等级	C60~C40	≤C35
压碎值指标(%)	≤12	≤16

对配制C60及以上混凝土的岩石,由原来要求"岩石的抗压强度与混凝土强度等级之比不应小于1.5",修改成"岩石的立方体抗压强度宜比新配制的混凝土强度高20%以上"。主要考虑到,随着混凝土等级的不断提高,原有的1.5倍要求不易达到。而提高混凝土等级不只是依靠岩石的强度,可通过不同的技术途径,实践证明是可以做到的。

6 碎石或卵石的坚固性应用硫酸钠溶液法检验。试样经5次循环后,其质量损失应符合表4.5.5-17的规定。

碎石或卵石的坚固性指标 表4.5.5-17

混凝土所处的环境条件及其性能要求	5次循环后的质量损失(%)
在严寒及寒冷地区室外使用,并处于潮湿或干湿交替状态下的混凝土;有腐蚀性介质作用或经常处于水位变化区的地下结构或有抗疲劳、耐磨、抗冲击等要求的混凝土	≤8
在其他条件下使用的混凝土	≤12

7 碎石或卵石中的有硫化物和硫酸盐含量以及卵石中有机物等有害物质含量,应符合表4.5.5-18的规定。

碎石或卵石中的有害物质含量 表4.5.5-18

项目	质量要求
硫化物及硫酸盐含量(折算成SO_3,按质量计,%)	≤1.0
卵石中有机物含量(用比色法试验)	颜色应不深于标准色。当颜色深于标准色时,应配制成混凝土进行强度对比试验,抗压强度比应不低于0.95

当碎石或卵石中含有颗粒状硫酸盐或有硫化物杂质时,应进行专门检验。确认能满足混凝土耐久性要求后,方可采用。

8 对于长期处于潮湿环境的重要结构混凝土,其所使用的碎石或卵石应进行碱活性检验。

进行碱活性检验时,首先应采用岩相法检验碱活性骨料的品种、类型和数量。当检验出骨料中含有活性二氧化硅时,应采用快速砂浆棒法和砂浆长度法进行碱活性检验;当检验出骨料中含有活性碳酸盐时,应采用岩石柱法进行碱活性检验。

经上述检验,当判定骨料存在潜在碱-碳酸盐反应危害时,不宜用作混凝土骨料;否则,应通过专门的混凝土试验,做最后评定。

当判定骨料存在潜在碱-硅反应危害时,应控制混凝土中的碱含量不超过 $3kg/m^3$,或采用能抑制碱-骨料反应的有效措施。

第六节 特色工法

4.6.1 垫层以下的梁、积水坑、沟、电梯井、承台底部等积泥尘水

1 产生原因

积水、垫层面雨水,地下降水不当产生渗水(图4.6.1)。

2 现状及质量隐患

钢筋绑扎后无法抽净积水,混凝土浇筑时碰到积水产生混凝土离析,尘泥水渗入混凝土降低混凝土标准,影响基础质量。

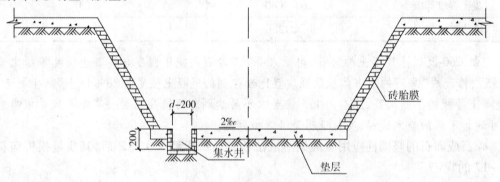

图4.6.1 基础下降部位抽水井示意图

3 施工措施

底部施工时在适当位置设 $\phi200$ 圆集水洞,垫层底面微倾斜洞口。浇筑混凝土前抽干积水,同时将先抽出的水冲洗泥尘,保证底面清洁。

4.6.2 地下墙板干燥收缩裂缝控制

地下室墙板干燥收缩裂缝通病时有发生,也是业主投诉的热点之一。

总结出增强模板刚性,控制保护层按设计要求,加强混凝土的早期养护、有效控制混凝土干燥收缩裂缝出现的措施,保证了工程质量。

1 混凝土墙板裂缝特点及产生原因

地下室墙板的收缩裂缝是在混凝土凝固过程中,产生干缩和凝缩,其中以干缩为主,多发生在混凝土面层上,裂缝浅而细,形式多为不规则,一般早期出现。

在采用了良好的混凝土配合比、级配和符合施工规范操作的前提下,总结出地下室混凝土墙板的收缩裂缝产生原因:

1)混凝土局部暴露在空气中得不到充分的养护。

2）泵送混凝土对模板侧压力大，模板未采取加固措施。
3）模板拆模时间掌握不恰当，不及时。
2 施工措施
严格控制进场混凝土的质量，对墙板钢筋进行充分的保护。
外墙模板采用配以3形卡和M14高强螺栓作对拉螺杆，间距45cm，有效控制墙体的厚度和模板的定位。
浇筑混凝土时分层浇筑，厚度不超过300，使其加快混凝土热量散发，并使热量分布均匀。
混凝土浇筑完达到拆模强度后（控制在24h内），由模板工立即拆除全部模板，并派涂刷工跟随其后涂刷两遍养护液（剪力墙正反两面同时涂刷）。
3 施工优点
1）对混凝土表面形成养护防护膜，可以有效防止混凝土内的水份过早地挥发散失，使混凝土表面及内部同时得到养护，阻隔了外界气体的侵入，又减少了混凝土的早期收缩；
2）立即拆除全部模板，防止模板与混凝土之间由于空气流动而出现的干缩；
3）此方法操作方便，易掌握、施工快捷。
4 质量要求及注意事项
外墙拆模强度须达到1.20MPa时（一般24h左右，夏天一般为12h），即可全部拆模。如过晚拆模，则模板拼缝处混凝土易水分蒸发，并形成风缝，引起冷缝。
模板之间表面吻合紧密、平整、接缝严密，保证整体模板的强度、刚度和稳定性，不得漏浆。
拆模时模板工须有熟练操作技术，一次拆除全部模板，不得停歇。
养护液必须随拆随涂，紧跟其后，连续均匀涂刷两遍，并不得漏刷及停歇。
拆下的模板及时运出，防止碰撞，做好涂刷后的成品保护。

4.6.3 楼面上层板筋保护层及板厚的控制

1 产生原因
目前现浇板中上层板筋通常采用钢筋马凳或塑料垫块撑起。钢筋马凳高度难以控制、偏差较大；而塑料垫块承载力差，容易被踩碎。在楼面浇筑时，为加快施工进度和操作方便，瓦工直接在板面钢筋上走动，导致板筋严重变形、偏位和下陷，负筋的有效高度降低，给现浇结构质量造成较大的影响，尤其是雨篷、阳台等悬臂板部位上层筋保护层过大，甚至会引起混凝土板倾覆的事故。
现浇板厚控制的常规做法采用在周边柱、墙钢筋上以及板间加设竖向短钢筋，弹出水平控制线来控制。如今楼面施工时采用泵送混凝土，浇筑速度快，且混凝土浇筑通常在夜间进行，工人难以将楼面标高、平整度控制在允许偏差范围内。
2 现状及质量隐患
上层负弯矩钢筋踩踏塌下，钢筋马凳不起作用，钢筋保护层不均，板厚薄难以控制，造成日久楼板经常开裂。
3 施工措施
采用自制钢筋吊凳来控制上层板筋的定位和现浇板的厚度。
1）现场制作的钢筋吊凳，采用 $\phi16$ 钢筋焊接制作，长×宽为200mm×200mm，吊凳高度与现浇板厚相同，见图4.6.3-1；
2）板筋绑扎时将上层钢筋绑扎在钢筋吊凳中间的 $\phi16$ 水平钢筋下。钢筋吊凳的安放间距为800mm×800mm，见图4.6.3-2 混凝土浇筑时，人员可以直接踩在钢筋吊凳上走动；

图 4.6.3-1

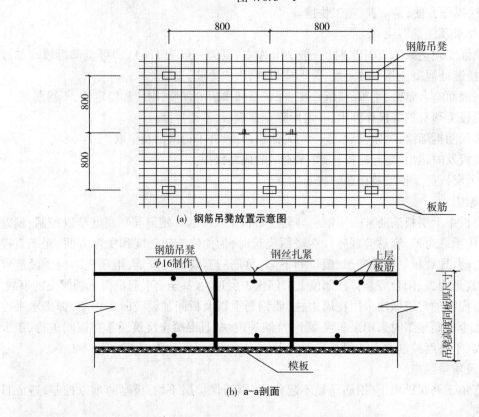

(a) 钢筋吊凳放置示意图

(b) a-a剖面

图 4.6.3-2

3）对工人进行专业知识和操作技能的培训，提高他们的技术操作水平和质量意识；

4）混凝土浇筑前技术负责人做好相应的技术交底，由钢筋工摆放绑扎吊凳，混凝土工取出吊凳；

5）施工时在现场另加监督、指导、检查；

6）混凝土浇筑振捣时，用2m长的刮尺将混凝土面刮至与钢筋吊凳上表面齐平，混凝土收光时将钢筋吊凳取出周转使用。

4 施工优点

1) 采用的钢筋吊凳可以重复使用,节约成本;

2) 浇筑混凝土时工人可以在吊凳(安放间距800mm×800mm)上走动(图4.6.3-3),减少了对板筋的扰动;

3) 钢筋吊凳高度与现浇板板厚相同,上层板筋绑扎在吊凳下,确保上层筋保护层厚度;

4) 表面收光至吊凳上表面,确保了现浇板的厚度。

4.6.4 板钢筋的双重保护——钢筋网片作施工走道

吊凳能起到上层钢筋保护层的控制、板厚度的控制,但在实际施工中工人不可能只踩吊凳工作,因此采用双重保护措施——自制钢筋网片。

1 产生原因

1) 倾倒混凝土时要尽量减少对钢筋的冲击。采用塔吊时,不得把料斗一次全部打开,混凝土一次性全部倒在梁上或有上部钢筋的板上;

2) 浇筑混凝土采用"后退法",严禁采用"前进法"。当浇筑特殊构件或实际确实需要在刚浇筑好混凝土上行走时,必须采用胶合板铺设在混凝土上,所有的操作必须在混凝土初凝前全部完成。

3) 任何人员不得随意在安装好的钢筋上乱踩;浇筑混凝土时,操作人员尽量避免踩踏钢筋,特别是板的上部钢筋。

图4.6.3-3 工人在钢筋吊凳上走动

4) 在浇筑混凝土时,派专职钢筋工进行护筋,发现钢筋被踩踏或支撑件移位时,及时进行修整。

5) 特别在采用泵送混凝土时,混凝土浇筑软管有较大的振动和冲击力,使控制软管的操作工人难免会踩踏钢筋,混凝土的冲击力难免会使钢筋及支撑移位,护筋工作显得尤其重要。

2 采取措施——钢筋网片作走道板措施

为防止现浇板钢筋在绑扎、电管安装、浇筑混凝土等施工时被踩变形、移位,用$\phi18$钢筋焊成钢筋网片,在钢筋修整及混凝土浇筑时作走道板(图4.6.4-1)。工人在钢筋走道上操作,见图4.6.4-2。

图4.6.4-1 满铺钢筋走道

图4.6.4-2 工人在钢筋走道上操作

4.6.5 楼地面原浆一次压光(防止楼地面空鼓、开裂、起壳)(图4.6.5)

楼地面一次压光原理是按一般设计中楼板+地面找平砂浆+面层抹光,设计楼面通常是30mm砂浆找平和抹光。改变成楼板+20mm混凝土同时施工,最后在楼地面施工时顶和地面各批光5mm以内,空间偏差在+10mm以内。

设计楼板钢筋保护层一般均是15mm现增加20mm,上层负矩筋保护层35mm内不影响混凝土质量。

按此工艺在施工中增加了难度和技术含量,同时砂浆改成楼板同强度等级混凝土增加了施工成本,但彻底消除了楼面空鼓、开裂、起壳的后顾之忧。

1 产生原因

由于楼板浇筑距楼地面找平时间间隔一般都在100d以上,地面存积灰尘及垃圾,施工中楼板不平点的凹面无法拉毛,地面清理不彻底,铺上砂浆后不能结合造成起壳等。

2 现状及隐患

楼板的不平造成找平层不匀开裂,粘结力不足造成空鼓、起壳,产生用户投诉。

3 施工措施

测量标高,做好楼面50控制线。混凝土楼面浇筑,振捣密实,振出水泥浆,根据控制实线用直尺刮平混凝土,第一次混凝土压实,表面用木蟹打平、压实;取出吊凳,木蟹打平压实,第二次压平;待稍收水后再次压实压光养护24h不准上人、堆物。混凝土楼面要求浇水养护不少于14d。施工中实施三压三光施工工艺。

图4.6.5 原浆一次压光实际操作

4.6.6 混凝土浇筑时厨卫地面渗漏防治的技术方案及措施

1 "施工时结构层标高和预留孔洞位置应准确,严禁乱凿洞"为验收规范强制性条文。住宅工程厨卫间管道预留孔洞普遍存在位置不准确、成形尺寸过大、乱凿乱打等现象,现场应预制标准件,保证洞口成形尺寸,标准件大样见(图4.6.6)标准件制作成上大下小形状,施工方便、洞口混凝土封填易密实。

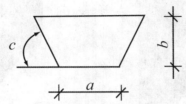

图4.6.6 标准件大样
a—洞口尺寸;b—楼板厚度;c—放角度数(60°左右)

2 上述预留孔主要控制管道周边抗渗,适用于下水管道的预留。

4.6.7 混凝土结构保护层(图4.6.7-1)

墙间塑料垫、柱垫(图4.6.7-2)是采用巧妙的圆形双重保险倒扣方法设计的,可作180°垂直或横置使用,当把垫块轻轻推进钢筋旁边时,垫块就会牢固地扣在钢筋上不会脱落下来,混凝土干了以后把模板拿开,墙壁、柱表面光亮且平滑不会有凹凸不平的现象。

注:受力钢筋的混凝土保护层最小厚度从钢筋的外边缘算起且不宜小于受力钢筋的直径。

当板面受力钢筋和分布钢筋的直径均小于10mm时,应采用钢筋马凳支撑钢筋,支架间距为:当采用 $\phi 6$ 分布筋时不大于500mm;当采用 $\phi 8$ 分布筋时不大于800mm;支架与受支承钢筋应绑扎牢固。当板面受力钢筋和分布钢筋的直径均不小于10mm时,可采用马凳作支架。马凳在纵横两个方向的间距均不大于800mm,并与受支承的钢筋绑扎牢固。当板厚 $h \leqslant 200$mm 时,马凳可用 $\phi 10$ 钢筋制作;当 $200\text{mm} < h \leqslant 300\text{mm}$ 时,马凳应用 $\phi 12$ 钢筋制作;当 $h > 300$mm 时,制作马凳的钢筋应适当加大。

 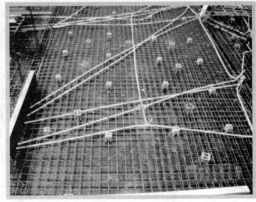

(a) (b)

图4.6.7-1 钢筋保护层
(a)柱钢筋保护层;(b)板钢筋保护层

图4.6.7-2 钢筋保护层垫块

4.6.8 竖向钢筋偏位质量通病的防治措施

1)在支设剪力墙暗柱的模板支撑系统前,应在柱子每侧的混凝土楼面上预埋钢筋头作为支点,每侧不小于两点,并使斜支撑能与支点有牢固的连接,起到撑顶、反拉和调节垂直度的作用。

2)图纸会审与钢筋放样时注意梁、柱筋的排列,尽量减少竖向主筋因排列问题而产生的位移。

3)在梁柱节点钢筋密集处,在柱与梁顶交界处,扎筋时给剪力墙暗柱增加一个限位箍筋(沿柱高绑扎一个间距不大于@500的箍筋),将柱主筋逐一绑扎牢固,确保节点处柱筋在浇混凝土时不会发生偏位(图4.6.8-1)。

4)加强混凝土的现场浇筑管理工作,认真进行技术交底,不得随意冲撞构件的钢筋骨架。混凝土浇筑应均匀下料,分层浇筑,分层振捣,这样既能保证混凝土的施工质量,又可防止撞偏钢筋骨架。

5)在进行竖向钢筋的搭接、焊接和机械连接前应先搭好脚手架,在上部通过吊线,用钢管固定出上部的箍筋位置,使接长的钢筋能准确地套在箍筋范围内,这样在脚手架上安装柱的钢筋,绑扎箍筋,既安全,又能保证暗柱骨架不扭曲、不倾斜,还能提高工效。

图4.6.8-1

6)在进行剪力墙竖向钢筋的绑扎时,为了固定剪力墙的竖向钢筋应做图4.6.8-2所示的固定卡。

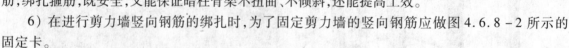
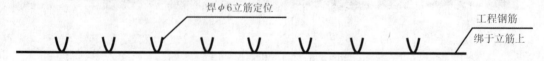

图4.6.8-2 剪力墙垂直钢筋定位卡具

注:每楼层上、中、下各设一根。

4.6.9 模板工程质量通病的防治措施

1 柱模板

1)现状:支撑不牢固,柱移位;柱脚烂根,蜂窝;角漏浆走砂。

2）预防措施

① 柱模安装后,应全面复核模板的垂直度、对角线长度差、截面尺寸等,支撑必须牢固(图4.6.9)。层高超过3m独立柱设预埋件,支撑固定,上口与梁、板模连接牢固,柱直筋用"柱筋定位卡"固定钢筋；

② 木模安装前刮平下口平面。封模前清理底部垃圾再封模,浇筑前12h以上用M7.5砂浆底面模板和地面三角形密封；

③ 四角模板连接处刨平用海棉条密封或开凹槽密封；

④ 浇筑前先用同强度等级砂浆或减半石子混凝土浇筑高50mm。

2 梁模板

1）现状:支模架不牢固,梁模变形,梁模夹具不牢固,底模未按照规定起拱,梁柱墙交接处处理。

2）预防措施:

① 按支模方案搭设支架及模板配制,大于350mm×600mm的梁应配中间拉紧螺杆,500mm×900mm以上适配二道拉紧螺杆；

图4.6.9 柱模板支设

② 模板安装完之后,应检查中心线,标高及断面尺寸等项目,支模架及梁模夹具必须牢固,偏差超过规范要求时必须进行校正,底模按照规定起拱。

3 板模板

1）现状:常见问题支撑不牢固,没按规范楼板上拱,浇筑后中间下沉,模板间拼缝大于1mm,浇筑后出现漏浆、吊模跑模。

2）预防措施

① 楼板模板应有足够强度和刚度,支撑平面平整。梁板模板的支撑体系采用满堂钢管扣件脚手架。立柱的间距双向≤1.0m,对钢管支撑体系,必须要在中设一道双向拉结钢管,底部离地200mm左右设置扫地杆,每一个开间设一道纵横向的剪刀撑,以保证支撑架的整体稳定。4m长宽以上板按设计起拱；

② 模板在浇筑前2h浇水,使模板拼缝涨密缝,尚有1mm以上缝用油毛毡或双面胶密封；

③ 吊模制模稳固,振捣时先振板稍凝固,后振吊模内,振吊模后严禁再振板。

4 墙模板

1）常见问题

① 涨模、倾斜变形；

② 墙体厚薄不一,墙面高低不平；

③ 墙根跑浆、露筋,模板底部被混凝土及砂浆裹住拆模困难；

④ 墙角模板拆不出。

2）预防措施

① 墙面模板应拼装平整,按方案要求,符合质量检验评定标准。

② 混凝土墙除顶部设通长连接木方定位外,相互间均应用剪刀撑撑牢。

③ 墙身中间应用穿墙螺杆拉紧,以承担混凝土的侧压力,确保不涨模。两片模板之间,应根据墙的厚度用钢管或硬塑料撑头,以保证墙体厚度一致。有防水要求时,应采用焊有止水片的钢板拉片。

④ 每层混凝土的浇灌厚度,应控制在施工规范允许范围内。

思考题

一、名词解释
1. 热轧光圆钢筋。
2. 细晶粒热轧钢筋。
3. 天然砂。
4. 人工砂。
5. 含泥量。
6. 标准养护条件。
7. 坚固性(骨料)。
8. HRB335。
9. HRBF400。
10. HRBF400E。

二、简答题
1. 结构构件抗震设计的基本要求？
2. 砌体建筑抗震结构材料的性能指标的要求？
3. 混凝土建筑抗震结构材料的性能指标要求？混凝土结构材料应符合哪些规定？
4. 钢结构建筑抗震结构材料的性能指标的要求？
5. 钢筋代换以高强度等级钢筋代换的要求？
6. 房屋建筑楼梯间的构造要求？
7. 住宅建筑钢筋混凝土楼板厚度的最低要求？
8. 模板和支撑设计的基本要求？
9. 后浇带的施工要求？
10. 热轧带肋钢筋按屈服强度特征值分几个级别？
11. 热轧带肋钢筋材料订货合同的内容？

三、论述题
1. 论述控制混凝土结构裂缝的材料措施。
2. 论述混凝土养护的主要要求。

第五章 钢结构工程

近十几年来,钢结构工程的施工技术和质量控制水平有了长足的进展,我国及我省相继建成了一大批高层及大跨度钢结构工程。但近几年新出台的有关钢结构工程方面的技术标准较少,2006年,我省出台了江苏省地方标准《江苏省建筑安装工程施工技术操作规程》,其第五分册为钢结构工程,标准号为DGJ32/J31—2006。该标准以已颁布实施的钢结构工程方面的主要技术标准为依据,并吸收了近年来钢结构工程施工新技术、新工艺、新材料、新设备等方面的创新成果,具有很高的技术含量,对保证钢结构工程的施工质量具有重要意义。多数施工企业的质量管理人员接触到钢结构工程的机会不是很多,而复杂大型钢结构工程更只有专业钢结构施工企业才能承建,但考虑到本培训为质量员的继续教育,而非基础知识的学习,因此专门就对钢结构施工质量起决定因素的焊接选择若干内容,以期起到提高的目的。

第一节 多层及高层钢结构安装焊接
(《江苏省建筑安装工程施工技术操作规程》第五分册)

5.1.1 一般特点

1 结构的梁、柱、斜撑等各种构件空间交叉形成复杂节点形式,具有平、横、立、仰多种空间焊接位置,施焊难度大。

2 因外场施工,受条件限制,焊缝冷却速度较快,收缩应力及拘束度大,易产生焊接延迟裂纹。

3 高层建筑钢结构钢板厚度较大,焊接工艺要求高,质量控制难度大。

4 高层建筑钢结构安装焊接收缩对柱轴心偏移和垂直度影响较大。

本条主要说明了多高层钢结构安装焊接工艺要求高,质量控制难度大的主要原因,具体概括成4条。从事多高层钢结构安装焊接的质检人员对此应有较高的认识和理解。

5.1.2 焊接质量管理及控制的一般要求

高层建筑钢结构的安装焊接由于节点的构造设计和施工条件的特点,对焊接工艺技术如焊接方法、焊接工艺参数选择、焊接顺序安排、焊工操作技术的培训与考核、焊缝质量检测和控制以及质量管理、质保体系的健全运行都提出了较高的、特殊的要求。因此钢结构安装焊接施工除了应严格遵循有关施工规程中对材料质量及储存管理要求、焊接接头坡口尺寸检查及焊前清理要求、焊接设备的适用性要求、焊工操作技术的资质要求、焊接工艺评定的要求、施焊过程的一般工艺规程以及质量检查要求以外,还必须针对特定工程结构的具体情况制订出相应的焊接施工工艺规程。

可以说高层建筑钢结构的安装焊接是一个比较复杂的系统工程,对焊接的全过程和各个环节进行有效和系统的控制是确保焊接质量的关键。因此本条对人员、工艺、技术、方法、管理等提出了控制要求,并强调必须针对特定工程结构的具体情况制订出相应的焊接施工工艺规程。

5.1.3 结构安装焊接节点一般形式及坡口形状

1 H形框架柱安装拼接接头一般采用栓焊组合节点或全焊节点[图5.1.3-1(a)、(b)、

(c)]。采用栓焊组合节点时,腹板为栓接,翼板用单边V形带垫板坡口全焊透连接[图5.1.3-1(d)],或部分焊透连接。采用全焊透连接时,翼板一般采用单边V形带垫板坡口全焊透连接,腹板可以用K形坡口部分焊透连接[反面不清根,见图5.1.3-1(e)]。设计要求腹板全焊透时,如腹板厚度不大于20mm,可用单边V形带垫板坡口焊接[图5.1.3-1(f)],如腹板厚度大于20mm,宜用K形坡口,反面清根后焊接[图5.1.3-1(e)]。

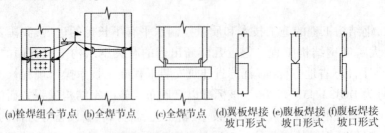

图5.1.3-1 H形框架柱安装拼接节点及坡口形式

2 圆管及箱形框架柱安装拼接应采用全焊接头,并根据设计要求采用全焊透或部分焊透连接。全焊透时坡口形式应采用单边V形带垫板坡口,见图5.1.3-2(b)。

3 桁架或框架梁中,焊接组合H形、T形或箱形钢梁的安装采用全焊连接时,宜采用上、下翼板之间以及翼板与腹板之间拼接截面互相错位形式。H形及T形截面组焊型钢错开距离宜不小于200mm,翼板与腹板之间的纵向连接焊缝还应留下一段焊缝在安装位置最后焊接,其长度应不小于300mm(图5.1.3-3)。其上、下翼缘焊接宜采用X形坡口双面焊(清根)或V形带垫板坡口单面焊,应视构件拼焊时放置方式和施焊位置而定。前者适用于地面胎架上预拼装焊接,将H型钢横置架高,两翼缘内侧用立焊封底,外侧坡口内清根后,用向上立焊方法填充焊;后者适用于H型钢正放时的安装焊接,上、下翼缘都采用俯焊位置焊接。腹板厚度不大于20mm时,宜采用X形带垫板坡口双面焊或V形坡口单面焊并反面清根后封焊,也可采用V形带垫板坡口单面焊,都适用于在地面胎架上型钢横置拼焊或安装位置型钢正放时的拼焊。H形梁拼接拘束度不大时,也可采用上、下翼板之间不错位,仅翼板与腹板错位的简化形式。

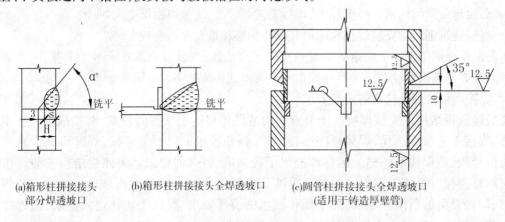

图5.1.3-2 箱形及圆管框架柱安装拼接接头坡口

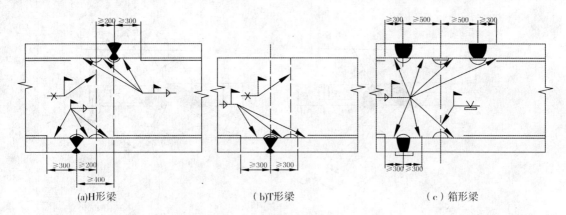

图 5.1.3-3 桁架或框架梁安装焊接节点形式

箱形截面构件翼板腹板接口错开距离宜大于500mm,其上、下翼缘及腹板的焊接宜采用V形带坡口单面焊。其他要求与H形截面时相同。箱形梁拼接拘束度不大时也可采用腹板与翼板不错位的简化连接形式。由于轧制工艺所限,轧制H型、T形钢梁的拼接一般采用齐头拼接,但腹板连接处两端应开弧形孔,避免焊缝交叉产生三向应力。

以上三种截面形式均可采用栓焊混合节点形式,即腹板用高强螺栓连接,翼板用全焊透连接。

4 框架柱与梁刚性连接时,一般采用以下连接节点形式:

1）柱上有悬臂梁（或称肩梁）时,梁的腹板与悬臂梁腹板一般采用高强螺栓连接,安装时可先用普通螺栓临时连接,便于梁的定位。梁翼板与悬臂梁翼板用单边V形带垫板坡口单面焊全焊透连接[图5.1.3-4（a）]。

2）柱上无悬臂梁时,梁的腹板与柱上已在工厂焊好的承剪板用高强螺栓连接,梁翼板则直接与柱身用单边V形带垫板坡口单面全焊透连接[图5.1.3-4（b）]。

3）梁与H型柱弱轴方向刚性连接时,梁的腹板一般与柱的纵筋板用高强螺栓连接。梁的翼板则与柱的横隔板用单边V形带垫板坡口单面全焊透连接[5.1.3-4（c）]。

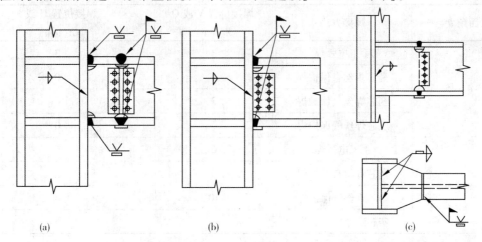

图 5.1.3-4 框架柱与梁刚性连接节点形式

注:图5.1.3-1～图5.1.3-4中坡口的尺寸均按《建筑钢结构焊接技术规程》JGJ81—2002中表4.2.2～表4.2.7中的相应规定。

5 斜撑与梁、柱或弦杆的焊接,应按图5.1.3-5所示的斜T形节点形式,根据斜交角 θ 的大小,确定坡口角度要求及相应的焊缝有效厚度。如根部间隙超过1.5mm(但不大于5mm),应增加焊脚高度以达到要求的焊缝有效厚度。

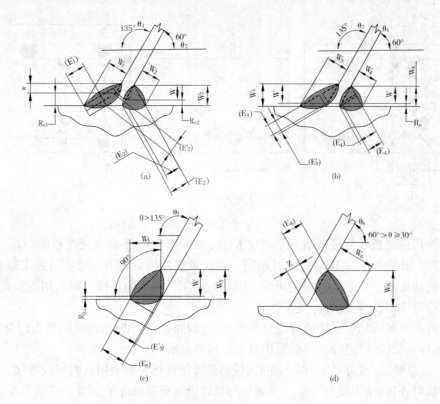

图 5.1.3-5 斜 T 形接头形式

注:1. $(E)_{(n)}$,$(E')_{(n)}$ = 有效焊缝厚度取决于根部间隙(R_n)的大小,(n)代表 1~5。
2. t = 较薄焊件厚度。
3. 图(d)采用表 5.1.3 中折减值 Z 来确定有效焊缝厚度。

二面角 $30°≤θ≤60°$ 时焊缝有效厚度折减值 Z 表　　　　表 5.1.3

二面角 $θ$	焊接方法	焊接位置 V 或 O Z(mm)	焊接位置 H 或 F Z(mm)
$60°>θ≥45°$	手工电弧焊	3	3
	药芯焊丝自保护焊	3	0
	药芯焊丝气保护焊	3	0
	实芯焊丝气保护焊	—	0
$45°>θ≥30°$	手工电弧焊	6	6
	药芯焊丝自保护焊	6	3
	药芯焊丝气保护焊	10	6
	实芯焊丝气保护焊	—	6

本条属于知识性内容,主要介绍了多高层钢结构各种构件之间常用的连接节点及焊接坡口形式。

5.1.4 安装焊接工艺

1 安装焊接一般顺序

1)在吊装、校正和栓焊混合节点的高强螺栓终拧完成若干节间以后开始焊接,以利于形成稳定框架。

2)焊接时应根据结构体形特点选择若干基准柱或基准节间,由此开始焊接主梁与柱之间的焊缝,然后向四周扩展施焊,以避免收缩变形向一个方向累积。

3) 一节柱之各层梁安装好后应先焊上层梁后焊下层梁,以使框架稳固,便于施工。

4) 栓焊混合节点中,应先栓后焊(如腹板的连接),以避免焊接收缩引起栓孔位移。

5) 柱-梁节点两侧对称的两根梁端应同时与柱相焊,以减小焊接拘束度,避免焊接裂纹产生和防止柱的偏斜。

6) 柱-柱节点焊接由下层往上层顺序焊接。由于焊缝收缩,加上荷重引起的压缩变形,可能使标高误差累积,在安装焊接若干柱节后应视实际偏差情况及时要求构件制作厂调整柱长,以保证高度方向和安装精度达到设计和规范要求。

2 各种节点焊接顺序

1) H形柱-柱焊接顺序:H形柱的两翼缘板首先应由两名焊工同时施焊,这样可以防止钢柱因两翼缘板收缩不相同而在焊后出现严重的偏斜。腹板较厚或甚至超过翼板厚度时,要求在翼板焊至1/3板厚以后,两名焊工同时移至腹板的坡口两侧,对称施焊至1/3腹板厚度,再移至两翼板对称施焊,接着继续对称焊接腹板,如此顺序轮流施焊直至完成整个接头(见图5.1.4-1方案Ⅰ)。以上焊接顺序适用于腹板厚度较大时,翼板与腹板互相轮流施焊的目的在于减小腹板焊接时由已焊完的翼板所形成的拘束度,对防止腹板焊接裂纹的产生有重要作用。如腹板厚度较小,可以由两名焊工先焊完两翼板后,再同时在腹板两侧对称焊接(见图5.1.4-1方案Ⅱ)。腹板厚度不大于20mm厚时,也可采用V形带垫板坡口单面焊完成腹板焊接。

2) 十字形柱-柱焊接顺序:十字形柱的截面实际上是由两个H形截面组合而成,其柱-柱安装拼接的施焊与H形柱的焊接顺序相似,也要求由两名焊工对称焊接。首先焊接一对翼缘,再换侧焊接另一对翼缘,然后同时焊接十字形腹板的一侧,最后换至另一侧焊接十字形腹板。如果翼缘大于30mm,则和前述的H形柱焊接顺序方案Ⅱ一样,翼板不宜一次焊满后才焊腹板,而应在两对翼缘均焊完1/3板厚以后,接着焊接腹板至1/3板厚,并继续在翼板和腹板之间轮流施焊直至焊完整个接头(见图5.1.4-2)。

3) 箱形柱-柱焊接顺序:箱形柱中对称的两个柱面板要求由两名焊工同时对称施焊。首先在无连接板的一侧焊至1/3板厚,割去柱间连接板,并同时换侧对称施焊,接着两人分别继续在另一侧施焊,如此轮换直至焊完整个接头。这样两人对称的同步施焊顺序既便于操作又便于控制钢柱的偏斜,见图5.1.4-3。

4) 圆管柱-柱焊接顺序:圆管柱的拼接,一般要求2~3名焊工沿四周分区同时、对称施焊。如果管径大于1m时,还可以由多名焊工同时用分段退焊法施焊(见图5.1.4-4)。

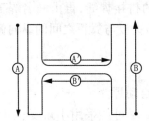

方案Ⅰ:(A)(B)焊至1/3板厚 ⟶ (A')(B')焊至1/3板厚
⟶ (A)(B)焊完 ⟶ (A')(B')焊完
适用于腹板厚度大或翼板厚度小于腹板厚度时。

方案Ⅱ:(A)(B)焊完 ⟶ (A')(B')焊完
适用于腹板厚度小于翼板时。

图5.1.4-1 H形柱-柱焊接顺序示意

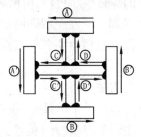

(A)(B)焊至1/3板厚 ⟶ (A')(B')焊至1/3板厚
⟶ (C)(D)焊至1/3板厚 ⟶ (C')(D')焊至1/3板厚 ⟶ (A)(B)焊完 ⟶ (A')(B')焊完
⟶ (C)(D)焊完 ⟶ (C')(D')焊完

图5.1.4-2 十字形柱-柱焊接顺序示意

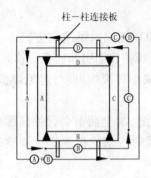 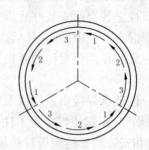

图 5.1.4-3 箱形柱-柱焊接顺序示意　　图 5.1.4-4 圆管柱-柱焊接顺序示意

(A)、(C)焊至 1/3 板厚 割耳板 (B)(D)焊至 1/3 板厚 (A)(B)(C)(D)或(A)+(B)、(C)+(D)

5) 倾斜圆管柱-柱焊接顺序：由于焊接操作条件限制焊接姿势不能进行连续变化，因此，宜将焊接接头分成四个部分进行焊接，每两层之间的焊道的接头应相互错开，两名焊工焊接的焊道接头也要注意每层错开：① 先在仰焊位置由 A、B 焊工分别向左、右方向焊接，A 焊工焊接 123 部位；B 焊工焊接 143 部位，焊接时同时要求基本同步；② A、B 焊工第一次焊接完 1/3~1/2 板厚后，切去吊装耳板，进行打磨修整后继续焊接（管径大于 1m 时，宜由 4 名焊工同时在图 5.1.4-5 所示的四个部位同时施焊）。具体见图 5.1.4-5 所示。

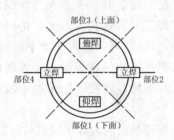 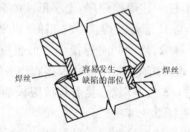

图 5.1.4-5 倾斜圆管柱-柱焊接顺序

6) H 形梁翼缘与柱或梁的焊接顺序：在下翼板的腹板两侧坡口内顺序轮换分层填充焊接至填满坡口，再焊接上翼缘的全焊透焊缝，下翼缘填充焊通过腹板的圆弧孔时各道次焊缝的熄弧点要适当错开，以避免夹渣、未熔合缺陷聚集在同一截面上。

7) 箱形梁与梁的焊接顺序：首先由两名焊工在梁外面同时用立向上焊接位置对称焊接箱形梁的两腹板，然后由两名焊工一左一右同时焊接箱形梁下翼缘的拼接焊缝，再由一名焊工逐条焊接上翼缘的两条拼接焊缝，最后由两名焊工同时焊接预留未焊的腹板与翼板之间的纵向俯角焊缝和仰角焊缝。

3 安装焊接工艺方法

1) 一般采用药皮焊条手工电弧焊，还宜采用 CO_2 保护半自动焊。

2) 焊接坡口应在满足焊条(丝)能达到坡口底部的条件下尽可能采用小角度、小间隙。具体形状及尺寸应按照《建筑钢结构焊接技术规程》JGJ81—2002 所推荐的标准坡口。如板厚大、坡口深致使 CO_2 保护焊的焊炬保护嘴与坡口壁相碰而妨碍焊接时，可以采用混合焊接方法，即先用药皮焊条手工电弧焊打底焊若干层，然后继续用 CO_2 保护焊填充并盖面焊。

3) 为避免焊缝交叉，H 形梁或柱腹板的接口两端均应切割加工出圆弧状缺口，以免产生三向应力和减小局部应力集中。

4) CO_2 保护焊时电流密度（单位焊丝截面积上之电流值）应足够大，以使电弧达到颗粒过渡状态。有条件时可采用 Ar+CO_2 保护焊,使达到喷射过渡,以保证焊道间和焊道与坡口边缘的良好熔合。

5)厚钢板柱-柱焊接、梁-柱焊接的焊缝横向收缩值可参见《高层民用建筑钢结构技术规程》(JGJ99—98)11.8.10条。

本条对多高层钢结构安装焊接的工艺方法如焊接顺序、焊接方法、焊接坡口要求、焊接参数等作了一般规定。它们是在我国多年来大量工程实践经验的基础上总结出来的。这里要注意,对具体工程项目而言,焊接工艺方法应由专门制定的焊接施工工艺规程而定。

5.1.5 定位焊焊缝应由持证焊工施焊。所用焊材应与正式焊缝相同或类似,如要去除的则可用稍低强度焊条。厚度不宜超过设计焊缝厚度2/3,且不超过8mm;长度不宜小于40mm;间距300~600mm为宜。一般要求焊在后焊面上;用钢衬垫时则在接头坡口内。施焊时预热温度和焊接电流应符合焊接工艺的要求,一般预热温度可稍高于正式施焊的焊缝。定位焊缝应距焊缝端部30mm以上,且无表面缺陷存在,否则须铲除重焊。

定位焊因位于坡口底部而且成为底部焊缝的一部分,其焊接质量对整体焊缝质量有直接影响,由于焊缝短小,热输入小,冷却速度快,极易出现裂纹缺陷。故应从焊前预热要求、焊条选用和焊工资格方面及施焊要求等方面给以重视。

第二节 焊接质量检查和缺陷返修
(《江苏省建筑安装工程施工技术操作规程》第五分册)

5.2.1 质量检查人员应经培训持证上岗,按施工图纸和技术文件要求,对焊接质量进行监督和检查。

施工图纸和技术文件是检查部门的依据。根据调查许多检查部门在没有图纸和技术文件下开展工作,难免出现非严即宽的情况,对质量和效益都是不利的。为克服这种现象,故规定检查部门在工程未开始之前应全面了解图纸和技术文件,使更好按设计要求控制重点,防范一般。

5.2.2 检查前应根据施工图及说明文件规定的焊缝质量等级要求编制检查方案,由技术负责人批准并报监理工程师备案。方案应包括检查批的划分、抽样检查的抽样方法、检查项目、检查方法、检查时机及相应的验收标准等内容。

焊缝在结构中所处的位置不同,承受荷载不同,破坏后产生的危害也不同,因此对焊缝质量的要求也不一样。如果一味提高焊缝质量要求将造成不必要的浪费。一般将焊缝分成不同的等级,对不同等级的焊缝提出不同的质量要求。如美国《钢结构焊接规范》AWSD1.1将焊缝分为动载和静载结构,日本建筑学会标准《建筑钢结构焊缝超声波探伤》根据作用于焊缝上应力的种类分为三类:受拉伸应力的焊缝、不受拉伸应力的焊缝和考虑疲劳表面加工的焊缝。《高层民用建筑钢结构技术规程》将焊缝分成受拉和受压二类。目前由于钢结构相关规范中,对焊接质量的检验不够具体,实际检查时,一般由检查员根据图纸的原则要求随意进行,特别是抽检时,往往是哪里方便好检就检哪里,更有甚者,将合格的焊缝凑齐比例了事。为了防止此类问题的发生,本操作规程要求按施工图及说明文件规定的焊缝质量等级要求在检查前按照科学的方法编制检查方案,并由质量工程师批准后实施。设计文件对焊缝质量等级不明确的应依据现行国家标准《钢结构设计规范》GB50017的相关要求执行,并必须经原设计单位签认。

5.2.3 检查批的划分、抽样方法、合格判定及抽样检查不合格时的重新检查应符合《建筑钢结构焊接技术规程》JGJ 81—2002的有关规定。

《建筑钢结构焊接技术规程》JGJ 81对检查批的划分、抽样方法、合格判定及抽样检查不合格时的重新检查都有明确规定。在《钢结构工程施工质量验收规范》GB 50205 中部分探伤的要求是对每条焊缝按规定的百分比进行探伤,且每处不小于200mm。检查成本高,特别是结构安装焊缝多不长,大部分焊缝为梁－柱连接焊缝,每条焊缝的长度大多在250～300 mm 之间。以概率论为基础的抽样理论表明,制定合理的抽样方案(包括批的构成、采样规定、统计方法),抽样检查结果完全可以代表该批的质量,这也与钢结构设计以概率论为基础相一致的。

1）职为了组成抽样检查中的检查批,首先必须知道焊缝个体的数量。一般情况下,作为检查对象的建筑钢结构的安装焊缝的长度大多较短,通常将一条焊缝作为一个检查个体。工厂构件制作组合焊缝较长,可将一条焊缝划分为每 300 mm 为一个检查个体。

2）检查批的构成原则上以同一条件的焊缝个体为对象,检查批的构成一方面要使检查结果具有代表性,另一方面有利于统计分析缺陷产生的原因,便于质量管理。

3）取样原则上按随机取样方式,随机取样方法有多种,例如将焊缝个体编号,使用随机数表来规定取样部位等。

5.2.4 所有查出的不合格焊接部位应按规定予以返修至合格。

对所有查出的不合格缺陷的部位,包括已验收合格批中的不合格的部位均须进行修补。

5.2.5 焊缝外观检验

1 所有焊缝应冷却到环境温度后进行外观检验,Ⅱ、Ⅲ类(Q295、Q345、Q390、Q420)钢材的焊缝应以焊接完成24h 后的检查结果作为验收依据,Ⅳ类(Q460)钢应以焊接完成48h 后的检查结果作为验收依据。

在焊接过程中、焊缝冷却过程及以后的相当长的一段时间可能产生裂纹。普通炭素钢产生延迟裂纹的可能性很小,因此规定在焊缝冷却后即可进行外观检验。低合金结构钢焊缝的延迟裂纹的延迟时间较长,有的国外规范规定某些低合金钢焊接裂纹的检查应在焊后48h 进行。考虑到工厂存放条件、现场安装进度、工序衔接的限制及随着时间延长,产生裂纹的几率逐渐减小等因素,本规程对Ⅱ、Ⅲ类钢规定以24h 后的检查结果为验收依据,对Ⅳ类钢,考虑产生延迟裂纹的可能性更大,故规定以48h 后的检查结果为验收依据。

2 外观检查一般用目测,裂纹的检查应辅以 5 倍放大镜并在合适的光照条件下进行,必要时可采用磁粉探伤或渗透探伤,尺寸的测量应用量具、卡规。

外观检查包括焊缝外观缺陷的检查和焊缝几何尺寸的测量,由于裂纹是很难直接用肉眼观测得到的,因此应用放大镜观测,并注意应有充足的光线。

3 焊缝外观质量和尺寸偏差应符合下列规定:

1）一级焊缝不得存在未焊满、根部收缩、咬边和接头不良、表面气孔、夹渣、裂纹和电弧擦伤等缺陷,焊缝尺寸应符合表5.2.5－2 和表5.2.5－3 的规定。

2）二级、三级焊缝的外观质量和焊缝尺寸应符合表5.2.5－1、表5.2.5－2 和表5.2.5－3 规定。

焊缝外观质量标准　　　　表5.2.5－1

焊缝质量等级 检验项目	二级	三级
未焊满	≤0.2+0.02t 且≤1mm,每100mm 长度焊缝内未焊满累积长度≤25mm	≤0.2+0.04t 且≤2mm,每100mm 长度焊缝内未焊满累积长度≤25mm
根部收缩	≤0.2+0.02t 且≤1mm,长度不限	≤0.2+0.04t 且≤2mm,长度不限
咬边	≤0.05t 且≤0.5mm,连续长度≤100mm,且焊缝两侧咬边总长≤10% 焊缝全长	≤0.1t 且≤1mm,长度不限

续表

焊缝质量等级 检验项目	二级	三级
裂纹	不允许	允许存在长度≤5mm的弧坑裂纹
电弧擦伤	不允许	允许存在个别电弧擦伤
接头不良	缺口深度≤0.05t且≤0.5mm,每1000mm长度焊缝内不得超过1处	缺口深度≤0.1t且≤1mm,每1000mm长度焊缝内不得超过1处
表面气孔	不允许	每50mm长度焊缝内允许存在直径<0.4t且≤3mm的气孔2个;孔距应≥6倍孔径
表面夹渣	不允许	深≤0.2t,长≤0.5t且≤20mm

焊缝焊脚尺寸允许偏差　　　　表 5.2.5-2

序号	项目	示意图	允许偏差(mm)
1	一般全焊透的角接与对接组合焊缝		$+4h_f \geq (t/4)$ 0 且 ≤10
2	需经疲劳验算的全焊透角接与对接组合焊缝		$+4h_f \geq (t/2)$ 0 且 ≤10
3	角焊缝及部分焊透的角接与对接组合焊缝		$h_f \leq 6$ 时 0~1.5 $h_f > 6$ 时 0~3.0

注:1. h_f >8.0mm 的角焊缝其局部焊脚尺寸允许低于要求值1.0mm,但总长度不得超过焊缝长度的10%;
　　2. 焊接H形梁腹板与翼缘板的焊缝两端在其两倍翼缘板宽度范围内,焊缝的焊脚尺寸不得低于设计要求值。

焊缝余高和错边允许偏差　　　　表 5.2.5-3

序号	项目	示意图	允许偏差 一、二级	允许偏差 三级
1	对接焊缝余高(d)		$B<20$时, d 为 0~3; $B\geq 20$时, d 为 0~4	$B<20$时, d 为 0~3.5; $B\geq 20$时, d 为 0~5

续表

序号	项目	示意图	允许偏差 一、二级	允许偏差 三级
2	对接焊缝错边（d）		$d<0.1t$ 且≤2.0	$d<0.15t$ 且≤3.0
3	角焊缝余高（C）		$h_f≤6$时C为$0\sim1.5$；$h_f>6$时C为$0\sim3.0$	

4 栓钉焊焊后应进行打弯检查。合格标准为：当焊钉打弯至30°时，焊缝和热影响区不得有肉眼可见的裂纹，检查数量应不小于焊钉总数的1%，但不少于3只。

5 电渣焊接头的焊缝外观成形应光滑，不得有未熔合、裂纹等缺陷；当板厚小于30mm时，压痕、咬边深度不得大于0.5mm；板厚大于或等于30mm时，压痕、咬边深度不得大于1.0mm。

5.2.6 无损检测

1 无损检测应在外观检查合格后进行。

如果未进行外观检查而经无损检测合格的焊缝，当焊缝外观质量不合格时，必然要按要求返修，而此时还需进行外观检查和无损检测。按本条可避免重复。

2 焊缝无损检测报告签发人员必须持有相应探伤方法的Ⅱ级或Ⅱ级以上资格证书。

无损检测是技术性质比较强的专业技术，按照我国各行业无损检测人员资格考核管理规定，Ⅰ级人员只能在Ⅱ级和Ⅲ级人员的指导下从事工作。因此规定Ⅰ级人员不能独立签发报告。

3 设计要求全焊透的一、二级焊缝，其内部缺陷的检验应符合下列要求：

1）一级焊缝应进行100%的检验，其合格等级应为现行国家标准《钢焊缝手工超声波探伤方法和探伤结果分级法》GB/T11345B级检验的Ⅱ级及Ⅱ级以上；

2）二级焊缝应进行抽检，抽检比例不应小于20%，其合格等级应为现行国家标准《钢焊缝手工超声波探伤方法和探伤结果分级法》GB/T11345B级检验的Ⅲ级及Ⅲ级以上。

内部缺陷的检测一般可用超声波探伤和射线探伤。射线探伤具有直观性和一致性好的特点，过去人们觉得射线探伤客观可靠。但射线探伤成本高，操作程序复杂，检测周期长，尤其是钢结构中大多为T型接头和角接头，射线检测的效果差，且射线检测对裂纹、未熔合等危害性缺陷的检出率低。超声波检测则正好相反，操作程序简单、快速，对各种接头形式的的适应性好，对裂纹、未熔合的检出率高，因此世界上很多国家对钢结构内部质量的控制采用超声波探伤，一般已不采用射线探伤。本规程原则规定钢结构内部缺陷的检测只采用超声波探伤，其探伤方法和缺陷分级执行国家标准GB/T11345的规定。如有特殊要求，可在图纸上注明或在合同中规定。

二级焊缝的检测定为抽样检验。这一方面是基于钢结构焊缝的特殊性；另一方面，我国推行全面质量管理已有多年经验，采用抽样检测是可行的，在某种程度上更有利于提高质量。

4 箱形构件隔板电渣焊焊缝无损检测结果除应符合规程7.5.6条的有关规定外，还应按《建筑钢结构焊接技术规程》JGJ81—2002附录C的规定进行焊缝熔透宽度、焊缝偏移检测。

5 圆管T、K、Y节点焊缝的超声波探伤方法及缺陷分级应符合《建筑钢结构焊接技术规程》

JGJ81—2002附录D的规定。

目前我国还没有一个包括各种钢结构节点焊缝形式的建筑钢结构超声波探伤的专业标准。随着钢结构的快速发展,结构种类、焊接节点形式越来越多,GB11345—89已不能满足需要。近几年来,国内有关单位做了大量的工作,编制了相应的检测规程。对于目前在高层钢结构、大跨度桁架结构箱形柱梁制造中广泛用到的隔板电渣焊的检测,本规程采用了现行国家标准《建筑钢结构焊接技术规程》JGJ81所提出的检测方法。它是参照日本《建筑钢结构焊缝超声波探伤》标准而定的,并以附录的形式给出。近年来,大跨度屋盖结构中越来越多的采用圆管T、K、Y型相贯节点这种节点焊缝内部缺陷的检测只能采用超声探伤,而且难度大,国内目前尚无相应标准。从1996年起,一些单位开始在这方面研究,制定了检测方法,并在上海八万人体育馆、深圳机场新航站楼、北京首都机场新航站楼等国家重点工程上应用。因此现行国家标准《建筑钢结构焊接技术规程》JGJ81参考日本标准《钢焊缝超声波探伤方法及探伤结果等级分类方法》JIS Z3060,结合我国一些单位的研究和应用成果,制定了"圆管T、K、Y节点焊缝的超声波探伤方法及缺陷分级",并以附录的形式给出。

6 设计文件指定进行射线探伤或超声波探伤不能对缺陷性质做出判断时,可采用射线探伤进行检测、验证。

射线探伤作为检测钢结构内部缺陷的一种补充手段,在特殊情况采用。《钢结构设计规范》GB50017—2003第3.4.1条规定,当钢板厚度小于或等于8mm时,其对接焊缝应采用X射线进行探伤检测,这是因为当钢板厚度比较薄时,采用超声波探伤检测的缺陷检出率较低。

7 射线探伤应符合现行国家标准《钢熔化焊对接接头射线照相和质量分级》GB/T3323的规定,射线照相的质量等级应符合AB级的要求。一级焊缝评定合格等级为《钢熔化焊对接接头射线照相和质量分级》GB/T3323的Ⅱ级及Ⅱ级以上,二级焊缝评定合格等级应为《钢熔化焊对接接头射线照相和质量分级》GB/T3323的Ⅲ级及Ⅲ级以上。

射线探伤主要应用于对接焊缝的检测,按GB3323标准的有关规定执行。

8 下列情况之一应进行表面检测:
1)外观检查发现裂纹时,应对该批中同类焊缝进行100%的表面检测;
2)外观检查怀疑有裂纹时,应对怀疑的部位进行表面探伤;
3)设计图纸规定进行表面探伤时;
4)检查员认为有必要时。

9 铁磁性材料应采用磁粉探伤进行表面缺陷检测。确因结构原因或材料原因不能使用磁粉探伤时,方可采用渗透探伤。

10 磁粉探伤应符合国家现行标准《焊缝磁粉检验方法和缺陷磁痕的分级》JB/T6061的规定,渗透探伤应符合国家现行标准《焊缝渗透检验方法和缺陷磁痕的分级》JB/T6062的规定。

11 磁粉探伤和渗透探伤的合格标准应符合5.2.5条中外观检验的有关规定。

表面检测主要是作为外观检查的一种补充手段,其目的主要是为了检查焊接裂纹,检测结果的评定按外观检验的要求验收。一般说来,磁粉探伤的灵敏度要比渗透检测高,特别在钢结构中,要求磁粉探伤的焊缝大部分为角焊缝,其中焊缝的表面不规则,清理困难,渗透探伤效果差,且渗透探伤难度大,费用高。因此为了提高表面检测缺陷测出率,规定铁磁性材料制作的工件应尽可能采用磁粉检测方法进行检测。只有在因结构形状的原因(如探伤空间狭小),或材料原因(如材质为奥氏体不锈钢)不能采用磁粉探伤时,宜采用渗透探伤。

5.2.7 熔化焊缝缺陷返修

1 焊缝表面缺陷超过相应的质量验收标准时,对气孔、夹渣、焊瘤、余高过大等缺陷应用砂轮打磨、铲凿、钻、铣等方法去除,必要时应进行焊补;对焊缝尺寸不足、咬边、弧坑未填满等缺陷应进行焊补。

2 经无损检测确定焊缝内部存在超标缺陷时应进行返修,返修应符合下列规定:

1)返修前应由施工企业编写返修方案;

2)根据无损检测确定的缺陷位置、深度,用砂轮打磨或碳弧气刨清除缺陷。缺陷为裂纹时,碳弧气刨前应在裂纹两端钻止裂孔并清除裂纹及其两端各50mm长的焊缝或母材;

3)清除缺陷时应将刨槽加工成四侧边斜面角大于10°的坡口,并应修整表面,磨除气刨渗碳层,必要时应用渗透探伤或磁粉探伤方法确定裂纹是否彻底清除;

4)在坡口内引弧,熄弧时应填满弧坑;多层焊的焊层之间接头应错开,焊缝长度应不小于100mm;当焊缝长度超过500mm时,应采用分段退焊法;

5)返修部位应连续焊成。如中断焊接时,应采取后热、保温措施,防止产生裂纹。再次焊接前宜用磁粉或渗透探伤方法检查,确认无裂纹后方可继续补焊;

6)焊接修补的预热温度应比相同条件下正常焊接的预热温度高,并应根据工程节点的实际情况确定是否需要采用超低氢型焊条焊接或进行焊后消氢处理;

7)焊缝正、反面各作为一个部位,同一部位返修不宜超过两次;

8)对两次返修后仍不合格的部位应重新制订返修方案,经工程技术负责人审批并报监理工程师认可后方可执行;

9)返修焊接应填报返修施工记录及返修前后的无损检测报告,作为工程验收及存档资料。

焊缝缺陷产生后的修补,就工艺本身且言并不困难,重要的是要分析缺陷性质种类和产生原因。如不属于焊工操作或执行工艺规范不严的原因,则要从工艺方案上充分考虑,予以改进,以保证修补一次性成功。因多次在同一部位加热施焊促使母材在热影响区的热应变脆化,对结构安全有不利影响。

3 碳弧气刨应符合下列规定:

1)碳弧气刨工必须经过培训合格后方可上岗操作;

2)发现"夹碳",应在夹碳边缘5~10mm处重新起刨,所刨深度应比夹碳处深2~3mm;发生"粘渣"时可用砂轮打磨。Q420、Q460及调质钢在碳弧气刨后,不论有无"夹碳"或"粘渣",均应用砂轮打磨刨槽表面,去除淬硬层后方可进行焊接。

作为修补焊接必需的碳弧气刨工艺,其对修补焊接的质量有相当大的影响,本条就气刨时避免夹碳、粘渣等缺陷产生应采取的工艺等提出了要求。

思考题

一、简答题

1. 简述高层建筑钢结构安装焊接的一般特点。
2. 简述H形梁翼缘与柱或梁的焊接顺序。
3. 为什么焊缝无损检测报告签发人员必须持有相应探伤方法的Ⅱ级或Ⅱ级以上资格证书?
4. 什么情况下应进行表面检测?
5. 为什么定位焊应由持证焊工施焊?
6. 焊缝外观检验的时间有什么要求?

二、论述题

试论述为什么焊缝检查前应根据施工图及说明文件规定的焊缝质量等级要求编制检查方案?

第六章 砌体工程

本章主要介绍《预拌砂浆技术规程》、《住宅工程质量通病控制标准》中砌体工程部分内容和《通用硅酸盐水泥》三本规范质量检查方面的主要内容,同时介绍砌体砂浆砌块的制作试验方法。

第一节 预拌砂浆

6.1.1 概念

预拌砂浆系指专业生产厂家生产的,用于一般工业与民用建筑工程的砂浆,预拌砂浆按生产的搅拌形式分为两种:干拌砂浆与湿拌砂浆。按使用功能分为两种:普通预拌砂浆和特种预拌砂浆。按用途分为预拌砌筑砂浆、预拌抹灰砂浆、预拌地面砂浆及其他具有特殊用途的预拌砂浆。按照胶凝材料的种类,可分为水泥砂浆和石膏砂浆。

本条说明了预拌砂浆的分类形式,预拌砂浆的分类有多种方法。本书所指的预拌砂浆系指由专业生产厂(企业)生产的商品化砂浆,不包括施工现场自行拌制的砂浆。规程中列出了预拌砂浆种类,仅是举例,并非全部,在实际应用中也可有其他种类。

关于商品砂浆名称有各种说法,虽各种说法无本质差别,但为了避免造成误解,本规程还是按照如下分类:商品砂浆等同于预拌砂浆,预拌砂浆包括干拌砂浆和湿拌砂浆。

干拌砂浆又包括普通干拌砂浆,特种干拌砂浆(干拌保温砂浆,防水砂浆等)。本文定义名称为干拌砂浆,则与湿拌砂浆对应,两者同属商品砂浆。如果称为干粉砂浆,易造成给人印象是该干粉砂浆不包含砂子的误解。如果定义预拌砂浆为专指湿拌砂浆,似乎概念上不够准确,因为预拌砂浆也有干拌的含义。

1 干拌砂浆

又称砂浆干拌(混)料,系指由专业生产厂家生产、经干燥筛分处理的细集料与无机胶结料、矿物掺合料和外加剂按一定比例混合而成的一种颗粒状或粉状混合物。在施工现场按使用说明加水搅拌即成为砂浆拌合物。产品的包装形成可分为散装和袋装。干拌砂浆包括水泥砂浆和石膏砂浆。

本条说明了干拌砂浆的组成,生产,运输及使用特点。本规程将预拌石膏砂浆列入干拌砂浆范围,是考虑到石膏砂浆作为内粉刷材料,在体积稳定性和装饰效果等方面具有一定的优势,将其列入本规程有利于石膏砂浆的推广应用。在质量标准上仍然采用统一的规定。本规程同时考虑到石膏砂浆与水泥砂浆在强度和耐水性等方面的差别,在其实验方法上将做适当规定。

2 湿拌砂浆

湿拌砂浆系指由水泥、砂、保水增稠材料、水、粉煤灰或其他矿物掺合料和外加剂等组分按一定比例,经计量、拌制后,用搅拌输送车运至使用地妥善存储,并在规定时间内使用完毕的砂浆拌合物,包括砌筑、抹灰和地面砂浆等。

本条说明了湿拌砂浆的组成,生成,运输及使用特点。

3 普通预拌砂浆

普通预拌砂浆系预拌砌筑砂浆、预拌抹灰砂浆和预拌地面砂浆的统称,可以是干拌砂浆,也可以是湿拌砂浆。

规程中预拌砂浆即指普通预拌砂浆。

本条给出了普通预拌砂浆的定义。本规程中所谓普通预拌砂浆,系指砌筑砂浆,抹灰砂浆和地面砂浆,其他具有特定功能的砂浆,如防水砂浆,保温砂浆和界面剂等等,属于特种砂浆,不属于本规程范围。

  4 特种预拌砂浆

特种预拌砂浆系指具有抗渗、抗裂、高粘结和装饰等特殊功能的预拌砂浆,包括预拌防水砂浆、预拌耐磨砂浆、预拌自流平砂浆和预拌保温砂浆等。

  5 保水增稠材料

保水增稠材料系指用于预拌砂浆中改善砂浆和易性的非石灰型粉状材料。

本条说明了保水增稠材料的作用及特性。普通预拌砂浆禁止使用消化石灰粉作为保水增稠材料,因为《建筑砂浆配合比设计规程》JGJ98规定消化石灰粉不得直接用于砌筑砂浆中;同时石灰膏含水率大,不能直接用于干拌砂浆生产;且作为气硬性材料,石灰还使得水泥石灰混合砂浆硬化后耐水性差,收缩大,粘结力小。因此本规程规定禁止使用消化石灰粉,用于普通预拌砂浆的保水增稠材料,必须是非石灰型的,并与水泥性质相匹配,以保证所拌制的砂浆性能良好。现在主要采用的保水增稠材料为砂浆稠化粉,也不排除使用其他符合规程规定的产品,但应保证所拌制的砌筑砂浆具有水硬性,且和易性(稠度和保水率),凝结时间等指标符合本规程要求,更重要的是砌体强度应满足《砌体结构设计规范》GB50003的要求。

  6 存放时间

对于湿拌砂浆,存放时间是指湿拌砂浆运到工地后按一定的方法储存与保管,能保证砂浆使用性能的时间。对于干拌砂浆,存放时间是指砂浆干拌料装袋或装罐后到加水搅拌使用的时间,干拌砂浆存放时间应短于其有效期。

本条给出了湿拌砂浆的存放时间的定义。存放时间一般不少于8h,各类湿拌砂浆一般应选用8h、12h、24h作为存放时间标准,特殊情况的存放时间可由双方进行进一步约定。

  7 交货地点

供需双方在合同中确定的交接预拌砂浆的地点。

本条给出了预拌砂浆交货地点的含义。由于交货地点涉及供需双方有关质量检验工作的责任划分,因此需要明确其含义。

  8 出厂检验

在预拌砂浆出厂前对其质量进行的检验。

本条给出了出厂检验的含义。出厂检验属于供方质量控制行为,由供方承担。

  9 交货检验

在交货地点对预拌砂浆质量进行的检验。

本条给出了交货检验的含义。交货检验的取样试验工作应由需方承担,当需方不具备试验条件时,供需双方可协商解决。

6.1.2 标记

用于预拌砂浆标记的符号,应根据其分类及使用材料的不同按下列规定使用:

  1) DM——干拌砂浆;

    DMM——干拌砌筑砂浆;

    DPM——干拌抹灰砂浆;

    DSM——干拌地面砂浆;

    WM——湿拌砂浆;

    WMM——湿拌砌筑砂浆;

WPM ——湿拌抹灰砂浆；
WSM ——湿拌地面砂浆。
2）水泥用品用其代号表示；
3）石膏用 G 表示；
4）稠度和强度等级用数字表示。

规定了用于预拌砂浆标记的符号，预拌砂浆所用符号代表了砂浆分类及使用材料。在预拌砂浆符号方面，第一考虑了以尽可能简明的符号代表最重要的预拌砂浆的信息；第二考虑到与国际接轨，采用英文头一个字母。

干拌砌筑砂浆、干拌抹灰砂浆和干拌地面砂浆标记符号可按其种类、强度等级、稠度和胶凝材料种类符号的组合表示。标记示例：

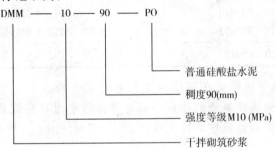

给出了干拌砂浆标记，干拌砂浆标记包含砂浆种类，强度等级，稠度和所用胶凝材料种类的信息。

湿拌砌筑砂浆、湿拌抹灰砂浆和湿拌地面砂浆标记符号可按其类别、强度等级、稠度、凝结时间和胶凝材料种类符号的组合表示。标记示例：

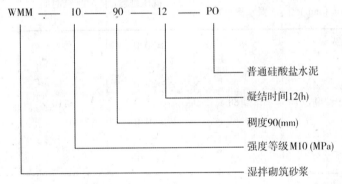

给出了湿拌砂浆标记，湿拌砂浆标记包含砂浆种类、强度等级、稠度、所用胶凝材料种类和凝结时间的信息。

6.1.3 预拌砂浆的技术要求

1 预拌砂浆一般规定

1）预拌砂浆的原材料、砂浆拌合料和硬化后的砂浆硬化体的技术性能指标均应符合设计要求、国家有关标准及本规程的有关规定。

将预拌砂浆产品质量分成三个阶段来考察，第一阶段干拌料（湿拌砂浆无此阶段），第二阶段砂浆拌合料，第三阶段砂浆硬化体。三个阶段的产品均应满足相应规程，标准和本规程的规定。

2）预拌砂浆以 70.7mm×70.7mm×70.7mm 立方体、28d 标准养护试件的抗压强度划分等级。

规定了普通预拌砂浆的等级依据其硬化体的标养抗压强度（单位采用 MPa）来划分，其强度等级划分间隔应为 2.5 或 5。本规程规定了预拌水泥砂浆和预拌石膏砂浆试件标准养护条件。

3) 预拌砂浆放射性核素放射性比活度应满足 GB 6566 标准的规定。

规定预拌抹灰砂浆因主要用于室内，其应符合国家有关建筑装饰材料关于有害物质限量标准的相关规定。

4) 预拌砂浆与传统砂浆的对应关系见表 6.1.3-1，可根据其强度要求选用各类预拌砂浆。

预拌砂浆与传统砂浆对应关系 表 6.1.3-1

种类	预拌砂浆	传统砂浆
砌筑砂浆	DMM5.0、WMM5.0 DMM7.5、WMM7.5 DMM10、WMM10	M5.0 混合砂浆、M5.0 水泥砂浆 M7.5 混合砂浆、M7.5 水泥砂浆 M10 混合砂浆、M10 水泥砂浆
抹灰砂浆	DPM5.0、WPM5.0 DPM10、WPM10 DPM15、WPM15	1:1:6 混合砂浆 1:1:4 混合砂浆 1:3 水泥砂浆
地面砂浆	DSM20、WSM20	1:2 水泥砂浆

说明普通预拌砂浆与传统砂浆在抗压强度上的对应关系。为了顺利进行从传统砂浆到预拌砂浆的过渡，特列出了同强度等级的传统砂浆与预拌砂浆的对应关系。当抗压强度基本相同时，试验表明预拌抹灰砂浆粘结强度与传统砂浆相当，而保水性（分层度或保水率）指标优于传统砂浆。

2 干拌砂浆质量标准

1) 干拌砌筑砂浆的等级有 DMM30，DMM25，DMM20，DMM15，DMM10，DMM7.5，DMM5.0 等，其性能指标要求列于表 6.1.3-2。

干拌砌筑砂浆的性能 表 6.1.3-2

强度等级	稠度(mm)	保水率(%)	28d 抗压强度(MPa)	凝结时间(h)	25d 收缩率(%)
DMM30			≥30.0		
DMM25			≥25.0		
DMM20			≥20.0		
DMM15	≤90	≥88	≥15.0	≤10	≤0.5
DMM10			≥10.0		
DMM7.5			≥7.5		
DMM5.0			≥5.0		

2) 干拌抹灰砂浆的等级有 DPM20，DPM15，DPM10，DPM7.5，DPM5.0 等其性能指标要求列于表 6.1.3-3。

干拌抹灰砂浆的性能 表 6.1.3-3

强度等级	稠度(mm)	保水率(%)	28d 抗压强度(MPa)	凝结时间(h)	28d 粘结强度(MPa)	28d 收缩率(%)	抗渗性
DPM20			≥20.0				
DPM15			≥15.0				满足
DPM10	≤110	≥92	≥10.0	≤10	≥0.3	≤0.5	设计
DPM7.5			≥7.5				要求
DPM5.0			≥5.0				

3) 干拌地面砂浆的等级有 DSM25，DSM20，DSM15 等，其性能指标要求列于表 6.1.3-4。

干拌地面砂浆的基本性能 表 6.1.3-4

强度等级	稠度(mm)	保水率(%)	28d抗压强度(MPa)	凝结时间(h)	25d收缩率(%)
DSM25	≤50	≥90	≥25.0	≤10	≤0.5
DSM20			≥20.0		
DSM15			≥15.0		

上述三条说明干拌砌筑砂浆强度等级按《砌体结构设计规范》GB50003—2001 规定的砂浆强度等级选取；M20 以上高等级干拌砌筑砂浆主要满足混凝土小型砌块配筋体结构工程之需。干拌地面砂浆参照《建筑地面工程施工质量验收规范》GB50209 的规定执行。现场拌制的抹灰砂浆最终质量反映在其工程质量，《建筑装饰装修工程质量验收规范》GB50210 主要规定了"抹灰工程的面层，不得有爆灰和裂层缝。各抹灰层之间及抹灰层与基体之间应粘结牢固，不得有脱层，空鼓等缺陷"。我国目前按材料组份划分抹灰砂浆种类。而干拌抹灰砂浆作为一种商品，必须提供其材料的品质指标，最能综合反映干拌砂浆硬化后物理力学性能指标的便是抗压强度，因此，本规程也将抗压强度作为干拌抹灰砂浆的一个主要技术性能指标。

干拌砂浆性能中砂浆工作性的指标要求，本规程规定用稠度和保水率来表征。之所以采用保水率指标，是由于目前国家禁用粘土墙体材料，而大力推广使用非粘土墙体材料制品，特别是采用工业废渣生产的墙体材料，这就要求砂浆有更好的保水性，保证砂浆本身强度和粘结强度。

关于砂浆的粘结强度。砂浆粘结强度检测为材性检测，不同与现场拉拔试验，本规程确定实验方法原理与设备参照《聚合物改性水泥砂浆试验规程》DL/T5126，但须对其所用拉力机精度量程，试验养护条件，粘结强度基底，试验操作进行重新修改细化。

抹灰砂浆的最终质量反映在其工程质量，抹灰砂浆的抗压强度一般在 5~20MPa。目前抹灰砂浆存在的主要问题是开裂，空鼓脱落，这其中一个主要原因是砂浆的粘结强度低。所以对于抹灰砂浆来说，粘结强度是一个重要的指标。内墙抹灰砂浆的粘结强度及外墙抹灰砂浆的粘结强度参考了国外标准，结合国内的实际情况并经大量试验，参照《聚合物改性水泥砂浆试验规程》DL/T5126 制定。抹灰砂浆中含有一定的空气量，一方面是对抗裂有好处，另一方面可以改善砂浆的工作性能。

地面砂浆要求抗压强度高、耐磨，强度分 M15,M20,M25 三个等级。

4）散装干拌砂浆的均匀性要求应满足表 6.1.3-5 规定。

散装干拌砂浆的均匀性要求* 表 6.1.3-5

试验项目	技术要求
80μm 方孔筛通过率与平均值的绝对误差(%)	≤3
28d 抗压强度与真值的相对误差(%)	≤20

*均匀性试验方法见附录 C(标准中、本书略)

干拌砂浆组成材料的密度，粒径相差悬殊。散装干拌砂浆在物流运输，特别是靠压缩空气输送中，不同组分间存在分离倾向。干拌砂浆中的有机添加剂含量很小，但对于砂浆性能影响很大；而这类添加剂的密度和粒径一般都很小。为了保证散装干拌砂浆的质量，有必要增加一项均匀性检测项目，用筛分法检测砂浆粒径的均匀性，用抗压强度代表砂浆力学性能的均匀性。

湿拌砂浆的等级有 WMM30,WMM25. WMM20,WMM15,WMM10,WMM7.5,WMM5.0 七种，其性能指标要求列于表 6.1.3-6。

湿拌砌筑砂浆性能   表6.1.3-6

强度等级	稠度(mm)	保水率(%)	凝结时间(h)	28d抗压强度(MPa)	25d收缩率(%)
WMM30	50~90	≥85	≤8、12、24	≥30.0	≤0.5
WMM25				≥25.0	
WMM20				≥20.0	
WMM15				≥15.0	
WMM10				≥10.0	
WMM7.5				≥7.5	
WMM5.0				≥5.0	

湿拌抹灰砂浆的强度等级有WPM20、WPM15、WPM10、WPM7.5、WPM5.0五种,其性能指标要求列于表6.1.3-7。

湿拌抹灰砂浆性能   表6.1.3-7

强度等级	人工	机喷	保水率(%)	凝结时间(h)	28d粘结强度(MPa)	28d抗压强度(MPa)	28d收缩率(%)	抗渗性
WPM20	60~90	80~110	≥90	≤8、12、24	≥0.3	≥20.0	≤0.5	满足设计要求
WPM15						≥15.0		
WPM10						≥10.0		
WPM7.5						≥7.5		
WPM5.0						≥5.0		

湿拌地面砂浆的强度等级有WSM25、WSM20、WSM15三种,其性能指标要求列于表6.1.3-8。

湿拌地面砂浆性能   表6.1.3-8

强度等级	稠度(mm)	保水率(%)	凝结时间(h)	28d抗压强度(MPa)	25d收缩率(%)
WSM25	30~50	≥85	≤4、8	≥25.0	0.5
WSM20				≥20.0	
WSM15				≥15.0	

上述三条说明了不同用途湿拌砂浆的强度范围及其他基本性能限值。

由于湿拌砂浆采用的砂的质量劣于干拌砂浆用砂,并且湿拌砂浆的工作性在运输和存放过程中不可避免的损失,因此本规程制定湿拌砂浆保水性指标低于干粉砂浆。

湿拌砌筑砂浆的抗压强度离差较大,各等级之间2.5MPa的差距可能太小,但为了与国家规范一致,按《砌筑砂浆配合比设计规程》JGJ98规定,湿拌砌筑砂浆的强度等级划分为M5~M30七个等级。

考虑到湿拌砂浆使用时间较混凝土长,为给施工提供方便,特别是下午送到现场的砂浆能贮存到第二天继续使用,故规定了湿拌砂浆终凝时间最长时间可达24h。但更确切地讲应提供保持可操作性的延续时间(即存放时间)。因此本规程规定在合同指定的存放时间内,湿拌砂浆稠度损失应不大于35%,即在合同规定的存放时间内,应保证湿砂浆具有可操作性。

湿拌砂浆稠度允许偏差应符合表6.1.3-9中规定,在交货地点测得的砂浆稠度与合同规定的稠度之差,应不超过表中的允许偏差,稠度损失在规定的时间内应不大于交货时实测稠度的35%。

稠度允许偏差范围　　　　表 6.1.3 – 9

规定的稠度	允许偏差(mm)
30 ~ 49	－5 ＋10
50 ~ 69	±10
70 ~ 100	±15
110	＋5 －10

　　湿拌砂浆的稠度损失是不可避免的,但应对其加以限制,保证砂浆的和易性。

　　湿拌砂浆的凝结时间要求由供需双方协商确定,但一般不大于24h。规定在合同指定的存放时间内,湿拌砂浆稠度损失应不大于35%,即在合同规定的存放时间内,应保证湿拌砂浆具有可操作性。

　　规定的湿拌砂浆的存放时间一般不应超过24h,有特殊要求的执行供需双方之间的约定。这里存在两个时间概念,供需双方在签订合同时应予以明确,其一是湿拌砂浆保持可操作性的时间,这个时间由供需双方合同规定,但不得长于砂浆的凝结时间;其二是凝结时间,本规程规定湿拌砂浆的凝结时间不得长于所选定的凝结时间。

6.1.4　施工过程质量控制

　　1　预拌砂浆施工过程质量控制一般规定。

　　1)供方应提供相应的预拌砂浆使用说明书,包括砂浆特点、性能指标、干拌砂浆有效日期、使用范围、加水量、凝结时间、使用方法、注意事项等;施工人员应按使用说明书的要求施工;供方还应提供法定检测部门出具的、在有效期限内的型式检验报告和出厂检验报告,并出具产品合格证。

　　2)预拌砂浆的强度等级必须符合设计要求。

　　3)预拌砂浆拌合料的稠度、保水率和凝结时间应满足相应的质量标准要求。

　　预拌砂浆的抗压强度、稠度、保水率和凝结时间是保证施工质量的必要条件,因此,规定施工前应对砂浆的上述四个基本性能进行审核合格后方可施工。另外规定了供方应提供相应的预拌砂浆使用说明书,施工人员应按使用说明书的要求施工,以消除质量隐患。

　　4)当室外日平均气温连续5d稳定低于5℃时,砌体工程应采取冬季施工措施。气温根据当地气象资料确定。冬季施工期限以外,当日最低气温低于0℃时,也应按冬季施工的规定执行。

　　①现场的砂浆拌合料应采取保温措施。

　　②砂浆拌合料的温度及施工面的温度不应低于5℃。

　　③抹灰(粘结)层应有防冻措施。

　　④湿拌砂浆可掺入混凝土防冻剂,其掺量应经试配确定。

　　⑤湿拌可适当减少缓凝剂掺量,缩短砂浆凝结时间,但应经试配确定。

　　规定了预拌砂浆冬季施工要求。普通砖、多孔砖和空心砖的润湿程度对砌体强度的影响较大,特别对抗剪强度的影响更为明显,故在气温低于0℃条件下砌筑时,不宜对砖浇水,这是因为水在材料表面有可能立即结冰成薄膜,反而会降低砂浆的粘结强度,同时也给施工操作带来诸多不便。此时,可不浇水但必须增大砂浆的稠度。

　　5)预拌砌筑砂浆施工按现行《砌体工程施工质量验收规范》GB50203的有关规定执行。

　　规定了预拌砌筑砂浆的施工应符合《砌体工程施工质量验收规范》GB50203的要求。

　　6)预拌抹灰砂浆施工按现行《建筑装饰装修工程质量验收规范》GB50210的有关规定执行。外墙、卫生间和厨房等易受潮部位的抹灰不得采用预拌抹灰石膏砂浆。

规定了预拌抹灰砂浆的施工应符合《建筑装饰装修工程质量验收规范》GB50210 的要求。预拌抹灰砂浆施工经调研分析,抹灰层之所以出现开裂、空鼓和脱落等质量问题,主要原因是基体表面清理不干净,如基体表面尘埃及疏松物、脱模剂和油渍等影响抹灰粘结牢固的物质未彻底清除干净。基体表面光滑,抹灰前未作毛化处理;抹灰前基体浇水不透。抹灰后砂浆中的水分很快被基体吸收,使砂浆中的水泥未充分水化生成水泥石,影响砂浆粘结力;一次抹灰过厚,收缩率较大等,都会影响抹灰层与基体粘结牢固。

预拌抹灰石膏砂浆中的石膏为气硬性胶凝材料,因此,必须对其使用部位作出明确限制。

7)预拌地面砂浆施工按现行《建筑地面工程施工质量验收规范》GB50209 的有关规定执行。

规定预拌地面砂浆施工应符合《建筑地面工程施工质量验收规范》GB50209 的有关要求。

8)施工完成后的工程质量验收按相应的工程施工及工程验收规范的有关规定执行。

规定了预拌砂浆施工验收要求。

2 干拌砂浆施工过程质量控制

1)储存

① 干拌砂浆进场后,应按不同种类、强度等级、批号分开存放,先到先用。

② 袋装干拌砂浆在施工现场储存应采取防雨、防潮措施,并按不同品种、编号分别堆放,严禁混堆混用。

③ 散装干拌砂浆在施工现场储存应采取防雨、防潮措施,筒仓应有明显标记,严禁混存混用。

④ 干拌砂浆自生产日起,储存超过说明书规定的有效日期,应经复检合格后才能使用。

规定了干拌砂浆必须分门别类堆放,并采取先到先用的做法。规定袋装和散装干拌砂浆储存时采取遮阳防雨措施,都是为了保证干拌砂浆的质量。干拌水泥砂浆储存期超过有效期需要复检合格才能使用。对于干拌水泥砂浆,由于水泥的活性会随时间而下降,故其有效期是根据水泥的出厂日期和干拌砂浆的生产日期来确定的。对于预拌石膏砂浆,同样存在活性随时间下降的问题,因此,供方应在其产品使用说明书和包装袋上标明干拌砂浆的有效期,需方应按照说明书要求,使用未过期的干拌砂浆。

2)搅拌

① 现场搅拌时干拌砂浆及用水量均以质量计量,干拌砂浆用水应符合《混凝土用水》JGJ63 的规定,用水量应符合说明书的要求。除水外不得添加其他成分。

② 干拌砂浆应采用机械搅拌,搅拌时间应符合包装袋或送货单标明的规定。砂浆应随拌随用,搅拌均匀。

规定了搅拌干拌砂浆的要求。为保证砂浆质量,必须严格按照说明书(或包装袋)上规定的加水量进行搅拌;砂浆搅拌好存放一段时间后,若稠度下降,不得随意二次加水搅拌。

3)使用

① 干拌砂浆拌合料应在使用说明书规定的时间内用完。

② 干拌砂浆拌合物在使用前应尽量覆盖表面防止水份流失,如砂浆出现泌水现象,应在使用前再次拌合。对掺用缓凝剂的砂浆,其使用时间可根据具体情况延长。超过使用规定时间的砂浆拌合物严禁二次加水搅拌使用。

③ 干拌砂浆在使用前应检验砂浆的稠度,稠度应满足现行施工规范的有关规定。若发现泌水,应进行保水率检验。

规定了使用干拌砂浆的要求。关于干拌砂浆的限制使用时间,根据湖南、山东、广东、四川和陕西等地的试验结果,在一般气温情况下,水泥砂浆在2h 和3h 内使用完,砂浆强度降低一般不超过20%,符合砌体强度指标确定原则。

3 湿拌砂浆施工过程质量控制

1）储存

① 砂浆运至储存地点后除直接使用外，必须储存在不吸水的密闭容器内。夏季应采取遮阳措施，冬季应采取保温措施。储存地点的气温，最高不宜超过37℃，最低不宜低于0℃。砂浆装卸时应有防雨措施。

本条规定砂浆储存时采取遮阳防雨措施，都是为了保证预拌砂浆的质量。环境温度会影响到砂浆的失水速率，并最终影响砂浆的可施工性。

② 砂浆在储存过程中严禁加水。

砂浆在储存过程中随意加水将可能导致砂浆质量下降。

③ 储存容器标识应明确，应确保先存先用，后存后用，严禁使用超过凝结时间的砂浆，禁止不同品种的砂浆混存混用。储存容器应有利于储运、清洗和砂浆装卸。

水泥类产品均有一定的时效性，过期无效。已凝结的砂浆再次拌合使用将不可能达到预期的性能指标，不同品种砂浆的配合比和性能不同，混用将降低两者的性能。

2）施工

① 各种用途砂浆的稠度选用，宜按表6.1.4中的规定选择。

湿拌砂浆稠度的选用规定(mm)　　　　表6.1.4

砌筑工程		
砌体种类	干燥气候或多孔砌块	寒冷气候或密实砌块
砖砌体	80~100	60~80
混凝土砌块砌体	70~90	50~70
石砌体	30~50	20~30
抹灰工程		
施工方法	机械施工	手工施工
准备层	90~100	100~110
底层	80~90	70~80
面层	70~80	90~100

给出了不同环境条件下，不同应用砌体上砂浆的适宜稠度。砂浆稠度的选择主要与应用环境的失水快慢相关，失水快的环境宜选择较大的稠度，失水慢的环境宜选择较小的稠度。

② 湿拌砂浆使用前的拌合及重塑；

a）湿拌砂浆在储存中如出现少量泌水现象，使用前应人工拌匀，如泌水严重应重新取样进行品质检验。

b）砂浆在规定使用时间内因需方原因造成稠度损失，使用时稠度达不到施工要求，在确保质量前提下，经现场技术负责人认定后，可加适量水拌和使砂浆重新获得原定的稠度。砂浆重塑只能进行一次。

说明了湿拌砂浆在应用前如发现存在不均匀或难于施工的情况下应酌情处理。但对于重塑，应经过技术人员的现场认定，否则不得向砂浆中额外加水。

③ 砂浆必须在规定时间内使用完毕。

④ 用料完毕后储存容器应立即清洗，以备下次使用。

6.1.5 产品与施工验收

1 预拌砂浆产品与施工验收一般规定

1）验收检验是指对本规程规定的项目进行质量指标检验，以判定预拌砂浆产品质量和预拌砂浆施工质量是否符合要求。

2) 预拌砂浆 进场必须提交产品合格证。对于干拌砂浆,尚须提交型式检验报告及该批产品的出厂检验报告;对于湿拌砂浆,尚须提交该批产品的出厂检验报告。

3) 预拌 砂浆产品质量的验收检验为交货检验。交货检验和复验的取样试验工作应由需方承担,当需方不具备试验条件时,工程施工方或监理方可对进场预拌砂浆进行有见证送检,或供需双方协商确定交货检验的承担单位,其中包括供需双方认可的有资质的试验单位,并应在合同中予以明确。

对产品验收检验工作的有关各方责任进行划分。本规程检验规则包含三个阶段:第一阶段是预拌砂浆生产过程中对产品质量的检验,这个阶段检验包括型式检验、开盘检验和出厂检验,应在砂浆出厂前完成(允许湿拌砂浆的强度、粘结强度等28天以上技术指标后续补报),并以这些检验结果作为产品合格证的依据,出厂检验的取样试验工作应由供方承担。第二阶段是预拌砂浆交接货时对产品质量的验收检验,产品验收检验系指交货检验。交货检验和复验的取样试验工作应由需方承担,当需方不具备试验条件时,工程施工方或监理方可对进场预拌砂浆进行有见证取样送检,或供需双方认可的有资质的试验单位,并应在合同中予以明确。第三阶段是预拌砂浆施工完成后对工程的验收。如果交货检验合格,则供方对施工完成后的工程验收结果不承担责任。这就要求供需双方认真完成交货检验工作,要求需方严格按照预拌砂浆使用说明书的规定贮存、搅拌和使用砂浆。

4) 当判断预拌砂浆产品质量是否符合要求时,强度、稠度、保水率和粘结强度应以交货检验结果为依据;其他检验项目按合同规定执行。

规定了产品验收以交货检验的项目和合同规定项目为依据

5) 交货检验的试验结果应在试验结束后15d内通知供方。

规定了承担交货检验试验工作的机构向供方提交检验结果的时间限制。

6) 进行预拌砂浆取样及试验的人员必须具有相应资格。

规定了承担交货检验试验工作的人员(包括见证取样和试验人员)均必须具有相应的资格。

2 干拌砂浆产品验收检验

干拌砂浆进场,应按表6.1.5-1对其性能进行交货检验,不合格的产品不得用于施工工地。在使用中,对干拌料有怀疑或出厂期超过有效期时,应进行复验。检验项目符合表6.1.5-1的规定。

干拌砂浆交货检验项目　　　　　　　表6.1.5-1

序号	种类	检验项目
1	干拌砌筑砂浆	抗压强度、稠度、保水率
2	干拌抹灰砂浆	抗压强度、粘结强度、稠度、保水率
3	干拌地面砂浆	抗压强度、稠度、保水率

表6.1.5-1未列出的其他品种干拌砂浆按照其相应的产品标准或应用规程的规定确定交货检验项目。

规定了干拌砂浆交货检验和复验的时间和项目。交货检验和复验均必须在施工之前完成,以保证所用的砂浆为合格品。干拌砂浆中胶凝材料的活性会随时间有所下降,为了保证砂浆质量,当砂浆出厂期超出有效期时,必须进行复验。干拌砂浆有效期主要由其中的凝结材料(水泥或石膏)的有效期决定,水泥有效期扣除水泥在预拌砂浆厂存放时间即为干拌砂浆的有效期。

3 湿拌砂浆产品验收检验

湿拌砂浆进场,应按表6.1.5-2对其性能进行交货检验,不合格的产品不得用于施工工地。

湿拌砂浆交货检验项目　　　　　　　　　　表6.1.5-2

序号	种类	检验项目
1	湿拌砌筑砂浆	抗压强度、稠度、保水率、凝结时间
2	湿拌抹灰砂浆	抗压强度、粘结强度、稠度、保水率、凝结时间
3	湿拌地面砂浆	抗压强度、稠度、保水率、凝结时间

表6.1.5-2未列出的其他品种湿拌砂浆按照其相应的产品标准或应用规程的规定确定交货检验项目。

4　施工验收

1）工程验收应以具有法律效力的法定检验机构提供的检验报告为依据,对预拌砂浆及其施工质量有疑问或争议时,应由法定检验机构进行仲裁检验。

2）预拌砌筑砂浆的强度等级应符合设计要求,施工质量验收应符合现行GB50203的规定。

3）预拌抹灰砂浆的强度等级、粘结强度应符合设计要求,施工质量验收应符合现行GB50210的要求。

4）预拌地面砂浆的强度等级应符合设计要求,施工质量验收应符合现行GB50209的规定。

5）施工中的强度检验取样工作,砌筑砂浆应按GB50203第4.0.12条规定进行；地面砂浆应按GB50209中第3.0.18条规定执行。

冬季施工砂浆试块的留置,除应按常温规定要求外,尚应增留不少于1组与砌体同条件的试块,测试检验28d强度。

6）预拌砌筑砂浆施工中或验收时出现下列情况,可采用现场检验方法对砂浆和砌体强度进行原位检测或取样检测或取样检测,并判定其强度：①砂浆试块缺乏代表性或试块数量不足；②对砂浆试块的试验结果有怀疑或有争议；③砂浆试块的试验结果不能满足设计要求。

对砂浆强度进行现场检测可采用GB/T50315及JGJ/T136的方法。

6.1.6　试验方法

1　预拌水泥砂浆强度试验应按JGJ70的有关规定进行,试件制作时,拌合物的加水量按产品要求确定。拆模时间应在砂浆凝结之后,并且成型后第五天放入标准养护室,标准养护条件为：温度为(20±3)℃、相对湿度大于90%。预拌石膏砂浆的强度参照JGJ70的方法进行,石膏砂浆试件养护温度为(20±3)℃,养护相对湿度为自然气候条件下的室内湿度。

2　预拌砂浆稠度,凝结时间和收缩率的测定试验按JGJ70的有关规定进行。

3　预拌砂浆保水率按本规程附录B《砂浆保水性试验方法》进行。

4　散装干拌砂浆的均匀性试验按照本规程附录C《散装干拌砂浆均匀性试验方法》进行。

5　预拌砂浆抗渗性试验按照本规程附录D《砂浆抗渗性试验方法》进行。

6　预拌水泥砂浆粘结强度试验按照本规程附录E《砂浆粘结强度试验方法》进行。预拌石膏砂浆粘结强度试验参照本规程附录E进行,但石膏砂浆试件养护温度为20±3℃,养护相对湿度为自然气候条件下的室内湿度。

7　合同规定的有特殊要求的检验项目的试验应按相关规范的规定进行。

本书不介绍具体的试验方法,具体的试验方法应由试验人员掌握,但质检员应了解具体的试验内容。

第二节 《住宅工程质量通病控制标准》砌体工程部分

6.2.1 砌体裂缝

本节主要提出了对温度和收缩裂缝的防治措施。砌体工程此类裂缝由于对房屋使用功能和观感有一定的影响，且成因复杂、处理较难，因此，成为近来社会关注的热点问题，据南京地区不完全统计，有关砌体裂缝的投诉占当年房屋工程质量投诉的30%以上。

砌体工程裂缝的成因是多种多样的，有沉降、温度、收缩、荷载、施工等因素引起的裂缝，其中常见的是温度和收缩裂缝，其表现形式主要有：

1. 墙体中竖向裂缝。这种裂缝常出现在窗台墙上、窗洞的两个下角处，有的出现在墙的顶部，上宽下窄。多数窗台缝出现在底层，二层以上较少。填充墙墙中及和柱交接处也可能出现此类裂缝。

2. 墙上的斜裂缝。在窗口转角、窗间墙、窗台墙、外墙及内墙上都可能产生此类裂缝。常出现在纵向墙上两端部、女儿墙端部转角处及顶层内墙上。

3. 墙上水平缝。常出现在女儿墙根部、顶层窗口处及填充墙顶部。此类裂缝一般沿灰缝错开，而斜裂缝既可沿灰缝，也可横穿砌块和砖块。

造成砌体墙体出现温度和收缩裂缝的原因很多，主要有：

1. 房屋保温措施不到位。
2. 房屋长度超长，累计变形大。
3. 墙体抗拉、剪强度和变形能力较差，特别是顶层。
4. 水泥类砌块龄期较短，后期收缩大。
5. 砌筑砂浆水灰比较大，施工进度快，造成灰缝收缩较大。
6. 在墙上任意开凿管槽，且随意修补。
7. 填充墙构造措施不到位。

防治温度和收缩裂缝必须从设计、材料、施工等几个方面采取措施，"抗、放"结合，以抗为主。

6.2.2 砌体裂缝控制措施

1. 建筑物外围护结构应采用符合节能规范和标准要求的保温措施，且优先采用外墙外保温措施。

理论和实践证明，墙体特别是顶部墙体开裂和房屋的保温措施有很大的关系。按近似计算（参考《工程结构裂缝控制》王铁梦著），墙体中的主拉应力（最大剪应力）为：

$$\sigma_1 = \tau_{max} = C_x \cdot \alpha \cdot T \cdot \text{th}(\beta \cdot L/2)/\beta$$

式中 C_x——水平阻力系数；

$\alpha \cdot T = \alpha_2 T_2 - \alpha_1 T_1$（顶板与墙体自由温度变形差）；

L——房屋伸缩缝间长度；

$$\beta = \sqrt{\frac{C_x \cdot l}{bhE}}$$

当主拉应力超过墙体的抗裂应力时，墙体将会开裂。从上式中可看出，影响墙体主拉应力的主要因素有温差、水平阻力系数C_x、房屋长度等。其中影响程度最大的是温差（线性关系），其次分别为水平阻力系数C_x、房屋长度L（非线性关系）等。因此，做好保温工作能减少墙体内应力，从而较好地控制墙体裂缝。外墙外保温能显著降低墙体内外温差，减少冷桥，因此应优先采用。

2. 建筑物长度大于40m时，应设置变形缝；当有其他可靠措施时，可在规范范围内适当放宽。

如上条条文说明所述,房屋长度减少时,剪应力有一定程度的降低,对墙体抗裂有一定的作用。参考《砌体结构设计规范》GB50003的规定,对于楼盖为整体式钢筋混凝土结构的砖混结构,有保温时,伸缩缝最大间距为50m,当采用蒸压灰砂砖、蒸压粉煤灰砖和混凝土砌块时,伸缩缝间距不大于$50 \times 0.8 = 40m$,对温差较大且变化频繁的地区,其间距应适当减少。根据该规定及江苏地区温差变化较大的特点,作出了不大于40m的规定。对采取可靠有效的保温措施及构造措施(后浇带、约束砌体等)的住宅工程,伸缩缝间距可适当放宽,但不宜大于50m。

3 顶层圈梁、卧梁高度不宜超过300mm。有条件时(防水及建筑节点处理较好)宜在顶屋盖和墙体间设置水平滑动层。外墙转角处构造柱的截面积不应大于240mm×240mm;与楼板同时浇筑的外墙圈梁,其截面高度应不大于300mm。

墙体中的剪应力和水平阻力系数C_x呈非线性正相关关系,如C_x值降低33%,则剪应力约降低18%,因此减少房屋顶板与墙体间的约束,对于减少剪应力有一定的效果。在7度以下设防地区优先考虑设置滑动层。承重墙上滑动层可采用在屋面板和圈(卧)梁间的两层油毡或橡胶片等,表面宜留3~5mm深缝打胶;顶层填充墙当有可靠抗震拉结措施时,可直接留5~15mm缝打发泡聚氨脂等柔性材料(表面宜留3~5mm深缝打胶)。需注意的是,应做好滑动层防水(有防水要求的外墙)、建筑等构造处理,避免出现渗漏和裂缝;对于长纵墙,可仅在两端的2~3个开间内设置,如图6.2.2-1。本条的目的是为了减小角部构造柱及圈梁对现浇板收缩的约束,减小造成现浇板角部产生45°剪切裂缝的拉应力。

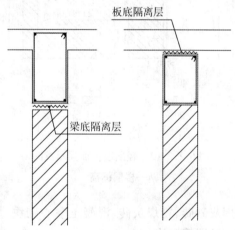

图6.2.2-1 顶层圈梁做法

4 砌体工程的顶层和底层应设置通长现浇钢筋混凝土窗台梁,高度不宜小于120mm,纵向配筋不少于4φ10,箍筋φ6@200;其他层在窗台标高处,应设置通长现浇钢筋混凝土板带,板带的厚度不小于60mm,混凝土强度等级不应小于C20,纵向配筋不宜少于3φ8。

5 顶层门窗洞口过梁宜结合圈梁通长布置,若采用单独过梁时,过梁伸入两端墙内每边不少于600mm,且应在过梁上的水平灰缝内设置2~3道不小于2φ6@300通长焊接钢筋网片。

窗洞口是墙体受力的薄弱环节。由于江苏地区冬夏温差大,外墙特别是顶层外墙,是温度影响的敏感部位,墙体在洞口削弱处易发生应力集中现象,出现裂缝并产生渗漏。采用现浇混凝土窗台梁及板带,可有效地改变墙体受力性状,控制裂缝的产生。底层增强窗台梁,主要是防止不均匀沉降造成的窗台处竖向和斜向裂缝。

6 顶层及女儿墙砌筑砂浆的强度等级不应小于M7.5。粉刷砂浆中宜掺入抗裂纤维或采用预拌砂浆。

提高砂浆强度等级及在粉刷砂浆中掺抗裂剂或采用有微膨胀功能的石膏粉刷砂浆等预拌砂

浆，主要是为了提高墙体及面层的抗裂能力。

7 混凝土小型空心砌块、蒸压加气混凝土砌块等轻质墙体，当墙长大于5m时，应增设间距不大于3m的构造柱；每层墙高的中部应增设高度为120mm，与墙体同宽的混凝土腰梁，砌体无约束的端部必须增设构造柱，预留的门窗洞口应采取钢筋混凝土框加强。

由于混凝土小型空心砌块、蒸压加气混凝土砌块等轻质材料线膨胀系数及体积变形系数相对较大，受温度和湿度的影响，墙体的变形较大，易产生收缩裂缝。增加混凝土构造柱和腰梁以及门洞口混凝土框的目的，是改变墙体的受力性状，使之成为约束砌体，从而控制裂缝。门窗洞口是砌体的薄弱环节，同时门窗框边由于门窗开闭的动荷载作用，易出现开裂和松动，因此，对轻质砌体门窗洞口采用混凝土框加强是防止此部位裂缝的有效措施，如图6.2.2-2。

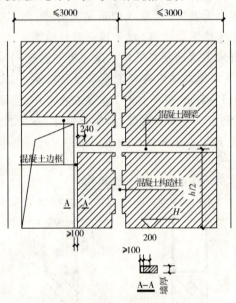

图6.2.2-2 轻质墙体加强示意图
h—楼层标高

8 当框架顶层填充墙采用灰砂砖、粉煤灰砖、混凝土空心砌块、蒸压加气混凝土砌块等材料时，墙面粉刷应采取满铺镀锌钢丝网等措施。

由于江苏地区温度、湿度差异较大，轻质砌体填充墙的线膨胀系数及体积变形系数相对较大，顶层产生的裂缝较多。因此，根据《砌体结构设计规范》GB50003—2001第6.3.9条，"对防裂要求较高的墙体，可根据情况采取专门措施"的规定，以及南京等市通病防治示范工程成功的经验，提出了墙面应采取满铺钢丝网抹灰等必要的措施。

9 屋面女儿墙不应采用轻质墙体材料砌筑。当采用砌体结构时，应设置间距不大于3m的构造柱和厚度不少于120mm的钢筋混凝土压顶。

由于女儿墙受外部环境(温度、湿度等)影响较大，极易出现裂缝，从而引起屋面渗漏。本条主要依据《砌体结构设计规范》GB50003-2001第6.3.2条和原江苏省建委"关于印发《江苏省治理建筑安装工程质量通病的若干规定》的通知"(苏建质[1991]471号)第3.10条中的相关规定。构造柱内钢筋应伸入压顶内。

10 洞口宽度大于2m时，两边应设置构造柱。

11 砌筑砂浆应采用中、粗砂，严禁使用山砂和混合粉。

山砂和混合粉含泥量一般较大，不但会增加砌筑砂浆的水泥用量，还可能使砂浆的收缩值增大,耐久性降低,影响砌体质量,产生收缩裂缝。而 M5 以上的砂浆,如砂子含泥量过大,有可能导致塑化剂掺量过多,造成砂浆强度降低,因此,应严格控制。砂按细度模数分为粗、中、细三种规格,其细度模数分别为:粗砂:3.7~3.1,中砂:3.0~2.3,细砂:2.2~1.6。

12 蒸压灰砂砖、粉煤灰砖、加气混凝土砌块的出釜停放期不应小于28d,不宜小于45d;混凝土小型空心砌块的龄期不应小于28d。

轻质砌块多为水泥胶凝增强的块材,以28d 强度为标准设计强度。龄期达到28d 之前,含水量较高,自身收缩较快,28d 后收缩趋缓。为有效控制砌体收缩裂缝,对砌筑时的轻质砌块龄期进行了规定,其龄期宜控制大于45d,不应小于28d,因龄期越长,其体积越趋于稳定。

13 填充墙砌至接近梁底、板底时,应留有一定的空隙,填充墙砌筑完并间隔15d 以后,方可将其补砌挤紧;补砌时,对双侧竖缝用高强度等级的水泥砂浆嵌填密实。

《砌体工程施工质量验收规范》GB50203-2002 第9.3.7 条规定:"填充墙砌至接近梁、板底时,应留一定空隙,待填充墙砌筑完并应至少间隔7d 后,再将其补砌挤紧"。填充墙砌完后,砌体还将产生一定变形,施工不当,不仅会影响砌体与梁或板底的紧密结合,还会在该部位产生水平裂缝。本条将间隔时间延长到15d,主要是针对在以往的很多工程上,尽管按规范规定的时间进行施工,但仍然在此部位出现较多裂缝,因此,为了更有效地减少裂缝,使砌筑砂浆的收缩进一步稳定,延长到15d。有的地区采用微膨混凝土填塞,条件允许时可优先采用,但间隔时间不应少于7d。

14 框架柱间填充墙拉结筋应满足砖模数要求,不应折弯压入砖缝。拉结筋宜采用预埋法留置。

框架柱间填充墙拉结筋,既是抗震设计的要求,又对防止柱边竖向裂缝也有一定的作用。折弯压入砖缝后,钢筋拉结力的作用将大大削弱。预埋钢筋拉结筋能有效保证拉结效果,应优先采用,如不符合砖模数要求,可采取化学植筋等有效措施进行补救,但为保证质量,植筋应先试验后使用,抽检数量应不少于1‰,且不少于3 根,锚固承载力应符合设计和《混凝土结构后锚固技术规程》JGJ 145 的要求。

15 填充墙采用粉煤灰砖、加气混凝土砌块等材料时,框架柱与墙的交接处宜用15mm×15mm 木条预先留缝,在加贴网片前浇水湿润,再用1:3 水泥砂浆嵌实。

本条的目的是为了加强对填充墙与框架柱交接处的进一步处理,控制该部位裂缝的出现。

16 通长现浇钢筋混凝土板带应一次浇筑完成。

现浇混凝土板带是为了增强墙体的整体性,因此,板带本身不应留施工缝,应一次浇筑完成。

17 砌体结构砌筑完成后宜60d 后再抹灰,并不应少于30d。

墙体充分沉实稳定后再抹灰,能确保抹灰质量,否则,砌筑砂浆收缩未稳定,极易产生裂缝和空鼓。因此,应尽量延迟开始抹灰的时间,最好60d 以后抹灰,不能小于30d。

18 每天砌筑高度宜控制在1.8m 以下,并应采取严格的防风、防雨措施。

控制每天墙体砌筑高度,一是为了考虑砌筑砂浆的沉实变形;二是考虑特殊气候(风、雨、雪等)施工过程中的安全和质量,三是为了保证混凝土窗台梁的一次浇筑。根据江苏省建筑工程操作规程的要求,结合《砌体工程施工质量验收规范》GB 50203-2002 第3.0.8 条规定特作如此要求。

19 严禁在墙体上交叉埋设和开凿水平槽;竖向槽须在砂浆强度达到设计要求后,用机械开凿,且在粉刷前,加贴钢丝网片等抗裂材料。

这些措施主要是为了防止施工过程中的操作不规范而引起墙体产生裂缝,并根据《砌体工程施工质量验收规范》GB 50203-2002 第3.0.7 条要求而定。

20 宽度大于300mm 的预留洞口应设钢筋混凝土过梁,并且伸入每边墙体的长度应不小于250mm。

6.2.3 砌筑砂浆饱满度不符合规范要求

按规范要求,砖砌体的水平灰缝砂浆饱满度不得小于80%,竖向缝应填满砂浆,并不得有透明缝、瞎缝、假缝;混凝土小型空心砌块砌体的水平灰缝饱满度不得低于90%,竖向灰缝饱满度不得低于80%。砂浆饱满度不足,一来影响砌体强度,其次影响外墙的抗渗。根据四川省建研所试验结果,当水泥混合砂浆的水平灰缝饱满度小于73.6%时,砌体强度尚不能满足设计规范的要求。竖向灰缝饱满度对砌体抗剪强度、弹性模量都有直接影响,竖缝无砂浆的比有砂浆的墙体抗剪强度降低23%。另外,对于灰缝不饱满的墙体,其抗渗能力大大降低。

据分析,造成砂浆饱满度不足的主要因素有:
1 砂浆自身质量(和易性、稠度等)。
2 砌筑工艺和方法。
3 砖含水量及养护情况。
4 构造措施等。

为有效控制砂浆饱满度,必须从材料和施工两方面来采取措施。

1 砌筑砂浆宜优先用预拌砂浆,预拌砂浆的性能应满足江苏省工程建设强制性标准《预拌砂浆技术规程》DGJ32/J13 的规定。

2 加气混凝土、小型砌块等砌筑砂浆宜使用专用砂浆。

预拌砂浆是由水泥、砂子、水、粉煤灰、外加剂、增稠材料等组成,具有较好的和易性和保水能力,是目前江苏省重点推广应用的材料。采用预拌砂浆可保证砌筑砂浆的配合比和质量,从而提高砂浆的强度、粘结性和饱满度。保水率是衡量砂浆和易性的一个指标,便于测试和操作。掺入塑化剂可显著提高砂浆的和易性和稠度,降低用水量,由于塑化剂对砌体强度有一定的影响,因此,应通过型式试验来确定它的合理掺量,必要时,应提高砂浆的设计强度。

3 砖砌体工程应采用"三一法"砌筑;砌块工程当采用铺浆法砌筑时,铺浆长度不应超过500mm,且应保证顶头缝砂浆饱满密实。

"三一"砌筑法即"一铲灰、一块砖、一揉压"的砌筑方法,是提高砂浆饱满度(特别是竖缝)的有效方法,因此,应推广应用。对于较大砌块等不宜采用该法的砌体,可采用"铺浆法"砌筑,但应限制其铺浆长度,结合本地区的特点,铺浆长度限制在500mm 内为宜。

4 应严格控制砌筑时块体材料的含水率。应提前1~2d 浇水湿润,砌筑时块体材料表面不应有浮水。各种砌体砌筑时,块体材料含水率应符合以下要求:
1)黏土砖、页岩砖:10%~15%。
2)灰砂砖:8%~12%。
3)轻骨料混凝土小型空心砌块:5%~8%。
4)加气混凝土砌块:≤15%。
5)粉煤灰加气混凝土砌块:≤20%。
6)混凝土砖和小型砌块:自然含水率。

砌筑施工时,监理人员应在现场对含水率进行抽查。

试验表明,砖的上墙含水率直接影响砌体强度和饱满度,因此,应严格控制。为保证施工质量,施工和监理企业的质量技术人员应在每个台班砌筑前检查砖的含水率,并作好记录。现场检查的简易方法可采用断砖法,砖四周融水深度为15~20mm 可视为合格。

5 施工洞、脚手眼等后填洞口补砌时,应将接槎处表面清理干净,浇水湿润,并填实砂浆。外墙等防水墙面的洞口应采用防水微膨砂浆分次堵砌,迎水面表面采用1:3 防水砂浆粉刷。孔洞填塞应由专人负责,并及时办理专项隐蔽验收手续。

本条规定主要是为保证后堵墙体的整体性、砂浆饱满度及墙体防渗性能,有条件时,外墙脚手眼也可采用微膨混凝土填实。隐蔽验收可按层、段划分。

6.2.4 砌体标高、轴线等几何尺寸偏差

房屋标高(净高)、轴线、板厚、门洞尺寸等几何尺寸偏差对房屋观感和使用功能有一定的影响,已引起人们越来越多的关注。据南京地区不完全统计,2004年有关此方面的质量投诉已占总数的15%以上。本节仅对限制有关砌体工程方面的主要尺寸偏差的措施作出规定。

1 卧室、起居室(厅)室内净高不应低于2.4m,局部净高不应低于2.1m(其面积不应大于室内使用面积的1/3);走道、楼梯平台及作贮藏间、自行车库和设备用房的(半)地下室,其净高不应低于2m;楼梯梯段净高不应低于2.2m。

为保证人们正常的使用要求,规范规定了房屋的净高。(半)地下室、通道、楼梯间净高应从装饰楼地面完成面(包括预留装饰地面)至吊顶或板梁底间垂直距离计算,当下悬构件或管道底面影响有效使用空间时,应按其下的有效垂直高度计算;卧室、起居室局部净高计算同上,(大面)净高可仅考虑板底部净高;楼梯梯段净高为自踏步前缘向外300mm起至上部板(梁)底间的垂直净高。

2 住宅公用外门、进户门及其他内门的门洞最小尺寸应符合《住宅设计规范》GB50096的要求,其尺寸不应包括装饰面层厚度的净尺寸。

《住宅设计规范》GB50096中有关各部位门洞尺寸的规定是根据使用要求的最低标准确定的,因此,必须满足。其尺寸应是不包括粉刷、面砖、木地板等装饰面层的净尺寸,且当材料构造过厚时,应留有余地。当洞两侧地面有高低差时,应以高地面为计算高度。

3 砌体施工时应设置皮数杆,皮数杆上应标明皮数及竖向构造的变化部位。砌筑完基础或每一楼层后,应及时弹出标高和轴线控制线。施工人员应认真做好测量记录,并及时报监理验收。

本条强调了过程控制的重要性。若标高、轴线尺寸出现偏差,在规范允许偏差范围内,轴线偏差可在楼面上校正,标高偏差宜通过上部灰缝厚度逐步校正;偏差较大时,不宜一次调整到位。为控制地面方正,应进行相应的测量控制工作。为加强过程质量的控制,本条规定监理单位应在每层对轴线、标高等定位测量记录进行抽查、验收。

4 装饰施工前,应认真复核房间的轴线、标高、门窗洞口等几何尺寸,发现超标时,应及时进行处理。

装饰施工前,对几何尺寸的复核是质量控制的一个重要且有效的手段。发现较小的尺寸偏差可通过装饰施工来纠正;不易纠正的,应采取返工等其他方法进行处理,严重的应报设计部门复核认可。

第三节 通用硅酸盐水泥

6.3.1 修订说明

新标准《通用硅酸盐水泥》GB175—2007与欧洲水泥标准EN197—1:2000《通用波特兰水泥》的一致性程度为非等效。

新标准《通用硅酸盐水泥》GB175—2007自实施之日起代替《硅酸盐水泥、普通硅酸盐水泥》GB175—1999、《矿渣硅酸盐水泥、火山灰质硅酸盐水泥、粉煤灰硅酸盐水泥》GB1344—1999、《复合硅酸盐水泥》GB12958—1999三个标准。

与GB175—1999、GB1344—1999、GB12958—1999相比,新标准主要变化如下:
——全文强制改为条文强制;
——增加了通用硅酸盐水泥的定义;
——将各品种水泥的定义取消;
——将组分与材料合并为一章(原版GB175—1999、GB1344—1999、GB12958—1999第4章,

第5章);

——普通硅酸盐水泥中"掺活性混合材料时,最大掺量不超过15%,其中允许用不超过水泥质量5%的窑灰或不超过水泥质量10%的非活性混合材料来代替"改为"活性混合材料掺加量为>5%且≤20%,其中允许用不超过水泥质量8%且符合新标准第5.2.4条的非活性混合材料或不超过水泥质量5%且符合新标准第5.2.5条的窑灰代替"(原版GB175—1999中第3.2条,新版第5.1条);

——将矿渣硅酸盐水泥中矿渣掺加量由"20%~70%"改为">20%且≤70%",并分为A型和B型。A型矿渣掺量>20%且≤50%,代号P·S·A;B型矿渣掺量>20%且≤70%,代号P·S·B(原版GB1344—1999中第3.1条,新版第5.1条);

——将火山灰质硅酸盐水泥中火山灰质混合材料掺量由"20%~50%"改为">20%且≤40%"(原版GB1344—1999中第3.2条,新版第5.1条);

——将复合硅酸盐水泥中混合材料总掺加量由"应大于15%,但不超过50%"改为">20%且≤50%"(原版GB12958—1999中第3章,新版第5.1条);

——材料中增加了粒化高炉矿渣粉(新版第5.2.3、5.2.4条);

——取消了复合硅酸盐水泥中允许掺加粒化精炼铬铁渣、粒化增钙液态渣、粒化碳素铬铁渣、粒化高炉钛渣等混合材料以及符合附录A新开辟的混合材料,并将附录A取消(原版GB12958—1999中第4.2、4.3条和附录A);

——增加了M类混合石膏,取消了A类硬石膏(原版GB175—1999、GB1344—1999和GB12958—1999中第3章,新版第5.2.1.1条);

——助磨剂允许掺量由"不超过水泥质量的1%"改为"不超过水泥质量的0.5%"(原版GB175—1999、GB1344—1999和GB12958—1999中第4.5条,新版第5.2.6条);

——普通水泥强度等级中取消了32.5和32.5R(原版GB175—1999中第5章,新版第6章);

——将矿渣硅酸盐水泥、火山灰质硅酸盐水泥、粉煤灰硅酸盐水泥和复合硅酸盐水泥中"熟料中的氧化镁含量"改为"水泥中的氧化镁含量",其中要求P·S·A型、P·P型、P·F型、P·C型,水泥中的氧化镁含量不大于6.0%,并加注b说明"如果水泥中氧化镁含量大于6.0%时,应进行水泥压蒸试验并合格";P·S·B型无要求(原版GB1344—1999和GB12958—1999中第6.1条,新版第7.1条);

——增加了氯离子限量的要求,即水泥中氯离子含量不大于0.06%(新版第7.1条);

——将各强度等级的普通硅酸盐水泥的强度指标改为和硅酸盐水泥一致,将各强度等级复合硅酸盐水泥的强度指标改为和矿渣硅酸盐水泥、火山灰质硅酸盐水泥、粉煤灰硅酸盐水泥一致(原版GB12958—1999中第6.6条,新版第7.3.3条);

——增加工厂345μm方孔筛筛余不大于30%作为选择性指标(新版第7.3.4条);

——增加了选择水泥组分试验方法的原则和定期校核要求(新版第8.1条);

——将"按0.50水灰比和胶砂流动度不小于180mm来确定用水量"的规定的适用水泥品种扩大为火山灰质硅酸盐水泥、粉煤灰硅酸盐水泥、复合硅酸盐水泥和掺火山灰质混合材料的普通硅酸盐水泥(原版GB1344—1999第7.5条,新版第8.5条);

——编号与取样中增加了年生产能力"200×10^4t以上"的级别,即:200×10^4t以上,不超过4000t为一个编号;将"120万吨以上,不超过1200吨为一个编号"改为"120×10^4t~200×10^4t,不超过2400t为一个编号"(原版GB175—1999、GB1344—1999、GB12958—1999中第8.1条,新版第9.1条);

——将"出厂水泥应保证出厂强度等级,其余技术要求应符合本标准有关要求"改为"经确认水泥各项技术指标及包装质量符合要求时方可出厂"(原版GB175—1999、GB1344—1999、

GB12958—1999中第8.2条,新版第9.2条);

——增加了出厂检验项目(新版第9.3条);

——取消了废品判定(原版GB175—1999、GB1344—1999、GB12958—1999中第8.3条);

——不合格品判定中取消了细度和混合材料掺加量的规定,将判定规则改为"检验结果符合新标准7.1、7.3.1、7.3.2、7.3.3条技术要求为合格品。检验结果不符合新标准7.1、7.3.1、7.3.2、7.3.3条中任何一项技术要求为不合格品(原版GB175—1999、GB1344—1999、GB12958—1999中第8.3.2条,新版第9.4.1、9.4.2条)";

——检验报告中增加了"合同约定的其他技术要求"(原版GB175—1999、GB1344—1999、GB12958—1999中第8.4条,新版第9.5条)

——交货与验收中增加了"安定性仲裁检验时,应在取样之日起10d以内完成"(新版第9.6.2条);

——包装标志中将"且应不少于标志质量的98%"改为"且应不少于标志质量的99%"(原版GB175—1999、GB1344—1999、GB12958—1999中第9.1条,新版第10.1条);

——包装标志中将"火山灰质硅酸盐水泥、粉煤灰硅酸盐水泥和复合硅酸盐水泥包装的两侧印刷采用黑色"改为"火山灰质硅酸盐水泥、粉煤灰硅酸盐水泥和复合硅酸盐水泥包装袋的两侧印刷采用黑色或蓝色"(原版GB1344—1999、GB12958—1999中第9.2条,新版第10.2条)。

6.3.2 定义

通用硅酸盐水泥

以硅酸盐水泥熟料和适量的石膏,及规定的混合材料制成的水硬性胶凝材料。

6.3.3 分类

本标准规定的通用硅酸盐水泥按混合材料的品种和掺量分为硅酸盐水泥、普通硅酸盐水泥、矿渣硅酸盐水泥、火山灰质硅酸盐水泥、粉煤灰硅酸盐水泥和复合硅酸盐水泥。各品种的组分和代号应符合6.3.4的规定。

6.3.4 组分与材料

1 通用硅酸盐水泥的组分应符合表6.3.4的规定。

通用硅酸盐水泥的组分 表6.3.4

品种	代号	组分(质量分数)				
		熟料+石膏	粒化高炉矿渣	火山灰质混合材料	粉煤灰	石灰石
硅酸盐水泥	P·Ⅰ	100	—	—	—	—
	P·Ⅱ	≥95	≤5	—	—	—
		≥95	—	—	—	≤5
普通硅酸盐水泥	P·O	≥80且<95	>5且≤20[a]			
矿渣硅酸盐水泥	P·S·A	≥50且<80	>20且≤50[b]	—	—	—
	P·S·B	≥30且<50	>50且≤70[b]	—	—	—
火山灰质硅酸盐水泥	P·P	≥60且<80	—	>20且≤40[c]	—	—
粉煤灰硅酸盐水泥	P·F	≥60且<80	—	—	>20且≤40[d]	—
复合硅酸盐水泥	P·C	≥50且<80	>20且≤50[e]			

[a] 本组分材料为符合本标准活性混合材料,其中允许用不超过水泥质量8%且符合本标准非活性混合材料或不超过水泥质量5%且符合本标准窑灰代替。

ⓑ本组分材料为符合GB/T203或GB/T18046的活性混合材料,其中允许用不超过水泥质量8%且符合本标准活性混合材料或符合本标准非活性混合材料或符合本标准窑灰中的任一种材料代替。
ⓒ本组分材料为符合GB/T2847的活性混合材料。
ⓓ本组分材料为符合GB/T1596的活性混合材料。
ⓔ本组分材料为由两种(含)以上符合本标准活性混合材料或/和符合新标准非活性混合材料组成,其中允许用不超过水泥质量8%且符合新标准窑灰代替。掺矿渣时混合材料掺量不得与矿渣硅酸盐水泥重复。

2 材料

1)硅酸盐水泥熟料

由主要含 CaO、SiO_2、Al_2O_3、Fe_2O_3 的原料,按适当比例磨成细粉烧至部分熔融所得以硅酸钙为主要矿物成分的水硬性胶凝物质。其中硅酸钙矿物含量(质量分数)不小于66%,氧化钙和氧化硅质量比不小于2.0。

2)石膏

① 天然石膏:应符合GB/T5483中规定的G类或M类二级(含)以上的石膏或混合石膏。

② 工业副产石膏:以硫酸钙为主要成分的工业副产物。采用前应经过试验证明对水泥性能无害。

3)活性混合材料

应符合GB/T203、GB/T18046、GB/T1596、GB/T2847标准要求的粒化高炉矿渣、粒化高炉矿渣粉、粉煤灰、火山灰质混合材料。

4)非活性混合材料

活性指标分别低于GB/T203、GB/T18046、GB/T1596、GB/T2847标准要求的粒化高炉矿渣、粒化高炉矿渣粉、粉煤灰、火山灰质混合材料;石灰石和砂岩,其中石灰石中的三氧化二铝含量(质量分数)应不大于2.5%。

5)窑灰

应符合JC/T742的规定。

6)助磨剂

水泥粉磨时允许加入助磨剂,其加入量应不大于水泥质量的0.5%,助磨剂应符合JC/T667的规定。

6.3.5 强度等级

普通硅酸盐水泥的强度等级分为42.5、42.5R、52.5、52.5R四个等级。

矿渣硅酸盐水泥、火山灰质硅酸盐水泥、粉煤灰硅酸盐水泥、复合硅酸盐水泥的强度等级分为32.5、32.5R、42.5、42.5R、52.5、52.5R六个等级。

6.3.6 技术要求

1 化学指标

通用硅酸盐水泥化学指标应符合表6.3.6-1的规定。

通用硅酸盐水泥化学指标 表6.3.6-1

品种	代号	不溶物（质量分数）	烧失量（质量分数）	三氧化硫（质量分数）	氧化镁（质量分数）	氯离子（质量分数）
硅酸盐水泥	P·Ⅰ	≤0.75	≤3.0	≤3.5	≤5.0[a]	≤0.06[c]
	P·Ⅱ	≤1.50	≤3.5			
普通硅酸盐水泥	P·O	–	≤5.0			
矿渣硅酸盐水泥	P·S·A	–	–	≤4.0	≤6.0[b]	
	P·S·B	–	–		–	
火山灰质硅酸盐水泥	P·P	–	–	≤3.5	≤6.0[b]	
粉煤灰硅酸盐水泥	P·F	–	–			
复合硅酸盐水泥	P·C	–	–			

[a] 如果水泥压蒸试验合格，则水泥中氧化镁的含量（质量分数）允许放宽到6.0%。
[b] 如果水泥中氧化镁的含量（质量分数）大于6.0%时，需进行水泥压蒸安定性试验并合格。
[c] 当有更低要求时，该指标由买卖双方确定。

2 碱含量（选择性指标）

水泥中碱含量按 $Na_2O + 0.658K_2O$ 计算值表示。若使用活性骨料，用户要求提供低碱水泥时，水泥中的碱含量应不大于0.60%或由买卖双方协商确定。

3 物理指标

1）凝结时间

硅酸盐水泥初凝时间不小于45min，终凝时间不大于390min。

普通硅酸盐水泥、矿渣硅酸盐水泥、火山灰质硅酸盐水泥、粉煤灰硅酸盐水泥和复合硅酸盐水泥初凝不小于45min，终凝不大于600min。

2）安定性

沸煮法合格。

3）强度

不同品种不同强度等级的通用硅酸盐水泥，其不同龄期的强度应符合表6.3.6-2的规定。

不同品种不同强度等级的通用硅酸盐水泥，其不同龄期的强度 表6.3.6-2

品种	强度等级	抗压强度（MPa）		抗折强度（MPa）	
		3d	28d	3d	28d
硅酸盐水泥	42.5	≥17.0	≥42.5	≥3.5	≥6.5
	42.5R	≥22.0		≥4.0	
	52.5	≥23.0	≥52.5	≥4.0	≥7.0
	52.5R	≥27.0		≥5.0	
	62.5	≥28.0	≥62.5	≥5.0	≥8.0
	62.5R	≥32.0		≥5.5	

续表

品种	强度等级	抗压强度(MPa)		抗折强度(MPa)	
		3d	28d	3d	28d
普通硅酸盐水泥	42.5	≥17.0	≥42.5	≥3.5	≥6.5
	42.5R	≥22.0		≥4.0	
	52.5	≥23.0	≥52.5	≥4.0	≥7.0
	52.5R	≥27.0		≥5.0	
矿渣硅酸盐水泥 火山灰硅酸盐水泥 粉煤灰硅酸盐水泥 复合硅酸盐水泥	32.5	≥10.0	≥32.5	≥2.5	≥5.5
	32.5R	≥15.0		≥3.5	
	42.5	≥15.0	≥42.5	≥3.5	≥6.5
	42.5R	≥19.0		≥4.0	
	52.5	≥21.0	≥52.5	≥4.0	≥7.0
	52.5R	≥23.0		≥4.5	

4)细度(选择性指标)

硅酸盐水泥和普通硅酸盐水泥的细度以比表面积表示,其比表面积不小于300 ㎡/kg;矿渣硅酸盐水泥、火山灰质硅酸盐水泥、粉煤灰硅酸盐水泥和复合硅酸盐水泥的细度以筛余表示,其80μm方孔筛筛余不大于余10%或45μm方孔筛筛余不大于30%。

6.3.7 试验方法

1 标准稠度用水量、凝结时间和安定性

按GB/T1346进行试验。

2 强度

按GB/T17671进行试验。火山灰质硅酸盐水泥、粉煤灰硅酸盐水泥、复合硅酸盐水泥和掺火山灰质混合材料的普通硅酸盐水泥在进行胶砂强度检验时,其用水量按0.50水灰比和胶砂流动度不小于180mm来确定。当流动度小于180 mm时,应以0.01的整倍数递增的方法将水灰比调整至胶砂流动度不小于180 mm。

胶砂流动度试验按GB/T2419进行,其中胶砂制备按GB/T17671规定进行。

6.3.8 检验报告

检验报告内容应包括出厂检验项目、细度、混合材料品种和掺加量、石膏和助磨剂的品种及掺加量、属旋窑或立窑生产及合同约定的其他技术要求。当用户需要时,生产者应在水泥发出之日起7d内寄发除28d强度以外的各项检验结果,32d内补报28d强度的检验结果。

6.3.9 交货与验收

1 交货时水泥的质量验收可抽取实物试样以其检验结果为依据,也可以生产者同编号水泥的检验报告为依据。采取何种方法验收由买卖双方商定,并在合同或协议中注明。卖方有告知买方验收方法的责任。当无书面合同或协议,或未在合同、协议中注明验收方法的,卖方应在发货票上注明"以本厂同编号水泥的检验报告为验收依据"字样。

2 以抽取实物试样的检验结果为验收依据时,买卖双方应在发货前或交货地共同取样和签封。取样方法按GB12573进行,取样数量为20kg,缩分为二等份。一份由卖方保存40d,一份由买方按本标准规定的项目和方法进行检验。

在40d以内,买方检验认为产品质量不符合本标准要求,而卖方又有异议时,则双方应将卖方保存的另一份试样送省级或省级以上国家认可的水泥质量监督检验机构进行仲裁检验。水泥安定性仲裁检验时,应在取样之日起10d以内完成。

3 以生产者同编号水泥的检验报告为验收依据时,在发货前或交货时买方在同编号水泥中取样,双方共同签封后由卖方保存90d,或认可卖方自行取样、签封并保存90d的同编号水泥的封存样。

在90d内,买方对水泥质量有疑问时,则买卖双方应将共同认可的试样送省级或省级以上国家认可的水泥质量监督检验机构进行仲裁检验。

6.3.10 包装、标志、运输与贮存

1 包装

水泥可以散装或袋装,袋装水泥每袋净含量为50kg,且应不少于标志质量的99%;随机抽取20袋总质量(含包装袋)应不少于1000kg。其他包装形式由供需双方协商确定,但有关袋装质量要求,应符合上述规定。水泥包装袋应符合GB9774的规定。

2 标志

水泥包装袋上应清楚标明:执行标准、水泥品种、代号、强度等级、生产者名称、生产许可证标志(QS)及编号、出厂编号、包装日期、净含量。包装袋两侧应根据水泥的品种采用不同的颜色印刷水泥名称和强度等级,硅酸盐水泥和普通硅酸盐水泥采用红色,矿渣硅酸盐水泥采用绿色;火山灰质硅酸盐水泥、粉煤灰硅酸盐水泥和复合硅酸盐水泥采用黑色或蓝色。

散装发运时应提交与袋装标志相同内容的卡片。

3 运输与贮存

水泥在运输与贮存时不得受潮和混入杂物,不同品种和强度等级的水泥在贮运中避免混杂。

第四节 砌筑砂浆

砂浆是由水泥、细集料、掺加料和水配制而成的建筑工程材料,在建筑工程中起粘结、衬垫和传递应力的作用。由水泥、细集料和水配制而成的砂浆为水泥砂浆;由水泥、细集料、掺加料和水配制而成的砂浆为水泥混合砂浆。

砌筑砂浆是将砖、石、砌块等粘结成为砌体的砂浆。

建筑砂浆是由无机胶凝材料、细集料、掺合料、水以及根据性能确定的各种组分按适当比例配合、拌制并经硬化而成的工程材料。分为施工现场拌制的砂浆或由专业生产厂生产的商品砂浆。

《建筑砂浆基本性能试验方法标准》JGJ/T70—2009于2009年3月4日发布,2009年6月1日实施,原《建筑砂浆基本性能试验方法》JGJ70—90同时作废。

《建筑砂浆基本性能试验方法标准》JGJ/T70—2009与原《建筑砂浆基本性能试验方法》JGJ70—90的主要区别为:

1)老标准名称是试验方法,新标准名称是试验方法标准。

2)老标准是行业标准,新标准也是行业标准,但标准代号多了一个"/T",这个"/T"表示本标准为推荐性标准。

本标准为什么是推荐性标准呢?根据目前标准的编制要求,没有强制性条文的标准为推荐性标准。

《建筑砂浆基本性能试验方法标准》JGJ/T70—2009主要明确了砌筑砂浆取样及试样制备、稠度试验、表观密度试验、分层度试验、保水性试验、凝结时间试验、立方体抗压强度试验、拉伸粘结强度试验、抗冻性能试验、收缩试验、含气量试验、吸水率试验、抗渗性能试验、静力受压弹性模量试验方法。

本书主要介绍砌筑砂浆取样及试样制备和立方体抗压强度试验,其他试验不做介绍。

砂浆配合比的设计按照《砌筑砂浆配合比设计规程》JGJ98—2000 的要求,砂浆强度的评定按照《砌体工程施工质量验收规范》GB50203 的规定,质量检查员培训时已做过交待。

6.4.1 建筑砂浆的取样

建筑砂浆试验用料应从同一盘砂浆或同一车砂浆中取样。取样量不应少于试验所需量的 4 倍。

当施工过程中进行砂浆试验时,砂浆取样方法应按相应的施工验收规范执行,并宜在现场搅拌点或预拌砂浆卸料点的至少 3 个不同部位及时取样。对于现场取得的试样,试验前应人工搅拌均匀。

目前尚未发现相应的施工验收规范对砂浆的取样有具体的规定。现场砂浆强度取样数量仍按不超过 250m³ 砌体的各种类型及强度等级的砌筑砂浆,每台搅拌机至少抽检一次。

从取样完毕到开始进行各项性能试验,不宜超过 15min。

6.4.2 立方体抗压强度试件的制作及养护

1　采用立方体试件,每组试件 3 个。

2　试模:尺寸为 70.7mm×70.7mm×70.7mm 的带底试模,材质应具有足够的刚度并拆装方便。试模的内表面应机械加工,其不平度应为每 100mm 不超过 0.05mm,组装后各相邻面的不垂直度不应超过 ±0.5°。

3　应用黄油等密封材料涂抹试模的外接缝,试模内涂刷薄层机油或脱模剂,将拌制好的砂浆一次性装满砂浆试模,成型方法根据稠度而定。当砂浆稠度≥50mm 时,应采用人工插捣法,当砂浆稠度<50mm 时,采用机械振动法。

1）采用人工插捣法时,用捣棒均匀由外向里按螺旋方向插捣 25 次,插捣过程中如砂浆沉落到低于试模口,应随时添加砂浆,可用油灰刀沿模壁插数次,并用手将试模一边抬高 5~10mm 各振动 5 次,使砂浆高出试模顶面 6~8mm。

2）采用机械振动法时,将砂浆拌合物一次装满试模,放置在振动台上,振动时试模不得跳动,振动 5~10s 或持续到表面泛浆为止,不得过振。振动过程中如沉入到低于试模口,应随时添加砂浆。

3）当砂浆表面水分稍干后,将高出部分的砂浆沿试模顶面削去并抹平;

4）试件制作后应在 20±5℃温度环境下停置 24±2h,当气温较低时,可适当延长时间,但不应超过两昼夜,然后对试件进行编号并拆模。试件拆模后,应立即放入温度为 20±2℃,相对湿度 90% 以上的标准养护室中养护。养护期间,试件彼此间隔不小于 10mm,混合砂浆试件上面应覆盖,以防有水滴在试件上。

6.4.3 立方体抗压强度试验方法

试块从养护地点取出后,将试件擦拭干净,检测前应测量试件尺寸并检查其外观,试件尺寸测量精确至 1mm,并据此计算承压面积,如实测尺寸与公称尺寸之差不超过 1mm,可按公称尺寸进行计算,超过 1mm 应按实际测量尺寸计算试件的承压面积。将试件安放在试验机的下压板上(或下垫板上),试件的承压面应与成型时的顶面垂直,试件中心与试验机下压板(或下垫板)中心对准。开动试验机,当上压板与试件接近时,调整球座,使接触面均匀受压。试验过程中应连续而均匀地加荷,加荷速度为每秒钟 0.25~1.5kN(砂浆强度 2.5MPa 及 2.5MPa 以下时,取下限为宜)。当试件接近破坏而迅速变形时,停止调整试验机油门,直至试件破坏,然后记录破坏荷载。

砂浆立方体抗压强度应按下列公式计算:

$$f_{m,cu} = K \frac{N_u}{A}$$

式中　$f_{m,cu}$——砂浆立方体抗压强度(MPa)；
　　　N_u——试件破坏荷载(N)；
　　　A——试件承压面积(mm^2)；
　　　K——换算系数,取1.35。

6.4.4　结果评定

砂浆立方体抗压强度计算精确至0.1MPa；以三个试件测值的算术平均值作为该组试件的立方体抗压强度平均值(精确至0.1MPa)；

当三个试件的最大值或最小值与中间值的差超过中间值15%时,以中间值作为该组试件的抗压强度值。如有两个测值与中间值的差超过中间值15%时,则该组试件的试验结果无效。

第五节　特色工法

6.5.1　砂浆强度不稳定

1　现象

砂浆强度偏低、不稳定。砂浆强度偏低有两种情况:一是砂浆标养试块强度偏低；二是试块强度不低,甚至较高,但砌体中砂浆实际强度偏低。标养试块强度偏低的主要原因是计量不准,或不按配比计量,水泥过期或砂及塑化剂质量低劣等。由于计量不准,砂浆强度离散性必然偏大。主要预防措施是:加强现场管理,加强计量控制。

砂浆和易性差,沉底结硬。砂浆和易性差主要表现在砂浆稠度和保水性不符合规定,容易产生沉淀和泌水现象,铺摊和挤浆较为困难,影响砌筑质量,降低砂浆与砖的粘结力。预防措施是:低强度水泥砂浆尽量不用高强水泥配制,不用细砂,严格控制塑化材料的质量和掺量,加强砂浆拌制计划性,随拌随用,灰桶中的砂浆经常翻拌、清底。

2　预防措施

1)砂浆配合比的确定,应结合现场的材质情况,在满足砂浆和易性的条件下,控制砂浆强度,为了满足砂浆和易性要求而增加塑化材料后,应适当调整水泥用量。

2)建立施工计量工具校验、维修、保管制度,砂浆中砂子用量一般为水泥用量的10倍左右。因此砂石计量误差对强度影响不十分明显,在实际操作中,由于砂中含水率的影响及计量后运输途中的失落,砂子用量大多出现负偏差,对砂浆强度偏于有利。故为方便操作,砂子计量允许按重量折成体积。

3)塑化材料一般为湿料,计量称重更为困难,由于其计量误差对砂浆强度影响十分敏感,理应严格控制,计量的具体做法是:将塑化材料(石灰膏等)调成标准稠度,进行称重计量,再折成标准容积,定期抽查核对,如供应的塑化材料含水比较稳定,则可按稳定含水量进行计量,计量误差应控制在±5%以内。

4)不得用增加微沫量等方法来改善砂浆的和易性。

5)砂浆搅拌加料顺序:用砂浆搅拌机应分两次投料,先加入部分砂子、水和全部塑化材料,通过搅拌叶片和砂子搅动,将塑化材料打开(不见疙瘩为止),再投入其余的砂子和全部水泥,砌筑砂浆不应用人工拌制。

6.5.2　砖砌体组砌混乱

1　现象

砌体组砌方法错误砌墙面出现数皮砖同缝(通缝、直缝)、里外两张皮,砖柱采用包心法砌筑,里外皮砖层互不相咬,形成周围通天缝等,影响砌体强度,降低结构整体性。

2　预防措施

1)应使操作者了解砖墙组砌形式,不单纯只为了清水墙美观,同时也为了满足传递荷载的需要,墙体中砖缝搭接不得少于1/4砖长,内外皮砖层最多隔五层砖应有一层丁砖拉结,一般不超过三层为宜。为了节约,允许使用砖头,禁用碎砖,但也应满足1/4砖长的搭接要求。半砖头应分散砌于混水墙中。

2)墙体组砌形式的选用,应根据所砌部位的受力性和砖的规格尺寸误差而定,一般清水墙常适用梅花丁组砌方法,在地震区,为增强齿缝受拉强度,可采用一顺一丁组砌方法,为了不因砖的规格尺寸误差而经常变动组砌形式,在同一幢号工程中,应尽量使用同一砖厂的砖。

6.5.3 砖缝砂浆不饱满

1 现象

墙面水平灰缝砂浆饱满度低于80%,竖缝内无砂浆(瞎缝),墙面灰缝不平直,游丁走缝,墙面凹凸不平,水平灰缝弯曲不平直,灰缝厚度不一致,出现"螺丝"墙,垂直灰缝歪斜,灰缝宽窄不匀,墙面凹凸不平(图6.5.3)。

2 预防措施

砌筑前,应在砌筑位置弹出墙边线及门窗洞口边线,底部至少先砌三皮普通砖(厨卫隔墙底部0.20m范围内为混凝土翻边),门窗洞口两侧一砖范围内也应用普通砖实砌。在需要找平时,当高差>20mm,应用C20级细石混凝土找平,不得使用砂浆作为找平材料。根据砖的实际尺寸对灰缝进行调整;采用皮数杆拉线砌筑,以砖的小面跟线,拉线长度(15~20m)超长时,应加腰线;竖缝,每隔一定距离应弹墨线找齐,墨线用线锤引测,每砌一步架用立线向上引伸,立线、水平线与线锤应"三线归一"。

图6.5.3 灰缝饱满度

6.5.4 墙体留槎位置错误

1 现象

墙体留槎错误砌墙时随意留直槎,甚至是阴槎,构造柱马牙槎不标准,槎口以砖渣填砌,接槎砂浆填塞不严,影响接槎部位砌体强度,降低结构整体性。

2 预防措施

1)在安排施工组织计划时,对施工留槎应作统一考虑,外墙尽量做到同步砌筑不留槎,如外墙脚手砌纵墙,横墙可以与此同步砌筑,工作面互不干扰,这样可尽量减少留槎部位,有利于房屋整体性。

2）为防止因操作不熟练,使接槎处水平缝不直,可以加立小皮数杆,如遇有门窗洞口,应将留槎部位砌至转角门窗口边,在门窗口框边立皮数杆,以控制标高。

3）留退槎确有困难时,应留引出墙面120mm的直槎,并按规定设拉结筋,使咬槎砖缝由纵横墙交接处移至内墙部位,增强墙体的整体性。

4）后砌非承重10mm隔墙,宜将取在墙面上留榫式槎的作法,接槎时,应在榫式洞口内先填塞砂浆,顶皮砖的上部灰缝,用瓦刀将砂浆塞严,以稳固隔墙,减少留榫洞口对墙体断面的削弱。

5）对于施工洞所留槎,应加以保护和遮盖,防止运料车碰撞槎子。

6.5.5 砌体钢筋遗漏和锈蚀

1 现象

拉结钢筋被遗漏。构造柱及接槎的水平拉结钢筋常被遗漏,或未按规定布置;配筋砖缝砂浆不饱满,露筋年久易锈。

2 预防措施

拉结筋应作为隐检项目对待,应加强检查,并填写检查记录存档。施工中,对所砌部位需要的配筋应一次备齐,以备检查有无遗漏。尽量采用点焊钢筋网片,适当增加灰缝厚度(以钢筋网片厚度上下各有2mm保护层为宜)(图6.5.5)。

图 6.5.5 墙体拉结筋留置

思考题

一、名词解释

1. 预拌砂浆的概念;
2. 干拌砂浆的概念;
3. 湿拌砂浆的概念;
4. 三一砌筑法;
5. DMM-10-90-PO 指什么砂浆?
6. WMM-10-90-12-PO 指什么砂浆?
7. 通用硅酸盐水泥概念。

二、简答题

1. 砂浆饱满度不足的原因?

2. 造成砌体墙体出现温度和收缩裂缝的主要原因？
3. 什么情况下可采用现场检验方法对砂浆和砌体强度进行原位检测，并判定其强度？
4. 预拌砂浆在冬季施工应遵守哪些规定？
5. 混凝土小型空心砌块，蒸压加气混凝土砌块等轻质砌体的抗震构造要求？
6. 加气混凝土砌块和混凝土小型空心砌块的出釜停放期？
7. 住宅建筑的室内净空的基本要求？
8. 硅酸盐水泥的凝结时间？
9. 硅酸盐水泥的物理指标指哪些内容？
10. 水泥砂浆和水泥混合砂浆的养护条件有什么不同？

三、论述题

1. 砌体裂缝形成的主要因素？主要表现形式及形成原因？
2. 如何对预拌砂浆进行施工验收？
3. 论述控制砌体裂缝的施工措施？

第七章 建筑装饰装修工程

第一节 涉及建筑装饰装修工程的法律法规

7.1.1 《中华人民共和国建筑法》第四十九条和《建设工程质量管理条例》第十五条规定：涉及建筑主体和承重结构变动的装修工程，建设单位应当在施工前委托原设计单位或者具有相应资质条件的设计单位提出设计方案，没有设计方案的不得施工。

7.1.2 《中华人民共和国建筑法》第七十条规定：违反本法规定，涉及建筑主体或者承重结构变动的装修工程擅自施工的，责令改正，处以罚款；造成损失的承担赔偿责任；构成犯罪的，依法追究刑事责任。

7.1.3 《建设工程质量管理条例》第二十八条规定：施工单位必须按照工程设计图纸和施工技术标准施工，不得擅自修改设计，不得偷工减料。

7.1.4 《建设工程质量管理条例》第六十九条，违反本条例规定，涉及建筑主体或者承重结构变动的装修工程，没有设计方案擅自施工的，责令改正，处50万元以上100万元以下的罚款；房屋建筑使用者在装修过程中擅自变动房屋建筑主体和承重结构的，责令改正，处5万元以上10万元以下的罚款。

有前款所列行为，造成损失的，依法承担赔偿责任。

第二节 常见建筑装饰装修工程的质量通病及防治措施

本节主要参照《江苏省住宅工程质量通病控制标准》DGJ32J—2005第九章（本标准自2005年10月1日起执行）、《住宅设计规范》GB50096、《民用建筑设计通则》GB50352—2005等标准。

7.2.1 防治墙面粉刷空鼓、裂缝的措施：

1 基体表面清理干净，基层表面毛化处理或刷界面剂。
2 粉刷或刷界面剂前对基体表面润湿处理。
3 对轻质砌体的出厂龄期不宜少于60d，不应少于28d，并尽量延长上墙后的静止时间。
4 粉刷前应采取化学毛化或满铺网片等措施来增强基层的粘结力。
5 不同材料基体交接处，必须铺设抗裂钢丝网或玻纤网，与各基体间的搭接宽度不应少于150mm。
6 刮糙层不少于两遍，每遍厚度宜为7~8mm，但不应超过10mm，面层宜为7~10mm；每一遍抹灰前，对前一遍的抹灰质量进行检查，发现空鼓、裂缝应予以处理。
7 抹灰层厚度≥35mm时，应有加强措施。
8 抹灰层间隔时间不应少于2~7d，气温较高时，应有保温养护措施。

7.2.2 防治顶棚裂缝、脱落的措施：

1 加强现浇楼面各工序的控制，采用优质模板，控制好板底平整度，从而采用免粉刷直接批腻子的做法（厨房、卫生间等湿度较大的房间不宜采用），对板底的铁钉、铁丝，要割去并做好防锈处理。

2 批腻子前应先清理干净板底污物,并先批一至两遍聚合物水泥腻子,再批聚合物白水泥腻子,每遍厚度不应大于0.5mm,总厚度不宜大于2mm。

3 当板底平整度偏差较大需抹灰找平时,应对混凝土基层进行界面处理,粉刷前喷水润湿,粉刷后喷水养护。

4 对于防治吊顶裂缝,应事先设计分仓缝,并控制分仓长度。

5 吊杆间距应≤1000mm,距主龙骨端部不应大于300mm;吊杆长度大于1.5m时,应设置反支撑。

6 应选择强度高、韧性好、发泡均匀、边部成型饱满的石膏板。

7 石膏板的纵向应垂直通长覆面龙骨,相邻板块端部应错开;

8 自攻是螺钉与石膏板边距离以10~15mm为宜,自攻螺钉间距宜为150~170mm,但不应大于200mm;应采用自攻枪一次性垂直打入并紧固,螺钉头埋入石膏板表面宜1~2mm,钉帽应作防锈处理,并用石膏腻子抹平。

9 板与板之间的缝隙宽度宜为3~5mm,采用专门的石膏腻子嵌缝,待嵌缝腻子基本干燥后,再贴抗拉强度高的接缝带。

10 石膏板的接缝应按其施工工艺标准进行板缝防裂处理,安装双层石膏板时,两层板与基层板的接缝应错开,并不得在同一根龙骨干接缝。

7.2.3 防止栏杆高度不够、间距过大、连接固定不牢、稳定性差的措施:

1 金属栏杆制作和安装的焊缝,应进行外观质量检验。其焊缝应饱满可靠,严禁点焊。

2 预制埋件或后置埋件的规格型号、制作和安装方式除应符合设计要求外,尚应符合以下要求:

1)主要受力杆件(含扶手)的预埋件钢板厚度不应小于4mm、宽度不应小于80mm,锚筋直径不小于6mm,每块预埋件不宜少于4根锚筋,埋入混凝土的锚筋长度不小于100mm,锚筋端部为180°弯钩。当预埋件安放在砌体上时,应制作成边长不小于100mm的混凝土预制块,混凝土强度等级不小于C20,将埋件浇注在混凝土预制块上,随墙体砌块一同砌筑;不应留洞后塞。

2)主要受力杆件(含扶手)的后置埋件钢板厚度不小于4mm、宽度不宜小于60mm,立柱埋件不应少于两颗螺栓,并前后布置,其两颗螺栓的连线应垂直相邻立柱间的连线,膨胀(或药剂)螺栓的直径不应小于10mm;后置埋件必须直接安装在结构表面,已装饰部位应先清除装饰装修材料(混凝土和水泥砂浆找平层等也应清除干净)后才能安装后置埋件。

3 在结构面安装的栏杆高度应包含楼地面或屋面的装饰厚度。一般情况下应按9.4.1第3款的高度再加50mm,这样才能确保施工完成后的净高满足规范要求。

4 碳素钢和铸铁等栏杆必须进行防腐处理,除锈后应涂刷(喷涂)两度防锈漆和两度及以上的面漆。

5 严格按照设计和验收规范进行施工和验收。《住宅设计规范》GB50096规定,多层及以下的临空栏杆净高不应低于1.05m,中高层及以上的住宅的临空栏杆净高不应低于1.10m,楼梯楼段栏杆的高度不低于0.9m,栏杆垂直杆件的净距不大于0.11m,这里还要提醒注意端头第一根立杆与墙之间的净距不大于0.11m。

6 《民用建筑设计通则》GB50352—2005第6.6.3条规定,"如底部有宽度大于或等于0.22m,且高度低于或等于0.45m的可踏部位,应从可踏部位顶面起计算栏杆高度。"另外,江苏省《铝合金门窗技术规程》规定,当飘窗窗台高度不大于600mm时,应从飘窗窗台面起计算栏杆高度。

7.2.4 防治玻璃栏杆规格及安装不符合要求的措施:

1 临空栏杆玻璃安装前,应做抗冲击性能试验。

2 护栏玻璃应使用公称厚度不小于12mm的钢化玻璃或钢化夹层玻璃。当护栏一侧距楼地面高度为5m及以上时,应使用钢化夹层玻璃。

《建筑装饰装修工程质量验收规范》GB50210—2001 第12.5.7条规定。

3 栏杆玻璃的镶嵌深度:对两边固定不少于15mm,四边固定不小于10mm,并用硅酮耐候胶封严。

4 螺栓固定:每块玻璃不少于四颗,螺栓直径不小于8mm,且必须是不锈钢或铜质螺栓。安装时玻璃孔内和两侧均应垫尼龙垫圈和垫片,金属不应直接接触玻璃。

第三节 《建筑工程饰面砖砖粘结强度检验标准》

《建筑工程饰面砖砖粘结强度检验标准》JGJ110—2008,自2008年8月1日起实施,原行业标准《建筑工程饰面砖粘结强度检验标准》JGJ110—97同时废止。

7.3.1 本标准修订的主要技术内容

基本规定中增加了强制性条文;增加了现场粘贴外墙饰面砖施工前应粘贴饰面砖样板件并对其粘结强度进行检验的要求,对带饰面砖的预制墙板和现场粘贴外墙饰面砖的检验批和取样位置进行了调查;检验方法中增加了对有加强处理措施的加气混凝土、轻质砌块、轻质墙板和外墙保温系统上粘贴的外墙饰面砖断缝的规定,并增加了带保温系统的标准块粘贴示意图;粘结强度计算中将单个试样粘结强度和每组试样平均粘结强度计算结果均修约到小数点后一位;粘结强度检验评定中对现场粘贴饰面砖和带饰面砖的预制墙板的饰面砖粘结强度检验评定分别提出要求;附录A中增加了带保温系统的饰面砖粘结强度试件断开状态表。

7.3.2 标准块指按长、宽、厚的尺寸为95mm×45mm×(6~8)mm或40mm×40mm×(6~8)mm,用45号钢或烙钢材料所制作的标准试件,其中95mm×45mm标准块适用于除陶瓷锦砖以外的饰面砖试样,40mm×40mm标准块适用于陶瓷锦砖试样。

7.3.3 粘结强度指饰面砖与粘结层界面、粘结层自身、粘结层与找平层界面、找平层自身、找平层与基体界面上单位面积上的粘结力。

7.3.4 带饰面砖的预制墙板进入施工现场后,应对饰面砖粘结强度进行复验。

本条为强制性条文。

7.3.5 带饰面砖的预制墙板应符合下列要求:

1 生产厂应提供含饰面砖粘结强度检测结果的型式检验报告,饰面砖粘结强度检测结果应符合本标准的规定。

2 复验应以每1000㎡同类带饰面砖的预制样板为一个检验批,不足1000㎡应按1000㎡计,每批应取一组,每组应为3块板,每块板应制取1个试样对饰面砖粘结强度进行检验。

7.3.6 现场粘贴外墙饰面砖应符合下列要求:

1 施工前应对饰面砖样板件粘结强度进行检验。

2 监理单位应从粘贴外墙饰面砖的施工人员中随机抽选一人,在每种类型的基层上应各粘贴至少1㎡饰面砖样板件,每种类型的样板件应各制取一组3个饰面砖粘结强度试样。

3 应按饰面砖样板粘结强度合格后的粘结料配合比和施工工艺严格控制施工过程。

为了避免大面积粘贴外墙饰面砖后出现饰面砖粘结强度不达标造成的严重损失,本条规定现场粘贴外墙饰面砖施工前,监理单位应从粘贴外墙饰面砖的施工人员中随机抽选一人,在每种类型的基层上各粘贴饰面砖制作样板件,对饰面砖粘结强度进行检验,按饰面砖粘结强度合格后的粘结料配合比和施工工艺严格控制施工过程。目的是加强施工单位的责任心,完善对施工质量过程控制,防患于未然。

7.3.7 现场粘贴的外墙饰面砖工程完工后,应对饰面砖粘结强度进行检验。

本条为强制性条文。

7.3.8 现场粘贴饰面砖粘结强度检验应以每1000m² 同类墙体饰面砖为一个检验批,不足1000m² 应按1000m² 计,每批应取一组3个试样,每相邻的三个楼层应至少取一组试样,试样应随机抽取,取样间距不得小于500mm。

根据饰面砖工程的特点,在施工前制作的样板件饰面砖粘结强度合格的基础上,为了督促施工单位按样板件饰面砖粘结强度合格后的粘结料配合比和施工工艺严格控制施工过程,保证完工的饰面砖安全可靠,加上大量在外墙外保温系统上粘贴外墙饰面砖的粘结质量受施工影响较大,有必要对完工后的外墙饰面砖粘结强度进行抽检,约束施工行为。在有施工前样板件饰面砖粘结强度检验合格的基础上,抽样数量不到原标准的三分之一,抽样位置也比原标准可操作性更好。

7.3.9 采用水泥基胶粘剂粘贴外墙饰面砖时,可按胶粘剂使用说明书的规定时间在粘贴外墙面砖14d 及以后进行饰面砖粘结强度检验。粘贴后28d 以内达不到标准或有争议时,应以28~60d 内约定时间检验的粘贴强度为准。

普通水泥基胶粘剂一般在龄期28d 时达到设计强度,原标准规定:"当在7d 或14d 进行检验时,应通过对比试验确定其粘结强度的修正系数。"实际工作中改修正系数很难确定,容易出现差错,故将这些内容去除。实验室验证在正常条件下龄期14d 时已经接近设计粘结强度,因此在施工前样板件龄期14d 测定饰面砖粘结强度达标的基础上,可以选择龄期14d 及以后的其他时间进行饰面砖粘结强度检验。

7.3.10 断缝应符合下列要求:

1 断缝应从饰面砖表面切割至混凝土墙面或砌体表面,深度应一致。对有加强处理措施的加气混凝土,轻质砌块,轻质墙板和外墙外保温系统上粘贴的外墙饰面砖,在加强处理措施或保温系统符合国家有关标准的要求,并有隐蔽工程验收合格证明的前提下,可切割至加强抹面层表面。

2 试样切割长度和宽度宜与标准块相同,其中有两道相邻切割线应沿饰面砖边缝切割。

加气混凝土、轻质砌块和轻质墙板等基体强度较低,如果要粘贴外墙饰面砖,必须进行可靠的加强处理,断缝时可切割至合格的加强层表面。普通的粘贴法外墙外保温系统不应粘贴外墙饰面砖,只有在保温层密度、与墙体粘结面积、加强处理措施、饰面砖粘结和勾缝等符合国家行业标准有关外墙外保温系统粘贴外墙饰面砖的要求。并有隐蔽工程验收合格证明的前提下,断缝时才可切割至保温系统抹面层表面,否则,应切割至混凝土墙体或砌体表面。

7.3.11 现场粘贴的同类饰面砖,当一组试样均符合下列两项指标要求时,其粘结强度应定为合格;当一组试样均不符合下列两项指标要求时,其粘结强度定为不合格;当一组试样只符合下列两项指标的一项要求时,应在该组试样原取样区域内重新抽取两组试样检验,若检验结果仍有一项不符合下列指标要求时,则该组饰面砖粘结强度应定为不合格:

1 每组试样平均粘结强度不应小于0.4MPa;

2 每组可有一个试样的粘结强度小于0.4 MPa,但不应小于0.3 MPa;

7.3.12 带饰面砖的预制样板,当一组试样均符合下列两项指标要求时,其粘结强度应定为合格;当一组试样均不符合下列两项指标要求时,其粘结强度应定为不合格;当一组试样只符合下列两项指标的一项要求时,应在该组试样原取样区域内重新抽取两组试样检验,若检验结果仍有一项不符合下列指标要求时,则该饰面砖粘结强度应定为不合格:

1 每组试样平均粘结强度不应小于0.6 MPa;

2 每组可有一个试样的粘结强度小于0.6 MPa,但不应小于0.4 MPa。

思考题

一、简答题

1. 对于两边固定的栏杆玻璃,其镶嵌深度不应小于多少毫米?
2. 建筑装饰工程所有材料进场包装应完好,并应提供哪些资料?
3. 建筑装饰装修工程所用的材料应按设计要求进行哪些处理?
4. 抹灰工程常见质量通病有哪些?
5. 轻质隔墙工程有哪些应进行隐蔽工程验收的项目?
6. 饰面砖工程有哪些应进行隐蔽工程验收的项目?
7. 饰面板(砖)应对粘贴用水泥的哪些指标复验?
8. 现场粘贴外墙饰面砖应符合哪些要求?

二、论述题

结合实际工作经验,论述如何防治墙面粉刷的空鼓、裂缝。

第八章 幕墙工程

随着国民经济的高速发展,与幕墙相关的材料、设计、施工标准也逐步更新。新幕墙标准也就在建筑幕墙现有成熟技术的基础上结合建筑幕墙行业的发展趋势及时更新出台,同时参考了国内外有关建筑幕墙的标准和规范。新国家标准《建筑幕墙》GBT21086—2007从2008年2月1日开始执行,原国家标准《建筑幕墙物理性能分级》GB/T15225—1994和行业标准《建筑幕墙》JG3035—1996同时废止。

8.0.1 标准增加并统一规定了相关要求。

本标准规定了建筑幕墙的分类、标记、通用要求和专项要求、试验方法、检验规则、标志、包装、运输与贮存。特别是统一了分类、标记方法,便于不同的参建单位避免了说法上的不统一而造成的沟通障碍。性能和分级对幕墙提出了除了符合设计标准的要求以外的最低要求。

8.0.2 规定了适用范围。

适用于以玻璃、石材、金属板、人造板材为饰面材料的构件式幕墙、单元式幕墙、双层幕墙,还适用于全玻幕墙、点支承玻璃幕墙。采光顶、金属屋面、装饰性幕墙和其他建筑幕墙可参照使用。

不适用于混凝土板幕墙、面板直接粘贴在主体结构的外墙装饰系统,也不适用于无支承框架结构的外墙干挂系统。

第一节 一般规定

8.1.1 分类和标记

1 按主要支承结构形式分类及标记代号,具体标记见表8.1.1-1。

建筑幕墙主要支承结构形式分类及标记代号　　　　表8.1.1-1

主要支承结构	构件式	单元式	点支承	全玻	双层
代 号	GJ	DY	DZ	QB	SM

2 按密闭形式分类及标记代号,具体标记见表8.1.1-2。

幕墙密闭形式分类及标记代号　　　　表8.1.1-2

密闭形式	封闭式	开放式
代 号	FB	KF

3 按面板材料分类及标记代号

1)玻璃幕墙,代号为BL;
2)金属板幕墙,代号应符合表8.1.1-3的要求;
3)石材幕墙,代号为SC;
4)人造板材幕墙,代号应符合表8.1.1-4的要求;
5)组合面板幕墙,代号为ZH。

金属板面板材料分类及标记代号　　　　表 8.1.1-3

材料名称	单层铝板	铝塑复合板	蜂窝铝板	彩色涂层钢板	搪瓷涂层钢板	锌合金板	不锈钢板	铜合金板	钛合金板
代号	DL	SL	FW	CG	TG	XB	BG	TN	TB

人造板材材料分类及标记代号　　　　表 8.1.1-4

材料名称	瓷板	陶板	微晶玻璃
标记代号	CB	TB	WJ

4　面板支承形式、单元部件间接口形式分类及标记代号,具体标记见表 8.1.1-5～表 8.1.1-9。

构件式玻璃幕墙面板支承形式分类及标记代号　　　　表 8.1.1-5

支承形式	隐框结构	半隐框结构	明框结构
代号	YK	BY	MK

石材幕墙、人造板材幕墙面板支承形式分类及标记代号　　　　表 8.1.1-6

支承形式	嵌入	钢销	短槽	通槽	勾托	平挂	穿透	蝶形背卡	背栓
代号	QR	GX	DC	TC	GT	PG	CT	BK	BS

单元式幕墙单元部件间接口形式分类及标记代号　　　　表 8.1.1-7

接口形式	插接型	对接型	连接型
标记代号	CJ	DJ	LJ

点支承玻璃幕墙面板支承形式分类及标记代号　　　　表 8.1.1-8

支承形式	钢结构	索杆结构	玻璃肋
标记代号	GG	RG	BLL

全玻幕墙面板支承形式分类及标记代号　　　　表 8.1.1-9

支承形式	落地式	吊挂式
标记代号	LD	DG

5　双层幕墙分类及标记代号

按通风方式分类及标记代号应符合表 8.1.1-10 的规定。

双层幕墙通风方式分类及标记代号　　　　表 8.1.1-10

通风方式	外通风	内通风
代号	WT	NT

8.1.2　标记方法

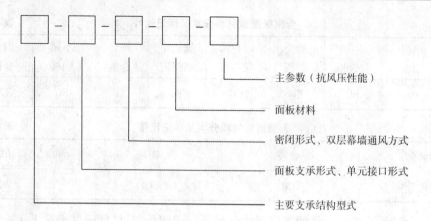

标记示例：

幕墙 GB/T21086 GJ-YK-FB-BL-3.5（构件式-隐框-封闭-玻璃，抗风压性能3.5kPa）；

幕墙 GB/T21086 GJ-BS-FB-SC-3.5（构件式-背拴-封闭-石材，抗风压性能3.5kPa）；

幕墙 GB/T21086 GJ-YK-FB-DL-3.5（构件式-隐框-封闭-铝单层板，抗风压性能3.5kPa）；

幕墙 GB/T21086 GJ-DC-FB-CB-3.5（构件式-短槽式-封闭-瓷板，抗风压性能3.5kPa）；

幕墙 GB/T21086 DY-DJ-FB-ZB-3.5（单元式-对接型-封闭-组合，抗风压性能3.5kPa）；

幕墙 GB/T21086 DZ-SG-FB-BL-3.5（点支式-索杆结构-封闭-玻璃，抗风压性能3.5kPa）；

幕墙 GB/T21086 QB-LD-FB-BL-3.5（全玻璃-落地-封闭-玻璃，抗风压性能3.5kPa）；

幕墙 GB/T21086 SM-MK-NT-BL-3.5（双层-明框-内通风-玻璃，抗风压性能3.5kPa）。

8.1.3 性能及分级

1 抗风压性能

1）幕墙的抗风压性能指标应根据幕墙所受的风荷载标准值 W_k 确定，其指标值不应低于 W_k，且不应小于1.0kPa。W_k 的计算应符合 GB50009 的规定。开放式建筑幕墙的抗风压性能应符合设计要求。

2）在抗风压性能指标值作用下，幕墙的支承体系和面板的相对挠度和绝对挠度不应大于表8.1.3-1的要求。

幕墙支承结构、面板相对挠度和绝对挠度要求　　　　表8.1.3-1

支承结构类型		相对挠度（L 跨度）	绝对挠度（mm）
构件式玻璃幕墙 单元式幕墙	铝合金型材	L/180	20(30)[a]
	钢型材	L/250	20(30)[b]
	玻璃面板	短边距/60	—
石材幕墙 金属板幕墙 人造板材幕墙	铝合金型材	L/180	—
	钢型材	L/250	

续表

支承结构类型		相对挠度（L 跨度）	绝对挠度（mm）
点支承玻璃幕墙	钢结构	$L/250$	—
	索杆结构	$L/200$	—
	玻璃面板	长边孔距/60	—
全玻璃幕墙	玻璃肋	$L/200$	—
	玻璃面板	跨距/60	—

a,b：括号内数据适用于跨距超过 4500mm 的建筑幕墙产品。

3）抗风压性能分级指标 P_3 应符合符合表 8.1.3－2 的要求。

建筑幕墙抗风压性能分级　　　　　表 8.1.3－2

分级代号	1	2	3	4	5	6	7	8	9
分级指标值 P_3（kPa）	$1.0 \leq P_3 < 1.5$	$1.5 \leq P_3 < 2.0$	$2.0 \leq P_3 < 2.5$	$2.5 \leq P_3 < 3.0$	$3.0 \leq P_3 < 3.5$	$3.5 \leq P_3 < 4.0$	$4.0 \leq P_3 < 4.5$	$4.5 \leq P_3 < 5.0$	$P_3 \geq 5.0$

注：1. 9 级时需同时标注 P_3 的测试值。如：属 9 级（5.5kPa）

2. 分级指标值 P_3 为正、负风压测试值绝对值的较小值。

2　水密性能

1）水密性能分级指标值应符合表 8.1.3－3 的要求。

建筑幕墙水密性能分级　　　　　表 8.1.3－3

分级代号		1	2	3	4	5
分级指标值 $\triangle P$（Pa）	固定部分	$500 \leq \triangle P < 700$	$700 \leq \triangle P < 1000$	$1000 \leq \triangle P < 1500$	$1500 \leq \triangle P < 2000$	$\triangle P \geq 2000$
	可开启部分	$250 \leq \triangle P < 350$	$350 \leq \triangle P < 500$	$500 \leq \triangle P < 700$	$700 \leq \triangle P < 1000$	$\triangle P \geq 1000$

注：5 级时需同时标注固定部分和开启部分 $\triangle P$ 的测试值。

2）有水密性要求的建筑幕墙在现场淋水试验中，不应发生水渗漏现象。开放式建筑幕墙的水密性能可不作要求。

3　气密性能

1）气密性能指标应符合 GB50176、GB50189、JGJ132—2001、JGJ134、JGJ26 的有关规定，并满足相关节能标准的要求。一般情况可按表 8.1.3－4 确定。

建筑幕墙气密性能设计指标一般规定　　　　　表 8.1.3－4

地区分类	建筑层数、高度	气密性能分级	气密性能指标小于	
			开启部分 q_L（m³/m·h）	幕墙整体 q_A（m³/m²·h）
夏热冬暖地区	10 层以下	2	2.5	2.0
	10 层及以上	3	1.5	1.2
其他地区	7 层以下	2	2.5	2.0
	7 层及以上	3	1.5	1.2

2）开启部分气密性能分级指标 q_L 应符合表 8.1.3－5 的要求。

建筑幕墙开启部分气密性能分级　　　　　　　　　表8.1.3-5

分级代号	1	2	3	4
分级指标值 q_L（$m^3/m \cdot h$）	$4.0 \geq q_L > 2.5$	$2.5 \geq q_L > 1.5$	$1.5 \geq q_L > 0.5$	$q_L \leq 0.5$

幕墙整体（含开启部分）气密性能分级指标 q_A 应符合表8.1.3-6的要求。

筑幕墙整体气密性能分级　　　　　　　　　　　　表8.1.3-6

分级代号	1	2	3	4
分级指标值 q_A（$m^3/m^2 \cdot h$）	$4.0 \geq q_A > 2.0$	$2.0 \geq q_A > 1.2$	$1.2 \geq q_A > 0.5$	$q_A \leq 0.5$

3）开放式建筑幕墙的气密性能不作要求。

4　热工性能

1）建筑幕墙传热系数应按 GB50176 的规定确定，并满足 GB50189、JGJ132—2001、JGJ134、JGJ26 和 JGJ75 的要求。玻璃（或其他透明材料）幕墙遮阳系数应满足 GB50189 和 JGJ75 的要求。

2）幕墙传热系数应按相关规范进行设计计算。幕墙在设计环境条件下应无结露现象。对热工性能有较高要求的建筑，可进行现场热工性能试验。

3）幕墙传热系数分级指标 K 应符合表8.1.3-7的要求。

建筑幕墙传热系数分级　　　　　　　　　　　　　表8.1.3-7

分级代号	1	2	3	4	5	6	7	8
分级指标值 K（$W/m^2 \cdot K$）	$K \geq 5.0$	$5.0 > K \geq 4.0$	$4.0 > K \geq 3.0$	$3.0 > K \geq 2.5$	$2.5 > K \geq 2.0$	$2.0 > K \geq 1.5$	$1.5 > K \geq 1.0$	$K < 1.0$

注：8级时需同时标注 K 的测试值。

4）玻璃幕墙的遮阳系数应符合：1）遮阳系数应按相关规范进行设计计算。2）玻璃幕墙的遮阳系数分级指标 SC 应符合表8.1.3-8的要求。

玻璃幕墙遮阳系数分级　　　　　　　　　　　　　表8.1.3-8

分级代号	1	2	3	4	5	6	7	8
分级指标值 SC	$0.9 \geq SC > 0.8$	$0.8 \geq SC > 0.7$	$0.7 \geq SC > 0.6$	$0.6 \geq SC > 0.5$	$0.5 \geq SC > 0.4$	$0.4 \geq SC > 0.3$	$0.3 \geq SC > 0.2$	$SC \leq 0.2$

注：1. 8级时需同时标注 SC 的测试值。

2. 玻璃幕墙遮阳系数 = 幕墙玻璃遮阳系数 × 外遮阳的遮阳系数 × $\left(1 - \frac{非透光部分面积}{玻璃幕墙总面积}\right)$。

5）开放式建筑幕墙的热工性能应符合设计要求。

5　空气声隔声性能

1）空气声隔声性能以计权隔声量作为分级指标，应满足室内声环境的需要，符合 GBJ118 的规定。

2）空气声隔声性能分级指标 RW 应符合表8.1.3-9的要求。

建筑幕墙空气声隔声性能分级　　　　　　　　　　表8.1.3-9

分级代号	1	2	3	4	5
分级指标值 R_W（dB）	$25 \leq R_W < 30$	$30 \leq R_W < 35$	$35 \leq R_W < 40$	$40 \leq R_W < 45$	$R_W \geq 45$

注：5级时需同时标注 R_W 测试值。

开放式建筑幕墙的空气声隔声性能应符合设计要求。

6　平面内变形性能和抗震要求

1）抗震性能应满足 GB50011 的要求。

2）平面内变形性能：

① 建筑幕墙平面内变形性能以建筑幕墙层间位移角为性能指标。在非抗震设计时，指标值应不小于主体结构弹性层间位移角控制值；在抗震设计时，指标值应不小于主体结构弹性层间位移角控制值的 3 倍。主体结构楼层最大弹性层间位移角控制值可按表 8.1.3 – 10 的规定执行。

主体结构楼层最大弹性层间位移角　　　　表 8.1.3 – 10

结构类型	建筑高度	建筑高度 H(m)		
		$H \leqslant 150$	$150 < H \leqslant 250$	$H > 250$
钢筋混凝土结构	框架	1/550	—	—
	板柱 – 剪力墙	1/800	—	—
	框架 – 剪力墙、框架 – 核心筒	1/800	线性插值	—
	筒中筒	1/1000	线性插值	1/500
	剪力墙	1/1000	线性插值	—
	框支层	1/1000	—	—
多、高层钢结构		1/300		

注：1. 表中弹性层间位移角 = Δ / h，Δ 为最大弹性层间位移量，h 为层高。
　　2. 线性插值系指建筑高度在 150～250m 间，层间位移取 1/800（1/1000）与 1/500 线性插值。

② 平面内变形性能分级指标 γ 应符合表 8.1.3 – 11 的要求。

建筑幕墙平面内变形性能分级　　　　表 8.1.3 – 11

分级代号	1	2	3	4	5
分级指标值 γ	$\gamma < 1/300$	$1/300 \leqslant \gamma < 1/200$	$1/200 \leqslant \gamma < 1/150$	$1/150 \leqslant \gamma < 1/100$	$\gamma \geqslant 1/100$

注：表中分级指标为建筑幕墙层间位移角。

建筑幕墙应满足所在地抗震设防烈度的要求。对有抗震设防要求的建筑幕墙，其试验样品在设计的试验峰值加速度条件下不应发生破坏。幕墙具备下列条件之一时应进行振动台抗震性能试验或其他可行的验证试验：

① 面板为脆性材料，且单块面板面积或厚度超过现行标准或规范的限制；
② 面板为脆性材料，且与后部支承结构的连接体系为首次应用；
③ 应用高度超过标准或规范规定的高度限制；
④ 所在地区为 9 度以上（含 9 度）设防烈度。

7　耐撞击性能

耐撞击性能应满足设计要求。人员流动密度大或青少年、幼儿活动的公共建筑的建筑幕墙，耐撞击性能指标不应低于表 8.1.3 – 12 中 2 级。撞击能量 E 和撞击物体的降落高度 H 分级指标和表示方法应符合表 8.1.3 – 12 的要求。

建筑幕墙耐撞击性能分级　　　　　表8.1.3-12

分级指标		1	2	3	4
室内侧	撞击能量E(N·m)	700	900	>900	—
	降落高度H(mm)	1500	2000	>2000	—
室外侧	撞击能量E(N·m)	300	500	800	>800
	降落高度H(mm)	700	1100	1800	>1800

注：1. 性能标注时应按：室内侧定级值/室外侧定级值。例如：2/3 为室内2级，室外3级。
2. 当室内侧定级值为3级时标注撞击能量实际测试值，当室外侧定级值为4级时标注撞击能量实际测试值。例如：1200/1900 室内1200 N·m，室外1900 N·m。

8　光学性能

1）有采光功能要求的幕墙，其透光折减系数不应低于0.45。有辨色要求的幕墙，其颜色透视指数不宜低于Ra80。建筑幕墙采光性能分级指标透光折减系数T_T应符合表8.1.3-13的要求。

建筑幕墙采光性能分级　　　　　表8.1.3-13

分级代号	1	2	3	4	5
分级指标值T_T	$0.2 \leq T_T < 0.3$	$0.3 \leq T_T < 0.4$	$0.4 \leq T_T < 0.5$	$0.5 \leq T_T < 0.6$	$T_T \geq 0.6$

注：5级时需同时标注T_T的测试值。

2）玻璃幕墙的光学性能应满足 GB/T18091 的规定。

9　承重力性能

1）幕墙应能承受自重和设计时规定的各种附件的重量，并能可靠地传递到主体结构。

2）在自重标准值作用下，水平受力构件在单块面板两端跨距内的最大挠度不应超过该面板两端跨距的1/500，且不应超过3mm。

8.1.4　一般功能要求

1　结构设计使用年限不宜低于25年。

2　建筑幕墙的防火、防雷功能应符合 JGJ102、JGJ133 的规定。

8.1.5　材料

1　幕墙所用材料符合 JGJ102，JGJ133 和 JGJ113 的规定，具有抗腐蚀能力，符合国家节约资源和环境保护要求。性能应满足设计要求。

2　金属材料

1）铝合金

① 铝合金型材精度为高精级。表面处理层的厚度应满足表8.1.5-1的要求。

铝合金型材表面处理要求　　　　　表8.1.5-1

表面处理方法		膜层级别（涂层种类）	厚度t(μm)		检测方法
			平均膜厚	局部膜厚	
阳极氧化		AA15	$t \geq 15$	$t \geq 12$	测厚仪
电泳涂漆	阳极氧化膜	B	$t \geq 10$	$t \geq 8$	测厚仪
	漆膜	B	—	$t \geq 7$	测厚仪
	复合膜	B	—	$t \geq 16$	测厚仪
粉末喷涂				$40 \leq t \leq 120$	测厚仪
氟碳喷涂	二涂	—	$t \geq 30$	$t \geq 25$	测厚仪
	三涂		$t \geq 40$	$t \geq 35$	测厚仪

② 铝合金隔热型材应符合其中 GB5237.6 的规定。

2）钢材

① 幕墙构件与支承结构所选用的结构钢应符合相关标准的规定。

② 不锈钢材宜采用奥氏体不锈钢,应符合相关标准的规定。

③ 不锈复合钢管、板材,应符合 GB/T8165 的规定。

④ 钢材表面应具有抗腐蚀能力,并采取措施避免双金属的接触腐蚀。

3）密封材料

① 胶：

a) 玻璃幕墙用硅酮结构密封胶、硅酮接缝密封胶及金属、石材用密封胶必须在有效期内使用。

b) 幕墙接缝密封胶位移能力级别应符合设计位移量的要求,不宜小于 20 级。

c) 干挂石材幕墙用环氧胶粘剂应符合相关标准的规定。

d) 所有与多孔性材料面板接触、粘结的密封胶、密封剂应符合 JC/T883 的规定,对面材的污染程度应符合设计的要求。

e) 中空玻璃用丁基密封胶和中空玻璃弹性密封胶应符合相关标准的规定。

f) 玻璃幕墙用硅酮结构密封胶的宽度、厚度尺寸应通过计算确定,结构胶厚度不宜小于 6mm,隐框不大玻璃幕墙的硅酮结构密封胶厚度,不应大于 12 mm,其宽度不应小于 7mm 且不宜大于厚度的 2 倍。

g) 硅酮结构密封胶、硅酮密封胶同相粘结的幕墙基材、饰面板、附件和其他材料应具有相容性,随批单元件切割粘结性达到合格要求。

② 橡胶密封条：幕墙用橡胶材料宜采用三元乙丙橡胶、氯丁橡胶或硅橡胶,应符合 HG/T3099 和 GB/T5574 的规定。幕墙可开启部分用的密封胶条可参照 JG/T187。

4）五金配件

幕墙专用五金配件应符合相关标准的要求,主要五金配件的使用寿命应满足设计要求。

3 转接件与连接件

1）紧固件：紧固件规格和尺寸应根据设计计算确定,应有足够的承载力和可靠性。

2）转接件：①幕墙采用的转接件及其材料应满足设计要求,应具有足够的承载力和可靠性。②宜具有三维位置可调能力。

3）金属挂装件：①石材连接用挂件执行标准应符合 JC830.2 的规定。②背栓、蝶形背卡应符合相关标准的要求,材料型号、尺寸、机械性能应满足设计要求。背栓材料的耐火性、耐腐蚀性、耐久性应不低于后部支承结构所用材料的相应标准,应采用不低于 316 的不锈钢制作。

第二节　构件式玻璃幕墙

原标准《玻璃幕墙工程技术规范》中对于建筑高度大于 150m 的玻璃幕墙工程当时考虑到尚无国家或行业的设计和施工标准,所以没有将 150m 以上的幕墙工程放入规范内。新标准已经包含了 150m 以上的玻璃幕墙工程,对于幕墙的高度没有限制。

主控项目

8.2.1　玻璃幕墙工程所使用的各种材料、构件和组件的质量,应满足设计要求及国家现行产品标准和工程技术规范的规定。

检验方法：检查产品合格证书、进场验收记录,性能检验报告和材料的复验报告。

8.2.2　玻璃面板

1 幕墙玻璃宜采用安全玻璃,应符合相关标准的规定。

2 幕墙玻璃的公称厚度应经过强度和刚度验算后确定,单片玻璃、中空玻璃的任一片玻璃厚度不宜小于6mm。夹层玻璃的单片玻璃厚度不宜小于5mm,夹层玻璃、中空玻璃的两片玻璃厚度差不应大于3mm。

3 幕墙玻璃边缘应进行磨边和倒角处理。

4 幕墙玻璃的反射比不应大于0.3。

5 幕墙用中空玻璃的间隔铝框可采用连续折弯型或插角型。中空玻璃气体层厚度不应小于9mm,宜采用双道密封,其中明框玻璃幕墙的中空玻璃可采用丁基密封胶和聚硫密封胶,隐框和半隐框玻璃幕墙的中空玻璃应采用丁基密封胶和硅酮结构密封胶。

6 幕墙用钢化玻璃宜经过热浸处理。

对于玻璃的厚度规定了应经过强度和刚度验算后确定,然后再详细规定了厚度要求,比以前严谨。对于中空玻璃的要求比以前便于执行,以前明框的中空玻璃要求应采用聚硫密封胶及丁基密封胶,在执行时候易让人产生限制其他或更好的密封胶的感觉。另外,从环保节能要求,提出了反射比的要求。从安全出发,提出了磨边倒角、热浸处理等要求。

一般项目

8.2.3 幕墙框架竖向构件和横向构件的尺寸允许偏差应符合表8.2.3的要求。

幕墙框架竖向构件和横向构件的尺寸允许偏差　　　　表8.2.3

构　件	材　料	允许偏差	检测方法
主要竖向构件长度	铝型材	±1.0	钢卷尺
	钢型材	±2.0	钢卷尺
主要横向构件长度	铝型材	±0.5	钢卷尺
	钢型材	±1.0	钢卷尺
端头斜度	—	−15′	量角器

8.2.4 幕墙玻璃加工尺寸及形状允许偏差

1 玻璃面板边长尺寸允许偏差,对角线差应分别符合表8.2.4-1、表8.2.4-2的要求。

玻璃面板边长尺寸允许偏差　　　　表8.2.4-1

玻璃厚度	边　　长		检测方法
	≤2000	>2000	
5~12	±1.5	±2.0	钢卷尺

玻璃面板对角线偏差　　　　表8.2.4-2

厚　度	长边边长		检测方法
	≤2000	>2000	
5~12	≤2.0	≤3.0	钢卷尺

2 钢化玻璃与半钢化玻璃板的弯曲度要求应符合表8.2.4-3的要求。

钢化玻璃与半钢化玻璃面板弯曲度　　　　　　　　　表 8.2.4-3

弯曲变形种类	最 大 值		检测方法
	水 平 法	垂 直 法	
弓形变形(mm/mm)	0.3%	0.5%	钢直尺
波形变形(mm/300mm)	0.2%	0.3%	钢直尺

3　夹层玻璃板的边长尺寸允许偏差及对角线差应分别符合表 8.2.4-4、表 8.2.4-5 的要求。干法夹层玻璃的厚度允许偏差不能超过原片允许偏差和中间层允许偏差(中间层总厚度小于 2mm 时其允许偏差不予考虑,中间层总厚度大于 2mm 时其允许偏差为 ±0.2)之和。弯曲度不应超过 0.3%。

夹层玻璃板边长允许偏差　　　　　　　　　　表 8.2.4-4

	边长(L,mm)		检测方法
	$L \leq 2000$	$L > 2000$	
允许偏差	±2.0	±2.5	钢卷尺

夹层玻璃对角线差　　　　　　　　　　　　表 8.2.4-5

	长边长度(L,mm)		检测方法
	$L \leq 2000$	$L > 2000$	
允许偏差	≤2.5	≤3.5	钢卷尺

中空玻璃板的边长、厚度尺寸允许偏差及对角线差应分别符合表 8.2.4-6 ~ 表 8.2.4-8 的要求。

中空玻璃板边长尺寸允许偏差　　　　　　　　表 8.2.4-6

	边长(L,mm)			检测方法
	$L < 1000$	$1000 \leq L < 2000$	$L > 2000$	
允许偏差	±2.0	+2.0 -3.0	±3.0	钢卷尺

中空玻璃面板厚度尺寸允许偏差　　　　　　　表 8.2.4-7

公称厚度(t)	允 许 偏 差	检测方法
$T < 22$	±1.5	卡尺
$T \geq 22$	±2.0	卡尺

中空玻璃面板对角线允许偏差　　　　　　　　表 8.2.4-8

	边长(L,mm)		检测方法
	$L \leq 2000$	$L > 2000$	
允许偏差	≤2.5	≤3.5	钢卷尺

8.2.5　明框玻璃幕墙装配质量要求

玻璃面板与型材槽口的配合尺寸应符合表 8.2.5-1 及表 8.2.5-2 的要求。最小配合尺寸见图 8.2.5-1 和图 8.2.5-2。尺寸 c 应经过计算确定,满足玻璃面板温度变化和幕墙平面内变形的要求。

单层玻璃、夹层玻璃与槽口的配合尺寸　　　　表 8.2.5-1

厚度(mm)	a	b	c	检测方法
6	≥3.5	≥15	≥5	卡尺
8~10	≥4.5	≥16	≥5	卡尺
12 以上	≥5.5	≥18	≥5	卡尺

注：夹层玻璃以总厚度计算。

中空玻璃与槽口的配合尺寸　　　　表 8.2.5-2

厚度	a	b	c	检测方法
$6+d_a+6$	≥5	≥17	≥5	卡尺
$8+d_a+8$ 以上	≥6	≥18	≥5	卡尺

注：d_a 为空气层厚度。

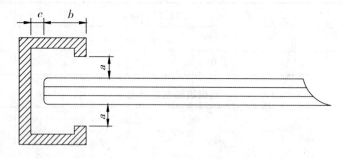

图 8.2.5-1　玻璃与槽口的配合尺寸

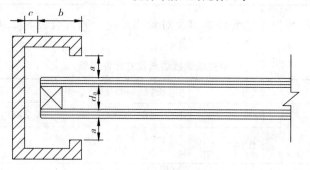

图 8.2.5-2　中空玻璃与槽口的配合尺寸

玻璃定位垫块位置、数量应满足承载要求，玻璃面板与槽口之间应进行可靠的密封。

8.2.6 隐框玻璃幕墙玻璃组件装配质量要求

1　隐框玻璃幕墙玻璃组件的结构胶宽度和厚度尺寸应符合设计要求，配合尺寸见图 8.2.6-1 和图 8.2.6-2。

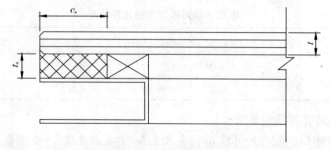

图 8.2.6-1　隐框单层玻璃、夹层玻璃组件配合尺寸

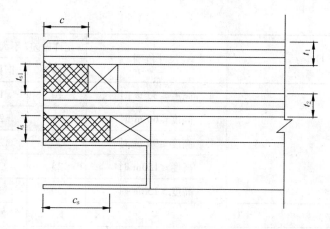

图 8.2.6-2 隐框中空玻璃组件配合尺寸

2 结构胶完全固化后,隐框玻璃幕墙玻璃组件的尺寸偏差应符合表表 8.2.6 的要求。

隐框玻璃幕墙玻璃组件的尺寸偏差　　　　表 8.2.6

项目	尺寸范围	允许偏差(mm)	检测方法
框长宽尺寸	—	±1.0	钢卷尺
组件长宽尺寸	—	±2.5	钢卷尺
框接缝高度差	—	≤0.5	深度尺
框内侧对角线差及组件对角线差	当长边≤2000 时	≤2.5	钢卷尺
	当长边>2000 时	≤3.5	
框组装间隙	—	≤0.5	塞尺
胶缝宽度	—	+2.0 0	卡尺或钢板尺
胶缝厚度	≥6	+0.5 0	卡尺或钢板尺
组件周边玻璃与铝框位置差	—	≤1.0	深度尺
组件平面度	—	≤3.0	1m 靠尺
组件厚度	—	±1.5	卡尺或钢板尺

8.2.7 组件组装质量要求

1 幕墙竖向和横向构件的组装允许偏差,应符合表 8.2.7-1 的要求。

幕墙竖向和横向构件的组装允许偏差(mm)　　　　表 8.2.7-1

项　目	尺寸范围	允许偏差(不大于)		检测方法
		铝构件	钢构件	
相邻两竖向构件间距尺寸(固定端头)	—	±2.0	±3.0	钢卷尺
相邻两横向构件间距尺寸	间距≤2000 mm 时	±1.5	±2.5	钢卷尺
	间距>2000mm 时	±2.0	±3.0	
分格对角线差	对角线长≤2000mm 时	3.0	4.0	钢卷尺或伸缩尺
	对角线长>2000mm 时	3.5	5.0	

续表

项目	尺寸范围	允许偏差(不大于)		检测方法
		铝构件	钢构件	
竖向构件垂直度	高度≤30 m 时	10	15	经纬仪或铅垂仪
	高度≤60 m 时	15	20	
	高度≤90 m 时	20	25	
	高度≤150m 时	25	30	
	高度>150m 时	30	35	
相邻两横向构件的水平高差	—	1.0	2.0	钢板尺或水平仪
横向构件水平度	构件长≤2000mm 时	2.0	3.0	水平仪或水平尺
	构件长>2000mm 时	3.0	4.0	
竖向构件直线度	—	2.5	4.0	2 m 靠尺
竖向构件外表面平面度	相邻三立柱	2	3	经纬仪
	宽度≤20 m	5	7	
	宽度≤40 m	7	10	
	宽度≤60 m	9	12	
	宽度≥60 m	10	15	
同高度内横向构件的高度差	长度≤35 m	5	7	水平仪
	长度>35 m	7	9	

2 幕墙组装就位后允许偏差应符合表 8.2.7-2 的要求。

幕墙组装就位后允许偏差　　　　表 8.2.7-2

项目		允许偏差(mm)	检测方法
竖缝及墙面垂直度（幕墙高度 H）	$H \leqslant 30m$	≤10	激光仪或经纬仪
	$30m < H \leqslant 60m$	≤15	
	$60m < H \leqslant 90m$	≤20	
	$90m < H \leqslant 150m$	≤25	
	$H > 150m$	≤30	
幕墙平面度		≤2.5	2m 靠尺、钢板尺
竖缝直线度		≤2.5	2m 靠尺、钢板尺
横缝直线度		≤2.5	2m 靠尺、钢板尺
缝宽度(与设计值比较)		±2	卡尺
两相邻面板之间接缝高低差		≤1.0	深度尺

3 幕墙的附件应齐全并符合设计要求,幕墙和主体结构的连接应牢固可靠。幕墙开启窗应符合设计要求,安装牢固可靠,启闭灵活。幕墙外露框、压条、装饰构件、嵌条、遮阳板等应符合设计要求,安装牢固可靠。

4 表格中数据主要增加了大于 150m 的要求,其他数据要求有变化,由于原有标准已经废止,所以原来变化的要求就不一一列举,只要按现有的要求检查验收即可以。

8.2.8 外观质量

1 玻璃幕墙表面应平整,外露表面不应有明显擦伤、腐蚀、污染、斑痕。
2 每平方米玻璃的表面质量应符合表8.2.8-1要求。

每平方米玻璃的表面质量 表8.2.8-1

项目	质量要求	检测方法
0.1~0.3mm 宽度划伤痕	长度<100mm;不超过8条	观察
擦伤总面积	≤500mm²	钢直尺

3 一个分格铝合金型材表面质量应符合表8.2.8-2的要求。

一个分格铝合金型材表面质量 表8.2.8-2

项目	质量要求	检测方法
擦伤、划伤深度	不大于处理膜层厚度的2倍	观察
擦伤总面积	不大于500mm²	钢直尺
划伤总长度	不大于150	钢直尺
擦伤和划伤处数	不大于4	观察

4 玻璃幕墙的外露框、压条、装饰构件、嵌条、遮阳板等应平整。
5 幕墙面板接缝应横平竖直,大小均匀,目视无明显弯曲扭斜,胶缝外应无胶渍。

原来划痕的要求是定性的,称为明显划痕,不易掌握。新标准将其定量为0.1~0.3mm宽度划伤痕,便于检查验收。同时增加了划伤深度、划伤总长度的要求,更细化,更便于掌握。

第三节 石材幕墙专项要求

主控项目

8.3.1 性能应符合本标准(本书第一节)的要求,并满足设计要求。检查方法参照玻璃幕墙。

8.3.2 石材

1 幕墙用石材宜选用花岗石,可选用大理石、石灰石、石英砂岩等。
2 石材面板的性能应满足建筑物所在地的地理、气候、环境及幕墙功能的要求。应符合相关标准的规定。
3 幕墙选用的石材的放射性应符合GB/T6566中A级、B级和C级的要求。
4 石材面板弯曲强度标准值应符合表8.3.2的规定,应按照GB/T9966.2的规定进行检测。
5 石材面板应符合表8.3.2的要求。

石材面板的弯曲强度、吸水率、最小厚度和单块面积要求 表8.3.2

	天然花岗石	天然大理石		其他石材
(干燥及水饱和)弯曲强度标准值(MPa)	≥8.0	≥7.0	≥8.0	8.0≥f≥4.0
吸水率	≤0.6%	≤0.5%	≤5%	≤5%
最小厚度(mm)	≥25	≥35	≥35	≥40
单块面积(m²)	不宜大于1.5	不宜大于1.5	不宜大于1.5	不宜大于1.0

6 弯曲强度标准值小于8.0MPa的石材面板,应采取附加构造措施保证面板的可靠性。

7 在严寒和寒冷地区,幕墙用石材面板的抗冻系数不应小于0.8。

8 石材表面宜进行防护处理。对于处在大气污染较严重或处在酸雨环境下的石材面板,应根据污染物的种类和污染程度及石材的矿物化学性质、物理性质选用适当的防护产品对石材进行保护。

8.3.3 胶

1 密封材料应符合本标准的有关要求。

2 石材幕墙金属挂件与石材间粘接固定材料宜选用干挂石材用环氧胶粘剂,不应使用不饱和聚酯类胶粘剂。应符合其中JC887的规定。

8.3.4 五金附件、转接件、连接件、金属材料和五金配件

1 幕墙所采用的五金附件、转接件、连接件等应符合本标准的要求。

2 板材挂装系统宜设置防脱落装置。

3 支承构件与板材的挂装组合单元的挂装强度,以及板材挂装系统结构强度,应满足设计要求。

一般项目

8.3.5 石材面板加工工艺质量要求

1 板材外形尺寸允许误差应符合表8.3.5-1的要求。

石材面板外形尺寸允许误差(mm) 表8.3.5-1

项 目	长度、宽度	对角线差	平 面 度	厚 度	检测方法
亚光面、镜面板	±1.0	±1.5	1	+2.0 -1.0	卡尺
粗 面 板	±1.0	±1.5	2	+3.0 -1.0	卡尺

2 板材正面的外观应符合表8.3.5-2要求。

每块板材正面外观缺陷的要求 表8.3.5-2

项目	规 定 内 容	质量要求
缺棱	长度不超过10mm,宽度不超过1.2mm(长度小于5mm不计,宽度小于1.0不计),周边每米长允许个数(个)	1个
缺角	面积不超过5mm×2mm(面积小于2mm×2mm不计),每块板允许个数(个)	1个
色斑	面积不超过20mm×30mm,(面积小于10mm×10mm不计),每块板允许个数(个)	1个
色线	长度不超过两端顺延至板边总长的1/10,(长度小于40mm的不计),每块板允许条数(条)	2条
裂纹		不允许
窝坑	粗面板的正面出现窝坑	不明显

3 石材面板宜在工厂加工,安装槽、孔的加工尺寸及允许误差应符合表8.3.5-3、表8.3.5-4的要求。

石材面板孔加工尺寸及允许误差(mm) 表8.3.5-3

石材面板固定形式	孔径		孔中心线到板边的距离	孔底到板面保留厚度		检测方法
	孔类别	允许误差		最小尺寸	误差	
背栓式	M6 直孔	+0.4 / -0.2	最小50	8.0	-0.4 / +0.1	卡尺深度尺
	M6 扩孔	±0.3 软质石材+1/-0.3				
	M8 直孔	+0.4 / -0.2				
	M8 扩孔	±0.3 软质石材+1/-0.3				

石材面板通槽(短平槽、弧形短槽)、短槽和碟形背卡槽允许偏差(mm) 表8.3.5-4

项目	通槽(短平槽、弧形短槽)		短槽		碟形背卡		检测方法
	最小尺寸	允许偏差	最小尺寸	允许偏差	最小尺寸	允许偏差	
槽宽度	7.0	±0.5	7.0	±0.5	3	±0.5	卡尺
槽有效长度(短平槽槽底处)	-	±2	100	±2	180	-	卡尺
槽深角度偏差	-	槽深/20	-	矢高/20	45°	+5°/0	量角器
两(短平槽)槽中心线距离(背卡上下两组槽)	-	±2	-	±2	-	±2	卡尺
槽外边到板端边距离(碟形背卡外槽到与其平行板端边距离)	-	±2	不小于板材厚度和85,不大于180	±2	50	±2	卡尺
内边到板端边距离	-	±3	-	±3	-	-	卡尺
槽任一端侧边到板外表面距离	8.0	±0.5	8.0	±0.5	-	-	卡尺
槽任一端侧边到板内表面距离(含板厚偏差)	-	±1.5	-	±1.5	-	-	卡尺
槽深度(有效长度内)	16	±1.5	16	±1.5	垂直10	+2/0	深度尺
背卡的两个斜槽石材表面保留宽度	-	-	-	-	31	±2	卡尺
背卡的两个斜槽槽底石材保留宽度	-	-	-	-	13	±2	卡尺

  4 异型材、板的加工应符合设计要求。
  5 石板连接部位正反两面均不应出现崩缺、暗裂、窝坑等缺陷。
8.3.6 幕墙竖向构件和横向构件制作工艺质量
  幕墙竖向构件和横向构件的加工允许偏差应符合本标准的要求。
8.3.7 组件组装质量要求
  1 石材面板挂装系统安装偏差应符合表8.3.7的规定。

石材面板挂装系统安装允许偏差(mm)　　　　表8.3.7

项目		通槽长勾	通槽短勾	短槽	背卡	背栓	检测方法
托板(转接件)标高		±1.0	±1.0	±1.0	±1.0	-	卡尺
托板(转接件)前后高低差		≤1.0	≤1.0	≤1.0	≤1.0	-	卡尺
相邻两托板(转接件)高低差		≤1.0	≤1.0	≤1.0	≤1.0	-	卡尺
托板(转接件)中心线偏差		≤2.0	≤2.0	≤2.0	≤2.0	-	卡尺
勾锚入石材槽深度偏差		+1.0 / 0	+1.0 / 0	+1.0 / 0	+1.0 / 0	-	深度尺
短勾中心线与托板中心线偏差		-	≤2.0	-	-	-	卡尺
短勾中心线与短槽中心线偏差		-	≤2.0	-	-	-	卡尺
挂勾与挂槽搭接深度偏差		-	+1.0 / 0	-	-	-	卡尺
插件与插槽搭接深度偏差		-	-	+1.0 / 0	-	-	卡尺
挂勾(插槽)中心线偏差		-	-	-	-	≤2.0	钢直尺
挂勾(插槽)标高		-	-	-	-	±1.0	卡尺
背栓挂(插)件中心线与孔中心线偏差		-	-	-	-	≤1.0	卡尺
背卡中心线与背卡槽中心线偏差		-	-	-	≤1.0	-	卡尺
左右两背卡中心线偏差		-	-	-	≤3.0	-	卡尺
通长勾距板两端偏差		±1.0	-	-	-	-	卡尺
同一行石材上端水平偏差	相邻两板块	≤1.0	≤1.0	≤1.0	≤1.0	≤1.0	水平尺
	长度≤35m	≤2.0	≤2.0	≤2.0	≤2.0	≤2.0	
	长度>35m	≤3.0	≤3.0	≤3.0	≤3.0	≤3.0	
同一列石材边部垂直偏差	相邻两板块	≤1.0	≤1.0	≤1.0	≤1.0	≤1.0	卡尺
	长度≤35m	≤2.0	≤2.0	≤2.0	≤2.0	≤2.0	
	长度>35m	≤3.0	≤3.0	≤3.0	≤3.0	≤3.0	
石材外表面平整度	相邻两板块高低差	≤1.0	≤1.0	≤1.0	≤1.0	≤1.0	卡尺
相邻两石材缝宽(与设计值比)		±1.0	±1.0	±1.0	±1.0	±1.0	卡尺

  2 幕墙竖向构件和横向构件的组装允许偏差、幕墙组装就位后允许偏差应符合(表8.2.3)的要求。

  3 石材面板安装到位后,横向构件不应发生明显的扭转变形,板块的支撑件或连接托板端头纵向位移应不大于2mm。相邻转角板块的连接不应采用粘结方式。

8.3.8 外观质量

  1 每平方米亚光面和镜面板材的正面质量应符合表8.3.8要求。

亚光面和镜面板材正面质量的要求　　　　　表8.3.8

项目	规定内容
划伤	宽度不超过0.3mm(宽度小于0.1mm不计),长度小于100mm,不多于2条
擦伤	面积总和不超过500mm²(面积小于100mm²不计)

注:1. 石材花纹出现损坏的为划伤;
　　2. 石材花纹出现模糊现象的为擦伤。

2　石材幕墙面板接缝应符合要求,参见玻璃幕墙。

将以前定性的裂痕、明显划伤等不允许的质量要求定量化,并将划伤、擦伤等概念统一用词,便于检查和统一认识。

8.3.9　可维护性要求

石材幕墙的面板宜采用便于各板块独立安装和拆卸的支承固定系统,不宜采用T型挂装系统。

第四节　金属板幕墙专项要求

主控项目

8.4.1　性能应符合本标准(本书第一节)的要求,并满足设计要求。检查方法参照玻璃幕墙。

8.4.2　面板材料

1　金属板幕墙可按建筑设计的要求,选用单层铝板、铝塑复合板、蜂窝铝板、彩色钢板、搪瓷涂层钢板、不锈钢板、锌合金板、钛合金板、铜合金板作为面板材料。面板与支承结构相连接时,应采取措施避免双金属接触腐蚀。

2　铝板幕墙的表面宜采用氟碳喷涂处理。单层铝板应符合YS/T 429.2的要求。

3　铝塑复合板应符合GB/T 17748的幕墙用铝塑板部分规定的技术要求。

4　蜂窝铝板夹层结构应符合GJB1719的要求,铝蜂窝芯材用胶粘剂应符合HB/T7062的要求。

5　单层铝板材料性能应符合YS/T 429.1的要求;滚涂用的铝卷材材料性能应符合YS/T 431的要求;铝塑复合板用铝带应符合YS/T 432的要求,并优先选用3×××系列及5×××系列铝合金板材。

6　彩色涂层钢板应符合GB/T 12754的要求。

7　搪瓷涂层钢板应符合QB/T 1855的要求,钢板宜采用主要化学成分含量见表8.4.2-1的结构钢板。钢板的内外表层应上底釉,外表面搪瓷瓷层厚度要求见表8.4.2-2。

搪瓷涂层钢板用钢板主要化学成分　　　　　表8.4.2-1

项目	化学成分(%)	含量
化学成分	碳	≤0.008
	锰	≤0.40
	磷	≤0.020
	硫	≤0.030

搪瓷涂层钢板外表搪瓷瓷层厚度　　　　表8.4.2-2

瓷层		瓷层厚度最大值(mm)	检测方法
底釉		0.08~0.15	测厚仪
底釉+层面釉	干法涂搪	0.12~0.30(总厚度)	测厚仪
	湿法涂搪	0.30~0.45(总厚度)	测厚仪

8　锌合金板的化学成分要求应符合表8.4.2-3的要求。产品表面应光滑、无水泡、无开裂纹。

锌合金板化学成分(m/m)(%)　　　　表8.4.2-3

铜(Cu)	钛(Ti)	铝(Al)	锌(Zn)
0.08~1.0	0.06~0.2	≤0.015	余留部分且含锌量不低于99.995%

9　钛合金板应符合GB/T 3621的要求。

10　铜合金板应符合GB/T 2040的要求。宜选用TU1,TU2牌号的无氧铜。

一般项目

8.4.3　组件制作工艺质量要求

1　金属板幕墙组件装配尺寸应符合表8.4.3-1的要求。

金属板幕墙组件装配尺寸允许偏差(mm)　　　　表8.4.3-1

项目	尺寸范围	允许偏差(不大于)	检测方法
长度尺寸	≤2000	±2.0	钢直尺或钢卷尺
	>2000	±2.5	钢直尺或钢卷尺
对边尺寸	≤2000	2.5	钢直尺或钢卷尺
	>2000	3.0	钢直尺或钢卷尺
对角线尺寸	≤2000	2.5	钢直尺或钢卷尺
	>2000	3.0	钢直尺或钢卷尺
折弯高度		≤1.0	钢直尺或钢卷尺

2　金属板幕墙组件的板折边角的最小半径,应保证折边部位的金属内部结构及表面饰层不遭到破坏。

3　金属板幕墙组件的板折边角度允许偏差不大于20,组角处缝隙不大于1mm。

4　采用铝塑复合板幕墙时,铝塑复合板开槽和折边部位的塑料芯板应保留的厚度不得少于0.3mm。铝塑复合板切边部位不得直接处于外墙面。

5　金属板幕墙组件的加强边框和肋与面板及折边之间应采用正确的结构装配连接方法,连接孔中心到板边距离不宜小于$2.5d$(d为孔直径),孔间中心距不宜小于$3d$,并满足金属板幕墙组件承载和传递风荷载的要求。

6　封闭式金属板幕墙组件的角接缝和孔眼应进行密封处理。

7　2mm及以下厚度的单层铝板幕墙其内置加强框架与面板的连接,不应用焊钉连接结构。

8　搪瓷涂层钢板背衬材料的粘接应牢固可靠,不得有影响搪瓷涂层钢板性能和造型的缺陷。

9　金属板组件的板长度、宽度和板厚度设计,应确保金属板组件组装后的平面度允许偏差符合表8.4.3-2的要求。当建筑设计对板面造型另有要求时,金属板组件平面度的允许偏差应符合设计的要求。

金属板幕墙组件平面度允许偏差　　　　表 8.4.3-2

板材厚度	允许偏差（长边）	检测方法
≥2mm	≤0.2%	钢直尺、塞尺
<2mm	≤0.5%	钢直尺、塞尺

8.4.4 组件组装质量要求

1 幕墙的竖向构件和横向构件的组装允许偏差幕墙组装就位后允许偏差应符合要求。

2 幕墙的附件应齐全并符合设计要求，幕墙和主体结构的连接应牢靠。

3 金属板幕墙组件采用插接或立边接缝系统进行组装时，插接用固定块及接缝用固定夹和滑动夹的固定部位应牢固可靠。

4 锌合金板背面未带防潮保护层时，锌合金板幕墙宜采用后部通风系统。

5 搪瓷涂层钢板幕墙的面板不应在施工现场进行切割和钻孔，搪瓷涂层应保持完好。

8.4.5 外观质量

1 金属板幕墙组件中金属面板表面处理层厚度应满足表 8.4.5-1 的要求。

金属面板表面的处理层厚度（mm）　　　　表 8.4.5-1

表面处理方法		平均厚度 t	检测方法
氧化着色		$t ≥ 15$	测厚仪
静电粉末喷涂		$120 ≥ t ≥ 40$	测厚仪
氟碳喷涂	喷涂	$t ≥ 30$	测厚仪
	辊涂	$t ≥ 25$	
聚氨脂喷涂		$t ≥ 40$	测厚仪
搪瓷涂层		$450 ≥ t ≥ 120$	测厚仪

2 金属板外观应整洁，涂层不得有漏涂。装饰表面不得有明显压痕、印痕和凹凸等残迹。装饰表面每平米内的划伤、擦伤应符合表 8.4.5-2 的要求。

装饰表面划伤和擦伤的允许范围　　　　表 8.4.5-2

项目	要求	检测方法
划伤深度	不大于表面处理厚度	目测观察
划伤总长度（mm）	≤100	钢直尺
擦伤总面积（mm²）	≤300	钢直尺
划伤、擦伤总处数	≤4	目测观察

3 增加了金属面板表面处理层厚度测厚仪检查的要求，对于划伤、擦伤的改变指导思想同石材幕墙。

思考题

1. 建筑幕墙应满足所在地抗震设防烈度的要求。对有抗震设防要求的建筑幕墙，其试验样品在设计的试验峰值加速度条件下不应发生破坏。幕墙具备哪些条件时应进行振动台抗震性能试验或其他可行的验证试验？

2. 幕墙工程应对哪些材料及其性能指标进行复验？

3. 幕墙工程应对哪些隐蔽工程项目进行验收？

4. 幕墙工程中各分项工程的检验批划分及检查数量应符合的规定有哪些？
5. 幕墙工程中使用的胶有哪些规定？
6. 幕墙工程验收时应检查哪些文件和记录？
7. 幕墙为什么要统一分类和标识方法，现在如何统一？
8. 幕墙主要要考虑哪些方面的性能？
9. 石材幕墙节能和玻璃幕墙节能做法主要不同是什么？
10. 作为质检员，怎样做好幕墙施工方案和实体质量的检查？

第九章 建筑节能工程施工质量验收(土建工程)

本章主要介绍建筑节能工程施工质量验收内容,依据国家标准《建筑节能工程施工质量验收规范》GB50411—2007 和江苏省地方标准《建筑节能工程施工质量验收规程》DGJ32/J19—2007 编写。党和政府高度重视建筑节能工作,为了推动建筑节能工作的开展,2006 年国务院下发了《关于加强节能工作的决定》[国发(2006)28 号]。决定认为:能源问题已经成为制约经济和社会发展的重要因素,要从战略和全局的高度,充分认识做好能源工作的重要性,高度重视能源安全,实现能源的可持续发展。解决我国能源问题,坚持开发与节约并举、节约优先的方针,大力推进节能降耗,提高能源利用效率。节能是缓解能源约束,减轻环境压力,保障经济安全,是一项长期的战略任务。

为了贯彻国务院的决定,由中国建筑科学研究院会同有关单位共同编制了《建筑节能工程施工质量验收规范》GB50411—2007,于 2007 年 1 月 16 日发布,自 2007 年 10 月 1 日起实施。江苏省依据国家新颁布的验收规范,修订了原来的地方标准 DGJ32/J19—2006,编制发布《建筑节能工程施工质量验收规程》DGJ32/J19—2007,自 2007 年 11 月 1 日起实施。

按照本书的编写要求,编号以章节、条来编号,但考虑本章自第三节起主要是国家验收规范,为便于同国家验收规范的条款对应,故从第三节起,引用国家规范的条款号。

第一节 概 述

9.1.1《建筑节能工程施工质量验收规范》GB50411—2007 的主要内容和特点:

1《规范》的主要内容:

1)总则;2)术语;3)基本规定;4)墙体节能工程;5)幕墙节能工程;6)门窗节能工程;7)屋面节能工程;8)地面节能工程;9)采暖节能工程;10)通风与空调节能工程;11)空调与采暖系统冷热源及管网节能工程;12)配电与照明节能工程;13)监测与控制节能工程;14)建筑节能工程现场实体检验;15)建筑节能分部工程质量验收;以及附录 A 建筑节能工程进场材料和设备的复验项目;附录 B 建筑节能分部、分项工程和检验批的质量验收表;附录 C 外墙节能构造钻芯检验方法。

本规范共 15 章;3 个附录;共 244 条,主控项目 101 条,一般项目 43 条。

其中:强制性条文 20 条,涉及结构和人身安全、环保、节能性能、功能方面。4~13 章每章是一个分项工程,其文体为一般规定、主控项目、一般项目。规范的定位是对建筑节能材料设备的应用、建筑节能工程施工过程的控制和对建筑节能工程的施工结果进行验收。

2 编制的指导思想

原则——技术先进、经济合理、安全适用和可操作性强;

一推——在建筑工程中推广装配化、工业化生产的产品,限制落后技术;

两少——复验数量要少,现场实体检验要少;

三合——由设计、施工、验收三个环节闭合控制节能质量;

四抓——抓设计文件执行力、抓进场材料设备质量、抓施工过程质量控制、抓系统调试和运行检测。

3 特点

《建筑节能工程施工质量验收规范》具有五个明显的特征：

1）有20条强制性条文。作为工程建设标准的强制性条文，必须严格执行，这些强制性条文既涉及过程控制，又有建筑设备专业的调试和检测，是建筑节能工程验收的重点。

2）规定对进场材料和设备的质量证明文件进行核查，并对各专业主要节能材料和设备在施工现场抽样复验，复验为见证取样送检。

3）推出工程验收前对外墙节能构造现场实体检验，严寒、寒冷和夏热冬冷地区的外窗气密性现场实体检验和建筑设备工程系统节能性能检测。

4）将建筑节能工程作为一个完整的分部工程纳入建筑工程验收体系，使涉及建筑工程中节能的设计、施工、验收和管理等多个方面的技术要求有法可依，形成从设计到施工和验收的闭合循环，使建筑节能工程质量得到控制。

5）突出了以实现功能和性能要求为基础、以过程控制为主导、以现场检验为辅助的原则，结构完整，内容充实，具有较强的科学性、完整性、协调性和可操作性，起到了对建筑节能工程质量控制和验收的作用，对推进建筑节能目标的实现将发挥重要作用。

9.1.2 江苏省《建筑节能工程施工质量验收规程》DGJ32/J19—2007仅有建筑节能土建工程部分内容，安装部分执行国家规范。

1 主要内容为：1）总则；2）术语；3）基本规定；4）墙体保温节能工程；5）门窗、幕墙节能工程；6）屋面节能工程；7）地面节能工程；8）热工性能现场检测；9）节能工程验收；以及附录A；附录B；附录C等。

2 本规范共9章；3个附录；共146条，主控项目51条，一般项目29条。其主要特点：

1）对外墙外保温工程镶贴面砖提出明确要求；

2）对热工性能现场检测提出明确要求，现场检验屋面、墙体传热系数及隔热性能，此项要求严于国家标准要求。

9.1.3 制定节能验收规范的目的，是为了加强建筑节能工程的施工质量管理，统一建筑节能工程施工质量验收，提高建筑工程节能效果，使其达到设计要求。而制定的依据则是现行国家有关工程质量和建筑节能的法律、法规、管理要求和相关技术标准等。作为验收标准，是从验收角度对施工质量提出的要求和规定，不能也不应是全面的要求，与有关建筑节能的设计标准和节能材料的标准等共同组成建筑节能工程标准体系。

江苏省建筑节能工程验收标准依据建筑工程部分应以《建筑节能工程施工质量验收规程》DGJ32/J19—2007为主，以国家标准《建筑节能工程施工质量验收规范》GB50411—2007为辅，安装工程节能内容验收以国家标准GB50411—2007为依据。本章重点介绍GB50411—2007内容，DGJ32/J19—2007中与之内容不同处也予以介绍，便于在工程验收实施。

值得注意的是，根据标准的属性，有地方标准执行地方标准。

9.1.4 验收规范适用于新建、改建和扩建的民用建筑工程中墙体、幕墙、门窗、屋面、地面、采暖、通风与空调、空调与采暖系统的冷热源及管网、配电与照明、监测与控制等建筑节能工程施工质量的验收。在一个单位工程中，适用的具体范围是建筑工程中围护结构、设备专业等各个专业的建筑节能分项工程施工质量的验收。对于既有建筑节能改造工程由于可列入改建工程的范畴，故也应遵守验收规范的要求。

9.1.5 建筑节能工程中采用的工程技术文件、承包合同文件对工程质量的要求不得低于国家验收规范的规定。

9.1.6 建筑节能工程施工质量验收除应执行国家标准《建筑节能工程施工质量验收规范》GB50411—2007和江苏省地方标准《建筑节能工程施工质量验收规程DGJ32/J19—2007外，尚应遵守《建筑工程施工质量验收统一标准》GB 50300—2001、各专业工程施工质量验收规范和国家现行有关标准的规定,在施工和验收中都应遵守,不得违反。

9.1.7 单位工程竣工验收应在建筑节能分部工程验收合格后进行。

根据国家规定,建设工程必须节能,节能达不到要求的建筑工程不得验收交付使用。因此,规定单位工程竣工验收应在建筑节能分部工程验收合格后方可进行。即建筑节能验收是单位工程验收的先决条件,具有"一票否决权"。

第二节 有关建筑节能工程术语解释

9.2.1 保温浆料:由胶粉料与聚苯颗粒或其他保温轻骨料组配,使用时按比例加水搅拌混合而成的浆料。

保温浆料可用于墙体的保温,也可用于其他保温材料面层的找平。粘结找平浆料用于贴砌聚苯板系统中聚苯板的粘结和找平。使用胶粉聚苯颗粒浆料进行找平时可以提高外保温系统的保温性能、抗裂性能和防火性能。

9.2.2 模塑聚苯板(EPS板):由可发性聚苯乙烯珠粒经加热预发泡后在模具中加热加压而制得的具有闭孔结构的保温板材。又分为:

燕尾槽EPS板:在单面沿长度方向开有若干相互平行燕尾槽的EPS板。

钢丝网架EPS板:在EPS板横向凹凸槽的一侧表面带有钢丝网片并与穿过EPS板的斜插丝(又称腹丝)焊接而成的保温板。

梯形槽EPS板:在单面沿长度方向开有若干相互平行梯形槽的EPS板。

9.2.3 挤塑聚苯板(XPS板):以聚苯乙烯树脂或其共聚物为主要成分,添加少量添加剂,通过加热挤塑成型而制得的具有闭孔结构的硬质泡沫塑料板材。

开设有2个垂直于板面通孔的XPS板称为双孔XPS板。

XPS板导热系数低,保温效果好,但其透气性较差、尺寸稳定性不好、强度高、变形应力大,粘贴稳定期短,因此直接用于外保温系统中存在一定的风险,但在XPS板上开两个透气孔则可提高XPS板的透气性和粘结效果。采用面积比较小的XPS板可削减并有效控制其尺寸稳定性差、变形应力大等问题,也可减少虚贴不实等隐患。

9.2.4 界面处理砂浆:用以改善基层或保温层表面粘结性能的聚合物砂浆。按处理的表面不同可分为基层型、EPS型、XPS型等。

基层型界面处理砂浆可以改善基层墙体表面的粘结状态,有利于保温浆料、粘结找平浆料与基层墙体的有效粘结。EPS型、XPS型界面处理砂浆用于改善与相邻材料的粘结性能,也能提高有机保温材料的防火性能。

9.2.5 抗裂砂浆:由高分子聚合物、水泥、砂为主要材料制成,具有一定变形能力和良好粘结性能的聚合物砂浆。

9.2.6 耐碱玻璃纤维网格布:以耐碱玻璃纤维织成的网格布为基布,表面涂覆高分子耐碱涂层制成的网格布,简称耐碱玻纤网。

耐碱玻纤网作为外保温系统涂料饰面时的加强材料,可有效分散变形应力和改善抹面层的机械强度。

目前市场上用于外保温系统的网格布主要分为两大类:一类是含有14.5%~16.7%的二氧化锆和6%的二氧化钛的耐碱玻璃纤维经耐碱高分子材料涂覆的网格布,另一类是中碱、高碱玻纤经过耐碱材料涂覆的网格布。中碱玻纤自身耐碱性差,虽经耐碱材料涂塑,但耐碱强度保留率仍只有50%。如果涂覆量、塑化温度和塑化时间控制不当,则会大大降低其耐久性能,从而无法保证外保温长期抗裂安全性能。

9.2.7 热镀锌电焊网:低碳钢丝通过点焊加工成型后,再经热镀锌工艺处理形成的方格网。

9.2.8 增强网:耐碱玻纤网和热镀锌电焊网的统称。

9.2.9 柔性耐水腻子:涂料施工前,根据工程需要施涂于外保温系统抹面层上,用以找平和防裂的耐水处理材料。

9.2.10 塑料锚栓:由螺钉(塑料钉或具有防腐性能的金属钉)和带圆盘的塑料膨胀套管两部分组成的用于将热镀锌电焊网固定于基层墙体的专用连接件。

9.2.11 外墙外保温系统:由保温层、抹面层和饰面层构成,并固定在外墙外表面的非承重保温构造总称,简称外保温系统。

依据不同外保温系统构造设计的差异,可能还包含界面层、防火找平层(找平层)等其他构造层。

9.2.12 进场验收:对进入施工现场的材料、设备等进行外观质量检查和规格、型号、技术参数及质量证明文件核查并形成相应验收记录的活动。

9.2.13 进场复验:进入施工现场的材料、设备等在进场验收合格的基础上,按照有关规定从施工现场抽取试样送至试验室进行部分或全部性能参数检验的活动。

9.2.14 见证取样送检:施工单位在监理工程师或建设单位代表见证下,按照有关规定从施工现场随机抽取试样,送至有见证检测资质的检测机构进行检测的活动。

9.2.15 现场实体检验:在监理工程师或建设单位代表见证下,对已经完成施工作业的分项或分部工程,按照有关规定在工程实体上抽取试样,在现场进行检验或送至有见证检测资质的检测机构进行检验的活动。简称实体检验或现场检验。

9.2.16 质量证明文件:随同进场材料、设备等一同提供的能够证明其质量状况的文件。通常包括出厂合格证、中文说明书、型式检验报告及相关性能检测报告等。进口产品还应包括出入境商品检验合格证明。使用时,也可包括进场验收、进场复验、见证取样检验和现场实体检验等资料。

9.2.17 型式检验:由生产厂家委托有资质的检测机构,对定型产品或成套技术的全部性能及其适用性所作的检验。其报告称型式检验报告。通常在工艺参数改变、达到预定生产周期或产品生产数量时进行。

第三节 管理基本要求

3.1 技术与管理

在第一节中已经交待,本章自本节起,第三节至第八节条款号用国家规范的条款号。

3.1.1 承担建筑节能工程的施工企业应具备相应的资质,施工现场应建立相应的质量管理体系、施工质量控制和检验制度,具有相应的施工技术标准。

对承担建筑节能工程施工任务的施工企业提出资质要求。执行中,目前国家尚未制定专门的节能工程施工资质,故应按照国家现行规定具备相应的建筑工程承包的施工资质。如国家制定专门的节能工程施工资质,则应按照国家规定执行。

对施工现场的要求,本规范与统一标准及各专业验收规范一致。

施工现场具有相应的施工技术标准,指与施工有关的各种技术标准,包括工艺标准、验收标准以及与工程有关的材料标准、检验标准等;不仅包括国家、行业和地方标准,也可以包括与工程有关的企业标准、施工方案及作业指导书等。

3.1.2 设计变更不得降低建筑节能效果。当设计变更涉及建筑节能效果时,应经原施工图设计审查机构审查,在实施前应办理设计变更手续,并获得监理或建设单位的确认。

由于材料供应、工艺改变等原因,建筑工程施工中可能需要改变节能设计。第一,任何有关节能的设计变更,均须事前办理设计变更手续;第二,有关节能的设计变更不应降低节能效果;第三,涉及节能效果的设计变更,除应由原设计单位认可外,还应报原负责节能设计审查机构审查方可确定。确定变更后,并应获得监理或建设单位的确认。

3.1.3 建筑节能工程采用的新技术、新设备、新材料、新工艺,应按照有关规定进行评审、鉴定或备案。施工前应对新的或首次采用的施工工艺进行评价,并制订专门的施工技术方案。

建筑节能工程采用的新技术、新设备、新材料、新工艺,通常称为"四新"技术。"四新"技术由于"新",尚没有标准可作为依据。对于"四新"技术的应用,应采取积极、慎重的态度。国家鼓励建筑节能工程施工中采用"四新"技术,但为了防止不成熟的技术或材料被应用到工程上,国家同时又规定了对于"四新"技术要进行科技成果鉴定、技术评审或实行备案等措施。具体做法是:应按照有关规定进行评审鉴定及备案方可采用,节能施工中应遵照执行。

此外,与"四新"技术类似的,还有新的或首次采用的施工工艺。考虑到建筑节能施工中涉及的新材料、新技术较多,对于从未有过的施工工艺,或者其他单位虽已做过但是本施工单位尚未做过的施工工艺,应进行"预演"并进行评价,需要时应调整参数再次演练,直至达到要求。施工前还应制定专门的施工技术方案以保证节能效果。

3.1.4 单位工程的施工组织设计应包括建筑节能工程施工内容。建筑节能工程施工前,施工企业应编制建筑节能工程施工技术方案并经监理单位(建设单位)审批。施工现场应对从事建筑节能工程施工作业的专业人员进行技术交底和必要的实际操作培训。

单位工程的施工组织设计应包括建筑节能工程施工内容。建筑节能工程施工前,施工企业应编制建筑节能工程施工技术方案并经监理(建设)单位审查批准。施工单位应对从事建筑节能工程施工作业的专业人员进行技术交底和必要的实际操作培训。

鉴于建筑节能的重要性,每个工程的施工组织设计中均应列明有关本工程与节能施工有关的内容以便规划、组织和指导施工。施工前,施工企业还应专门编制建筑节能工程施工技术方案,经监理单位审批后实施。没有实行监理的工程则应由建设单位审批。

从事节能施工作业人员的操作技能对于节能施工效果影响较大,且许多节能材料和工艺对于某些施工人员可能并不熟悉,故应在节能施工前对相关人员进行技术交底和必要的实际操作培训,技术交底和培训均应留有记录。

3.1.5 建筑节能施工的质量检测,应由具备资质的检测机构承担。

建筑节能效果只能通过检测数据来评价,因此检测结论的正确与否十分重要。目前建设部关于检测机构资质管理办法(第141号建设部令)中虽未包括节能专项检测资质,但江苏省已对建筑节能工程检测试验的检测机构进行管理,取得江苏省建设行政主管部门领发的资质(备案)证书,方可从事建筑节能的检测。

3.2 材料与设备

3.2.1 建筑节能工程使用的材料、设备等,必须符合设计要求及国家有关标准的规定。严禁使用国家明令禁止使用与淘汰的材料、设备。

材料、设备是节能工程的物质基础,通常在设计中规定或在合同中约定。凡设计有要求的应符合设计要求,同时也要符合国家有关产品质量标准的规定,此即对它们的质量进行"双控"。对于设计未提出要求或尚无国家和行业标准的材料和设备,则应该在合同中约定,或在施工方案中明确,并且应该得到监理或建设单位的同意或确认。这些材料和设备,虽然尚无国家和行业标准,但是应该有地方或企业标准。这些材料和设备必须符合地方或企业标准中的质量要求。

执行中应注意,由于采暖、空调系统及其他建筑机电设备的技术性能参数对于节能效果影响较大,故更应严格要求其符合国家有关标准的规定。近几年来,国家对于技术指标落后或质量存在较大问题的材料、设备明令禁止使用,节能工程施工应严格遵守这些规定,不得采购和使用。

设计要求,是指工程的设计要求,而非设备生产厂家对产品或设备的设计要求。

3.2.2 材料和设备进场验收应遵守下列规定:

1 对材料和设备的品种、规格、包装、外观和尺寸等进行验收,并应经监理工程师(建设单位代表)确认,形成相应的验收记录。

2 对材料和设备的质量证明文件进行核查,并应经监理工程师(建设单位代表)确认,纳入工程技术档案。进入施工现场用于节能工程的材料和设备均应具有出厂合格证、中文说明书及相关性能检测报告;定型产品和成套技术应有型式检验报告,进口材料和设备应按规定进行出入境商品检验。

材料和设备的进场验收是把好材料合格关的重要环节,进场验收通常可分为三个步骤:

1 首先是对其品种、规格、包装、外观和尺寸等"可视质量"进行检查验收,并应经监理工程师或建设单位代表核准。进场验收应形成相应的质量记录。材料和设备的可视质量,指那些可以通过目视和简单的尺量、称重、敲击等方法进行检查的质量。

2 其次是对质量证明文件的核查。由于进场验收时对"可视质量"的检查只能检查材料和设备的外观质量,其内在质量难以判定,需由各种质量证明文件加以证明,故进场验收必须对材料和设备附带的质量证明文件进行核查。这些质量证明文件通常也称技术资料,主要包括质量合格证、中文说明书及相关性能检测报告、型式检验报告等;进口材料和设备应按规定进行出入境商品检验。这些质量证明文件应纳入工程技术档案。

3.2.3 建筑节能工程所使用材料的燃烧性能等级和阻燃处理,应符合设计要求和现行国家标准《高层民用建筑设计防火规范》GB50045、《建筑内部装修设计防火规范》GB50222和《建筑设计防火规范》GB50016等的规定。

耐火性能是建筑工程最重要的性能之一,直接影响用户安全,故有必要加以强调。对材料耐火性能的具体要求,应由设计提出,并应符合相应标准的要求。

3.2.4 建筑节能工程使用的材料应符合国家现行有关标准对材料有害物质限量的规定,不得对室内外环境造成污染。

为了保护环境,国家制定了建筑装饰材料有害物质限量标准,建筑节能工程使用的材料与建筑装饰材料类似,往往附着在结构的表面,容易造成污染,判断竣工工程室内环境是否污染通常按照《民用建筑室内环境污染控制规范》GB50325的要求进行。

3.2.5 现场配置的材料如保温浆料、聚合物砂浆等,应按设计要求或实验室给出的配合比配制。当未给出要求时,应按照施工方案和产品说明书配制。

现场配制的材料由于现场施工条件的限制,其质量较难保证。本条规定主要是为了防止现场配制的随意性,要求必须按设计要求或配合比配制,并规定了应遵守的关于配置要求的关系与顺序。即:首先应按设计要求或试验室给出的配合比进行现场配制。当无上述要求时,可以按照产品说明书配制。执行中应注意上述配制要求,均应具有可追溯性,并应写入施工方案中。不得按照经验或口头通知配制。

3.2.6 节能保温材料在施工使用时的含水率应符合设计要求、工艺要求及施工技术方案要求。当无上述要求时,节能保温材料在施工使用时的含水率不应大于正常施工环境湿度下的自然含水率,否则应采取降低含水率的措施。

多数节能保温材料的含水率对节能效果有明显影响,但是这一情况在施工中未得到足够重视。本条规定了施工中控制节能保温材料含水率的原则。即节能保温材料在施工使用时的含水率应符合设计要求、工艺标准要求及施工技术方案要求。通常设计或工艺标准应给出材料的含水率要求,这些要求应该体现在施工技术方案中。但是目前缺少上述含水率要求的情况较多,考虑到施工管理水平的不同,本规范给出了控制含水率的基本原则亦即最低要求:节能保温材料的含水率不应大于正常施工环境湿度中的自然含水率,否则应采取降低含水率的措施。据此,雨季施工、材料受潮或泡水等情形下,应采取适当措施控制保温材料的含水率。

3.3 施工与验收

3.3.1 建筑节能工程应按照经审查合格的设计文件和经审查批准的施工方案施工。

设计文件和施工技术方案,是节能工程施工也是所有工程施工均应遵循的基本要求。对于设计文件应当经过设计审查机构的审查;施工技术方案则应通过建设或监理单位的审查。施工中的变更,同样应经过审查。

3.3.2 建筑节能工程施工前,对于重复采用建筑节能设计的房间和构造做法,应在现场采用相同材料和工艺制作样板间或样板构件,经有关各方确认后方可进行施工。

制作样板间的方法是在长期施工中总结出来行之有效的方法。不仅可以直观地看到和评判其质量与工艺状况,还可以对材料、做法、效果等进行直接检查,相当于验收的实物标准。因此节能工程施工也应当借鉴和采用。样板间方法主要适用于重复采用同样建筑节能设计的房间和构造做法,制作时应采用相同材料和工艺在现场制作,经有关各方确认后方可进行施工。

施工中应注意,样板间或样板件的技术资料(材料、工艺、验收资料)应纳入工程技术档案。

3.3.3 建筑节能工程的施工作业环境条件,应满足相关标准和施工工艺的要求。节能保温材料不宜在雨雪天气中露天施工。

3.4 验收的划分

3.4.1 建筑节能工程为单位建筑工程的一个分部工程。其分项工程和检验批的划分,应符合下列规定:

1 建筑节能分项工程应按照表3.4.1划分。

2 建筑节能工程应按照分项工程进行验收。当建筑节能分项工程的工程量较大时,可以将分项工程划分为若干个检验批进行验收。

3 当建筑节能工程验收无法按照上述要求划分分项工程或检验批时,可由建设、监理、施工等各方协商进行划分。但验收项目、验收内容、验收标准和验收记录均应遵守本规范的规定。

4 建筑节能分项工程和检验批的验收应单独填写验收表格,节能验收资料应单独填写验收记录,节能验收资料应单独组卷。

建筑节能分项工程划分　　　　表3.4.1

序号	分项工程	主要验收内容
1	墙体节能工程	主体结构基层;保温材料;饰面层等
2	幕墙节能工程	主体结构基层;隔热材料;保温材料;隔汽层;幕墙玻璃;单元式幕墙板块;通风换气系统;遮阳设施;冷凝水收记集放系统等
3	门窗节能工程	门;窗;玻璃;遮阳设施等
4	屋面节能工程	基层;保温隔热层;保护层;防水层;面层等
5	地面节能工程	基层;保温层;保护层;防水层;面层等
6	采暖节能工程	系统制式;散热器;阀门与仪表;热力入口装置;保温材料;调试等
7	通风与空气调节节能工程	系统制式;通风与空调设备;阀门与仪表;热力入口装置;保温材料;调试等
8	空调与采暖系统的冷热源及管网节能工程	系统制式;冷热源设备;辅助设备;管网;阀门与仪表;绝热、保温材料;调试等

续表

序号	分项工程	主要验收内容
9	配电与照明节能工程	低压配电电源；照明光源、灯具；附属装置；控制功能；调试等
10	监测与控制节能工程	冷、热源系统的监测控制系统；空调水系统的监测控制系统；通风与空调系统的监测控制系统；监测与计量装置；供配电的监测控制系统；照明自动控制系统；综合控制系统等

建筑节能验收本来属于专业验收的范畴，其许多验收内容与原有建筑工程的分部分项验收有交叉与重复，故建筑节能工程验收的定位有一定困难。为了与已有的《建筑工程施工质量验收统一标准》GB 50300 和各专业验收规范一致，本规范将建筑节能工程作为单位建筑工程的一个分部工程来进行划分和验收，并规定了其包含的各分项工程划分的原则，主要有四项规定：

一是直接将节能分部工程划分为 10 个分项工程，给出了这 10 个分项工程名称及需要验收的主要内容。划分这些分项工程的原则与《建筑工程施工质量验收统一标准》GB 50300 及各专业工程施工质量验收规范原有的划分尽量一致。表 3.4.1 中的各个分项工程，是指"其节能性能"，这样理解就能够与原有的分部工程划分协调一致。

二是明确节能工程应按分项工程验收。由于节能工程验收内容复杂，综合性较强，验收内容如果对检验批直接给出易造成分散和混乱。故本规范的各项验收要求均直接对分项工程提出。当分项工程较大时，可以划分成检验批验收，其验收要求不变。

三是考虑到某些特殊情况下，节能验收的实际内容或情况难以按照上述要求进行划分和验收，如遇到某建筑物分期或局部进行节能改造时，不易划分分部、分项工程，此时允许采取建设、监理、设计、施工等各方协商一致的划分方式进行节能工程的验收。但验收项目、验收标准和验收记录均应遵守本规范的规定。

四是规定有关节能的项目应单独填写检查验收表格，作出节能项目验收记录并单独组卷，以与建设部要求节能审图单列的规定一致。

需要说明的是，本划分并不完善，例如太阳能工程未纳入其中，工程实践中按本条原则进行检查验收。

第四节　墙体节能工程

4.1　一般规定

4.1.1　墙体节能工程适用于采用板材、浆料、块材及预制复合墙板等墙体保温材料或构件的建筑墙体节能工程质量验收。

除了所列举的板材、浆料、块材、构件外，采用其他节能材料的墙体也应遵照执行。

4.1.2　主体结构完成后进行施工的墙体节能工程，应在基层至来年经过验收合格后施工，施工过程中应及时进行质量检查、隐蔽工程验收和检验批验收，施工完成后应进行墙体节能分项工程验收。与主体结构同时施工的墙体节能工程，应与主体结构一同验收。

墙体节能验收的程序性要求分为两种情况：

一种情况是墙体节能工程在主体结构完成后施工，对此在施工过程中应及时进行质量检查、隐蔽工程验收、相关检验批和分项工程验收，施工完成后应进行墙体节能子分部工程验收。大多数墙体节能工程都是在主体结构内侧或外侧表面做保温层，故属于这种情况。

另一种是与主体结构同时施工的墙体节能工程，如现浇夹心复合保温墙板等，对此无法分别验收，只能与主体结构一同验收。验收时结构部分应符合相应的结构规范要求，而节能工程应符合本规范的要求。

4.1.3 墙体节能工程当采用外保温定型产品或成套技术时,其型式检验报告中应包括安全性和耐候性检验。当系统材料有任一变更时应重新进行该项检验。现场检查保温系统时,应核对系统是否与型式检验时的系统相一致。对于面砖饰面外保温系统,还应经抗震试验验证并确保其在设防烈度等级地震下面砖饰面及外保温系统无脱落。

墙体节能工程采用的外保温成套技术或产品,是由供应方配套提供。对于其生产过程中采用的材料、工艺难以在施工现场进行检查,耐久性在短期内更是难以判断,因此主要依靠厂方提供的型式检验报告加以证实。型式检验报告本应包含耐久性能检验,但是由于该项检验较复杂,现实中有部分不规范的型式检验报告不做该项检验。故本条规定型式检验报告的内容应包括耐候性检验。当供应方不能提供耐久性检验参数时,应由具备资格的检测机构予以补做。

江苏省建设厅文件关于印发《复合保温砂浆建筑保温系统应用管理暂行规定》的通知(苏建科〔2007〕144号)中规定:复合保温砂浆建筑保温系统对其组成材料及材料性能、整体施工工艺等都有严格的技术要求,保温系统供应商应配套供应各组成材料,确保其稳定性和相容性,并提供相应的技术说明和应用指导文件。保温系统施工时,除正常掺水拌合外,现场不得掺加水泥、砂等其他材料。

《关于进一步加强复合保温砂浆建筑保温系统应用管理的通知》(苏建函科〔2008〕228号)中规定:为了避免施工中的不确定因素影响建筑保温工程质量,明确材料责任主体,应用复合保温砂浆建筑保温系统时,其组成材料必须由厂家统一供应,严禁采购不同厂家的材料进行复配施工,不得选用双组份产品和明显低于市场价格的产品,优先选用取得江苏省建设科技成果推广认定的产品。

4.1.4 墙体节能工程应对下列部位或内容进行隐蔽工程验收,并应有相似的文字记录和必要的图像资料:

1 保温层附着的基层及其表面处理;
2 保温板粘结或固定;
3 锚固件;
4 增强网铺设;
5 墙体热桥部位处理;
6 预置保温板或预制保温墙板的板缝及构造节点;
7 现场喷涂或浇注有机类保温材料的界面;
8 被封闭的保温材料厚度;
9 保温隔热砌块填充墙体。

当施工中出现上述未列出的内容时,应在施工组织设计、施工方案中对隐蔽工程验收内容加以补充。

隐蔽工程验收不仅应有详细的文字记录,还应有必要的图像资料,这是为了利用现代科技手段更好地记录隐蔽工程的真实情况。对于"必要"的理解,可理解为有隐蔽工程全貌和有代表性的局部(部位)照片。其分辨率以能够表达清楚受检部位的情况为准。照片应作为隐蔽工程验收资料与文字资料一同归档保存。

4.1.5 墙体节能工程验收的保温材料在施工过程中应采取防潮、防水等保护措施。

4.1.6 墙体节能工程验收的检验批划分应符合下列规定:

1 采用相同材料、工艺和施工做法的墙面,每500~1000m^2面积划分为一个检验批,不足500m^2也为一个检验批。检查数量应符合下列规定:每100 m^2应至少抽查一处,每处不得少于10 m^2,每个检验批抽查不少于3处。

2 检验批的划分也可根据与施工流程相一致且方便施工与验收的原则,由施工单位与监理(建设)单位共同商定。

如果分项工程的工程量较大,出现需要划分检验批的情况时,可按照上述规定进行。本条规定的原则与现行国家标准《建筑装饰装修工程质量验收规范》GB 50210 保持一致。

应注意墙体节能工程检验批的划分并非是惟一或绝对的。当遇到较为特殊的情况时,检验批的划分也可根据方便施工与验收的原则,由施工单位与监理(建设)单位共同商定。

4.2 主控项目

4.2.1 用于墙体节能工程的材料、构件等,其品种、规格应符合设计要求和相关标准的规定。

检验方法:观察、尺量检查;核查质量证明文件。

检查数量:按进场批次,每批随机抽取3个试样进行检查;质量证明文件应按照其出厂检验批进行核查。

在材料、构件进场时通过目视和尺量、秤重等方法检查,并对其质量证明文件进行核查确认。检查数量为每种材料、构件按进场批次每批次随机抽取3个试样进行检查。当能够证实多次进场的同种材料属于同一生产批次时,可按该材料的出厂检验批次和抽样数量进行检查。如果发现问题,应扩大抽查数量,最终确定该批材料、构件是否符合设计要求。

4.2.2 用于墙体节能工程使用的保温材料,其导热系数、密度、抗压强度或压缩强度、燃烧性能应符合设计要求。

检验方法:核查质量证明文件及进场复验报告。

检查数量:全数检查。

保温隔热材料的主要热工性能和燃烧性能是否满足本条规定,主要依靠对各种质量证明文件的核查和进场复验。核查质量证明文件包括核查材料的出厂合格证、性能检测报告、构件的型式检验报告等。对有进场复验规定的要核查进场复验报告。本条中除材料的燃烧性能外均应进行进场复验,故均应核查复验报告。对材料燃烧性能则应核查其质量证明文件。对于新材料,应检查是否通过技术鉴定,其热工性能和燃烧性能检验结果是否符合设计要求。

当上述质量证明文件和各种检测报告为复印件时,应加盖证明其真实性的相关单位印章和经手人员签字,并应注明原件存放处。必要时,还应核对原件。

膨胀聚苯板出厂前应在自然条件下陈化42d或在60℃蒸汽中陈化5d。

4.2.3 墙体节能工程采用的保温材料和粘结材料等,进场时应对其下列性能进行复验,复验应为见证取样送检:

1 保温材料的导热系数、密度、抗压强度或压缩强度;
2 粘结材料的粘结强度;
3 增强网的力学性能、抗腐蚀性能。

检验方法:随机抽样送检,核查复验报告。

检查数量:同一厂家同一品种的产品,当单位工程建筑面积在20000m^2以下时各抽查不少于3次;当单位工程建筑面积在20000m^2以上时各抽查不少于6次。

复验的试验方法应遵守相应产品的试验方法标准。复验指标是否合格应依据设计要求和产品标准判定。复验抽样频率为:同一厂家的同一种类产品(不考虑规格)应至少抽样复验3次。当单位工程建筑面积超过20000m^2时应抽查6次。不同厂家、不同种类(品种)的材料均应分别抽样进行复验。所谓种类,是指材质或材料品种。复验应为见证取样送检,由具备见证资质的检测机构进行试验。根据建设部141号令第12条规定,见证取样试验应由建设单位委托。

《建筑节能工程施工质量验收规程》DGJ32/J19—2007 中规定与此条稍有不同:同一厂家、

同一品种的产品,当工程建筑面积20000m²以下时各抽查不少于3次。当工程建筑面积在20000m²以上时各抽查不少于6次(用于屋面、地面节能工程时,同一厂家、同一品种的产品各抽查不少于3组)。

4.2.4 严寒和寒冷地区外保温使用的粘结材料,其冻融试验结果应符合该地区最低气温环境的使用要求。

　　检验方法:核查质量证明文件。

　　检查数量:全数检查。

　　冻融试验不是进场复验,是指由材料生产、供应方委托送检的试验。这些试验应按照有关产品标准进行,其结果应符合产品标准的规定。冻融试验可由生产或供应方委托通过计量认证具备产品检验资质的检验机构进行试验并提供报告。

4.2.5 墙体节能工程施工前应按照设计和施工方案的要求对基层进行处理,处理后的基层应符合保温层施工方案的要求。

　　检验方法:对照设计和施工方案观察检查;核查隐蔽工程验收记录。

　　检查数量:全数检查。

4.2.6 墙体节能工程各层构造做法应符合设计要求,并应按照经过审批的施工方案施工。

　　检验方法:对照设计和施工方案观察检查;核查隐蔽工程验收记录。

　　检查数量:全数检查。

　　在施工过程中对于隐蔽工程应该随做随验,并做好记录。检查的内容主要是墙体节能工程各层构造做法是否符合设计要求,以及施工工艺是否符合施工方案要求。检验批验收时则应核查这些隐蔽工程验收记录。

4.2.7 墙体节能工程的施工,应符合下列要求:

　　1 保温隔热材料的厚度必须符合设计要求。

　　2 保温板与基层及各构造层之间的粘结或连接必须牢固。粘结强度和连接方式应符合设计要求。保温板材与基层的粘结强度应做现场拉拔实验。

　　3 保温浆料层应分层施工。当采用保温浆料做外保温时,保温层与基层之间及各层之间的粘结必须牢固,不应脱层、空鼓和开裂。

　　4 当墙体节能工程的保温层采用预埋或后置锚固件固定时,锚固件数量、位置、锚固深度和拉拔力应符合设计要求。后置锚固件应进行锚固力现场拉拔实验。

　　检验方法:观察;手扳检查;保温材料厚度采用钢针插入或剖开尺量检查;粘接强度和锚固力核查试验报告;核查隐蔽验收记录。

　　检查数量:每个检验批抽查不少于3处。

　　粘贴强度和锚固拉拔力试验,当施工企业试验室有能力时可由施工企业试验室承担,也可委托给具备见证资质的检测机构进行试验。采用的试验方法可以在承包合同中约定,也可选择现行行业标准、地方标准推荐的相关试验方法。

4.2.8 外墙采用预置保温板现场浇筑混凝土墙体时,保温板的验收应符合第4.2.2条的规定;保温板的安装位置应正确、接缝严密,保温板在浇筑混凝土过程中不得移位、变形,保温板表面应采取界面处理措施,与混凝土粘结应牢固。

　　混凝土和模板的验收,应按《混凝土结构工程施工质量验收规范》GB 50204的相关规定执行。

　　检验方法:观察检查;核查隐蔽工程验收记录。

　　检查数量:全数检查。

　　外墙采用预置保温板现场浇筑混凝土墙体时,除了保温材料本身质量外,容易出现的主要问题是保温板移位的问题。故本条要求施工单位安装保温板时应做到位置正确、接缝严密,在浇筑混凝土过程中应采取措施并设专人照看,以保证保温板不移位、不变形、不损坏。

4.2.9 当外墙采用保温浆料做保温层时,应在施工中制作同条件养护试件,检测其导热系数、干密度和压缩强度。保温浆料的同条件养护试件应见证取样送检。

检验方法:核查检测报告。

检查数量:每个检验批应抽样制作同条件养护试块不少于3组。

外墙保温层采用保温浆料做法时,由于施工现场的条件所限,保温浆料的配制与施工质量不易控制。为了检验浆料保温层的实际保温效果,本条规定应在施工中制作同条件养护试件,以检测其导热系数、干密度和压缩强度等参数。保温浆料同条件养护试块试验应实行见证取样送检,由建设单位委托给具备见证资质的检测机构进行试验。

检测保温浆料导热系数、干密度和压缩强度的同条件试块应制作2种,即:1)检测干密度、导热系数的试块;2)检测强度的试块。

1 检测干密度和导热系数的试块

试件成型参照标准:《胶粉聚苯颗粒外墙外保温系统》JG158—2004 和《绝热材料稳态热阻及有关特性的测定》GB/T10294—1988;

试块尺寸:300mm×300mm×30mm;

试块数量:每个检验批的干密度和导热系数各抽样制作1组试块(也可合为1组),每组3块;

试块制作养护要求:试块应在施工现场制作,同条件养护7d后送试验室标养条件下(温度(23±2)℃,相对湿度(50±10)%)继续养护21d,合计养护时间为28d;

试验过程:由试验室在(65±2)℃的烘箱中烘至恒重后进行试验。先测试干密度,然后再按照《绝热材料稳态热阻及有关特性的测定》GB/T10294的规定再测试导热系数(该过程可用一组试块先后进行检测)。

2 检测强度的试块

试件成型参照标准:《胶粉聚苯颗粒外墙外保温系统》JG158—2004;

试块尺寸:100mm×100mm×100mm;

试块数量:每个检验批应抽样制作1组,每组5块;

试块制作养护要求:试块应在施工现场制作,现场同条件养护7d后送至试验室,在试验室标准条件下(温度(23±2)℃,相对湿度(50±10)%)继续养护21d(胶粉聚苯颗粒保温浆料宜继续养护49d),在烘箱中烘干24h后进行试验。

3 结果判定

经检验,保温浆料同养试件的三项检测指标(导热系数、干密度和压缩强度)应符合以下要求:

1)满足设计指标要求(主要是针对保温浆料材料导热系数的设计指标);

2)当设计无具体要求时,无机矿物轻集料保温砂浆和水泥基聚苯颗粒保温砂浆应符合《水泥基复合保温砂浆建筑保温系统技术规程》DGJ32/J22—2006 第5.0.9条规定的技术性能指标要求,胶粉EPS颗粒保温砂浆应符合《建筑节能工程施工质量验收规程》DGJ32/J19—2007 附录B表B.0.1规定的技术性能指标要求。

4.2.10 墙体节能工程各类饰面层的基层及面层施工,应符合设计和《建筑装饰装修工程质量验收规范》GB 50210 的要求,并应符合下列要求:

1 饰面层施工的基层应无脱层、空鼓和裂缝,基层应平整、干净,含水率应符合饰面层施工的要求。

2 外墙外保温工程不宜采用粘贴饰面砖做饰面层。当采用时,其安全性与耐久性必须符合设计要求。饰面砖应作粘结强度拉拔试验,试验方法按《建筑工程饰面砖粘接强度检验标准》JGJ110—2008 执行,断缝应从饰面砖表面切割至保温系统加强网的外侧,试验结果应符合设计和有关标准的规定。

3 《民用建筑节能工程施工质量验收规程》DGJ32/J19—2007第4.1.5条规定:外墙外保温工程不宜采用粘贴面砖做饰面层;当采用时粘贴高度不得大于40m,其材料和构造措施包括锚固件数量、单个锚固件抗拔力,热镀锌电焊钢丝网、抹面层厚度、饰面砖品种、质量及粘贴剂等均应符合设计和相关标准、规定的要求。

4 外墙外保温工程的饰面层不应渗漏。当外墙外保温工程的饰面层采用饰面板开缝安装时,保温层表面应具有防水功能或采取其他防水措施。

5 外墙外保温层及饰面层与其他部位交接的收口处,应采取密封措施。

检验方法:观察检查;核查试验报告和隐蔽工程验收记录。

检查数量:全数检查。

对墙体节能工程的各类饰面层施工质量除了应符合设计要求和《建筑装饰装修工程质量验收规范》GB 50210的规定外,本条提出了5项要求。提出这些要求的主要目的是防止外墙外保温出现安全问题和保温效果失效的问题。

第3款提出外墙外保温工程不宜采用粘贴饰面砖做饰面层的要求,是鉴于目前许多外墙外保温工程经常采用饰面砖饰面,而考虑到外墙外保温工程中的保温层强度一般较低,如果表面粘贴较重的饰面砖,使用年限较长后容易变形脱落,故本规范建议不宜采用。当一定要采用时,则规定必须有保证保温层与饰面砖安全性与耐久性的措施。

第4款提出不应渗漏的要求,是保证保温效果的重要规定。特别对外墙外保温工程的饰面层采用饰面板开缝安装时,规定保温层表面应具有防水功能或采取其他相应的防水措施,以防止保温层浸水失效。如果设计无此要求,应提出洽商解决。

江苏省建设厅文件关于印发《江苏省外墙外保温粘贴饰面砖做法技术要求》(暂行)的通知(苏建科(2006)287号)中规定:

1 为了规范我省建筑外墙外保温粘贴饰面砖做法,确保工程质量和安全,特制定本技术要求。

2 外墙外保温粘贴饰面砖系统应充分考虑抗震、抗风时基层材料的正常变形及大气物理化学作用等因素的影响,结合我省的实际情况,外墙外保温粘贴饰面砖系统最大应用高度不得大于40m。

3 外墙外保温粘贴饰面砖系统应有完善的系统设计方案。系统应采用增强网加机械锚固措施,锚固件应保证可靠锚入基层,增强网应采用热镀锌电焊钢丝网,增强网和锚固件构成的系统应能独立承受风荷载和自重作用。外墙外保温粘贴饰面砖系统的材料,包括保温材料、锚固件、抗裂砂浆、胶粘剂、界面砂浆、增强网、饰面砖、填缝材料等的各项性能指标都应符合国家和省有关标准的规定。且面砖质量不应大于$20kg/m^2$,单块面砖面积不宜大于$0.01m^2$。

系统应经过包括耐候性试验的型式检验,当系统材料有任一变更时应重新进行该项检验。

4 当系统经过严格的型式检验并有成熟的施工工艺时,可采用耐碱玻纤网格布增强薄抹灰外保温系统粘贴饰面砖,系统各组成材料除了应符合国家和省有关标准规定外,系统抗拉强度不应小于0.2MPa,保温板的表观密度应在$25\sim35\ kg/m^3$之间,压缩强度应在$150\sim250\ kPa$之间,吸水率(浸水96h)应小于1.5%,耐碱玻纤网格布的ZrO_2含量不应小于14.5%,且表面须经涂塑处理。

5 外墙外保温粘贴饰面砖系统应结合立面设计合理设置分格缝,分格缝间距:竖向不宜大于12m,横向不宜大于6m。面砖间应留缝,缝宽不小于6mm,并应采取柔性防水材料勾缝处理,确保面层不渗水。

6 建设单位应慎重选用成熟、可靠的外墙外保温粘贴饰面砖系统。设计单位应进行系统设计,明确系统构造及各组成材料的性能指标。施工单位应按设计和标准要求编制专项施工方案,在大面积施工前应进行现场"样板"试验,在"样板"试验验收合格后方可进行大面积施工。工程监理单位应当按照设计要求和施工单位的专项施工方案进行材料、工序等过程控制。

7 在进行外墙外保温粘贴饰面砖系统施工和验收时,除执行本要求外,尚应符合国家和省现行的有关标准和规定。当采用超出本要求的外墙外保温粘贴饰面砖系统时,应根据《实施工程建设强制性标准监督规定》(建设部第81号令)的要求报省建设厅组织专家论证后方可实施。

8 本技术要求自2006年8月1日起施行。

4.2.11 保温砌块砌筑的墙体,应采用具有保温功能的砂浆砌筑。砌筑砂浆的强度等级应符合设计要求。砌体的水平灰缝饱满度不应低于90%,竖直灰缝饱满度不应低于80%。

检验方法:对照设计核查施工方案和砂浆强度试验报告。用百格网检查灰缝砂浆饱满度。

检查数量:每楼层的每个施工段至少抽查一次,每次抽查5处,每处不少于3个砌块。

保温砌块砌筑的墙体,通常设计均要求采用具有保温功能的砂浆砌筑。由于其灰缝饱满度与密实性对节能效果有一定影响,故对于保温砌体灰缝砂浆饱满度的要求应严于普通灰缝。要求水平灰缝饱满度不应低于90%,竖直灰缝不应低于80%,相当于对小砌块的要求。

4.2.12 采用预制保温墙板现场安装的墙体,应符合下列规定:

1 保温墙板应有型式检验报告,型式检验报告中应包含安装性能的检验;

2 保温墙板的结构性能、热工性能及与主体结构的连接方法应符合设计要求,与主体结构连接必须牢固;

3 保温墙板的板缝处理、构造节点及嵌缝做法应符合设计要求;

4 保温墙板板缝不得渗漏。

检验方法:核查型式检验报告、出厂检验报告、对照设计观察和淋水试验检查;核查隐蔽工程验收记录。

检查数量:型式检验报告、出厂检验报告全数核查;其他项目每个检验批应抽查5%,并不少于3块(处)。

采用预制保温墙板现场安装组成保温墙体,具有施工进度快、产品质量稳定、保温效果可靠等优点。但是组装过程容易出现连接、渗漏等问题。首先应有型式检验报告证明预制保温墙板产品及其安装性能合格,包括保温墙板的结构性能、热工性能等均应合格;其次墙板与主体结构的连接方法应符合设计要求,墙板的板缝、构造节点及嵌缝做法应与设计一致。检查安装好的保温墙板板缝不得渗漏,可采用现场淋水试验的方法,对墙体板缝部位连续淋水1h不渗漏为合格。

4.2.13 当设计要求在墙体内设置隔汽层时,隔汽层的位置、使用的材料及构造做法应符合设计要求和相关标准的规定。隔汽层应完整、严密,穿透隔汽层处应采取密封措施。隔汽层冷凝水排水构造应符合设计要求。

检验方法:对照设计观察检查;核查质量证明文件和隐蔽工程验收记录。

检查数量:每个检验批应抽查5%,并不少于3处。

墙体内隔汽层的作用,主要为防止空气中的水分进入保温层造成保温效果下降,进而形成结露等问题。本条针对隔汽层容易出现的破损、透汽等问题,规定隔汽层设置的位置、使用的材料及构造做法,应符合设计要求和相关标准的规定。要求隔汽层应完整、严密,穿透隔汽层处应采取密封措施。隔汽层冷凝水排水构造应符合设计要求。

4.2.14 外墙和毗邻不采暖空间墙体上的门窗洞口四周的侧面,墙体上凸窗四周的侧面,应按设计要求采取节能保温措施。

检验方法:对照设计观察检查,必要时抽样剖开检查;核查隐蔽工程验收记录。

检查数量:每个检验批应抽查5%,并不少于5个洞口。

门窗洞口四周墙侧面,是指窗洞口的侧面,即与外墙面垂直的4个小面。这些部位容易出现热桥或保温层缺陷。对于外墙和毗邻不采暖空间墙体上的上述部位,以及凸窗外凸部分的四周墙侧面和地面,均应按设计要求采取隔断热桥或节能保温措施。当设计未对上述部位提出要求时,施工单位应与设计、建设或监理单位联系,确认是否应采取处理措施。

4.2.15 严寒和寒冷地区外墙热桥部位,应按设计要求采取节能保温等隔断热桥措施。

检验方法:对照设计和施工方案观察检查;核查隐蔽工程验收记录。

检查数量:按不同热桥种类,每种抽查20%,并不少于5处。

对严寒、寒冷地区的外墙热桥部位提出要求。这些地区外墙的热桥,对于墙体总体保温效果影响较大。故要求均应按设计要求采取隔断热桥或节能保温措施。当缺少设计要求时,应提出办理洽商,或按照施工技术方案进行处理。完工后采用热工成像设备进行扫描检查,可以辅助了解其处理措施是否有效。

4.3 一般项目

4.3.1 进场节能保温材料与构件的外观和包装应完整无破损,符合设计要求和产品标准的规定。

检验方法:观察检查。

检查数量:全数检查。

在出厂运输和装卸过程中,节能保温材料与构件的外观如棱角、表面等容易损坏,其包装容易破损,这些都可能进一步影响到材料和构件的性能。如:包装破损后材料受潮,构件运输中出现裂缝等,这类现象应该引起重视。本条针对这种情况作出规定;要求进入施工现场的节能保温材料和构件的外观和包装应完整无破损,并符合设计要求和材料产品标准的规定。

4.3.2 当采用加强网作为防止开裂的措施时,加强网的铺贴和搭接应符合设计和施工工艺的要求。砂浆抹压应密实,不得空鼓,加强网不得皱褶、外露。

检验方法:观察检查;核查隐蔽工程验收记录。

检查数量:每个检验批抽查不少于5处,每处不少于$2m^2$。

4.3.3 设置空调的房间,其外墙热桥部位应按设计要求采取隔断热桥措施。

检验方法:对照设计和施工方案观察检查。核查隐蔽工程验收记录。

检查数量:按不同热桥种类,每种抽查10%,并不少于5处。

4.3.4 施工产生的墙体缺陷,如穿墙套管、脚手眼、孔洞等,应按照施工方案采取隔断热桥措施,不得影响墙体热工性能。

检验方法:对照施工方案观察检查。

检查数量:全数检查。

4.3.5 墙体保温板材接缝方法应符合施工工艺要求。保温板拼缝应平整严密。

检验方法:观察检查。

检查数量:每个检验批抽查10%,并不少于5处。

4.3.6 墙体采用保温浆料时,保温浆料层宜连续施工;保温浆料厚度应均匀、接茬应平顺密实。

检验方法:观察;尺量检查。

检查数量:每个检验批抽查10%,并不少于10处。

从施工工艺角度看,除配制外,保温浆料的抹灰与普通装饰抹灰基本相同。保温浆料层的施工,包括对基层和面层的要求、对接槎的要求、对分层厚度和压实的要求等,均应按照抹灰工艺执行。

4.3.7 墙体上容易碰撞的阳角、门窗洞口及不同材料基体的交接处等特殊部位,其保温层应采取防止开裂和破损的加强措施。

检验方法:观察检查;核查隐蔽工程验收记录。

检查数量:按不同部位,每类抽查10%,并不少于5处。

4.3.8 采用现场喷涂或模板浇注的有机类保温材料做外保温时,有机类保温材料应达到陈化时间后方可进行下道工序施工。

检查方法:对照施工方案和产品说明书进行检查。

检查数量:全数检查。

有机类保温材料的陈化,也称"熟化",是该类材料的一个特点。由于有机类保温材料的体积需经过一定时间才趋于稳定,故本条提出了对材料陈化时间的要求。其具体陈化时间可根据不同有机类保温材料的产品说明书确定。

膨胀聚苯板出厂前应在自然条件下陈化42d或在60℃蒸汽中陈化5d。

第五节 幕墙节能工程

5.1 一般规定

5.1.1 建筑幕墙包括玻璃幕墙(透明幕墙)、金属幕墙、石材幕墙及其他板材幕墙。

玻璃幕墙属于透明幕墙,与建筑外窗在节能方面有着共同的要求。但玻璃幕墙的节能要求也与外窗有着很明显的不同,玻璃幕墙往往与其他的非透明幕墙是一体的,不可分离。非透明幕墙虽然与墙体有着一样的节能指标要求,但由于其构造的特殊性,施工与墙体有着很大的不同,所以不适于和墙体的施工验收放在一起。

建筑幕墙的设计施工往往是另外进行专业分包,施工验收按照《建筑装饰装修工程质量验收规范》GB 50210进行,而且也往往是先单独验收。

5.1.2 附着于主体结构上的隔汽层、保温层应在主体结构工程质量验收合格后施工。施工过程中应及时进行质量检查、隐蔽工程验收和检验批验收,施工完成后应进行幕墙节能分项工程验收。

有些幕墙的非透明部分的隔汽层或保温层附着在建筑主体的实体墙上。对于这类建筑幕墙,保温材料或隔汽层需要在实体墙的墙面质量满足要求后才能进行施工作业,否则保温材料可能粘贴不牢固,隔汽层(或防水层)附着不理想。另外,主体结构往往是土建单位施工,幕墙是专业分包,在施工中若不进行分阶段验收,出现质量问题时容易发生纠纷。

5.1.3 当幕墙节能工程采用隔热型材时,隔热型材生产厂家应提供型材所使用的隔热材料的力学性能和热变形性能试验报告。

铝合金隔热型材、钢隔热型材在一些幕墙工程中已经得到应用。隔热型材的隔热材料一般是尼龙或发泡的树脂材料等。这些材料是很特殊的,既要保证足够的强度,又要有较小的导热系数,还要满足幕墙型材在尺寸方面的苛刻要求。从安全的角度而言,型材的力学性能是非常重要的,对于有机材料,其热变形性能也非常重要。型材的力学性能主要包括抗剪强度和横向抗拉强度等;热变形性能包括热膨胀系数、热变形温度等。

5.1.4 幕墙节能工程施工中应对下列部位或项目进行隐蔽工程验收,并应有详细的文字记录和必要的图像资料:

  1 被封闭的保温材料厚度和保温材料的固定;

  2 幕墙周边与墙体的接缝处保温材料的填充;

  3 构造缝、沉降缝;

  4 隔汽层;

  5 热桥部位、断热节点;

  6 单元式幕墙板块间的接缝构造；

  7 冷凝水收集和排放构造；

  8 幕墙的通风换气装置。

  在非透明幕墙中，幕墙保温材料的固定是否牢固，可以直接影响到节能的效果。如果固定不牢，保温材料可能会脱离，从而造成部分部位无保温材料。另外，如果采用彩釉玻璃一类的材料作为幕墙的外饰面板，保温材料直接贴到玻璃上很容易使得玻璃的温度不均匀，从而使玻璃更加容易自爆。幕墙的隔汽层、冷凝水收集和排放构造等都是为了避免非透明幕墙部位结露，结露的水渗漏到室内，让室内的装饰发霉、变色、腐烂等。一般，如果非透明幕墙保温层的隔汽性好，幕墙与室内侧墙体之间的空间内就不会有凝结水。但为了确保凝结水不破坏室内的装饰，不影响室内环境，许多幕墙设置了冷凝水收集、排放系统。

  幕墙周边与墙体间接缝处的保温填充，幕墙的构造缝、沉降缝、热桥部位、断热节点等，这些部位虽然不是幕墙能耗的主要部位，但处理不好，也会大大影响幕墙的节能。这些部位主要是密封问题和热桥问题。密封问题对于冬季节能非常重要，热桥则容易引起结露和发霉，所以必须将这些部位处理好。

  单元式幕墙板块间的缝隙密封是非常重要的。由于单元缝隙处理不好，修复特别困难，所以应该特别注意施工质量。这里质量不好，不仅会使得气密性能差，还常常引起雨水渗漏。

  许多幕墙安装有通风换气装置。通风换气装置能使得建筑室内达到足够的新风量，同时也可以使得房间在空调不启动的情况下达到一定的舒适度。虽然通风换气装置往往耗能，但舒适的室内环境可以使得我们少开空调制冷，因而通风换气装置是非常必要的。

  一般，以上这些部位在幕墙施工完毕后都将隐蔽，为了方便以后的质量验收，应该进行隐蔽工程验收。

5.1.5 幕墙节能工程使用的保温材料在安装过程中应采取防潮、防水等保护措施。

  幕墙节能工程的保温材料多是多孔材料，很容易潮湿变质或改变性状。比如岩棉板、玻璃棉板容易受潮而松散，膨胀珍珠岩板受潮后导热系数会增大等。所以在安装过程中应采取防潮、防水等保护措施，避免上述情况发生。

5.1.6 幕墙节能工程检验批划分，可按照《建筑装饰装修工程质量验收规范》GB 50210 的规定执行。

5.2 主 控 项 目

5.2.1 用于幕墙节能工程的材料、构件等，其品种、规格应符合设计要求和相关标准的规定。

  检验方法：观察、尺量检查；核查质量证明文件。

  检查数量：按进场批次，每批随机抽取3个试样进行检查；质量证明文件应按照其出厂检验批进行核查。

5.2.2 幕墙节能工程使用的保温隔热材料，其导热系数、密度、燃烧性能应符合设计要求。幕墙玻璃的传热系数、遮阳系数、可见光透射比、中空玻璃露点应符合设计要求。

  检验方法：核查质量证明文件和复验报告。

  检查数量：全数核查。

5.2.3 幕墙节能工程使用的材料、构件等进场时，应对其下列性能进行复验，复验应为见证取样送检：

  1 保温材料：导热系数、密度；

  2 幕墙玻璃：可见光透射比、传热系数、遮阳系数玻璃露点；

  3 隔热型材：抗拉强度、抗剪强度。

检验方法：进场时抽样复验，验收时核查复验报告。

检查数量：同一厂家的同一种产品抽查不少于一组。

5.2.4 幕墙的气密性能应符合设计规定的等级要求。当幕墙面积大于3000m²或建筑外墙面积50%时，应现场抽取材料和配件，在检测试验室安装制作试件进行气密性能检测，检测结果应符合设计规定的等级要求。当设计无要求时公用建筑透明幕墙气密性按照《建筑幕墙》GB/T 21086—2007规定执行。

密封条应镶嵌牢固、位置正确、对接严密。单元幕墙板块之间的密封应符合设计要求。开启扇应关闭严密。

检验方法：观察及启闭检查；核查隐蔽工程验收记录、幕墙气密性能检测报告、见证记录。

气密性能检测试件应包括幕墙的典型单元、典型拼缝、典型可开启部分。试件应按照幕墙工程施工图进行设计。试件设计应经建筑设计单位项目负责人、监理工程师同意并确认。气密性能检测应按照国家现行有关标准的规定执行。

检查数量：核查全部质量证明文件和性能检测报告。现场观察及启闭检查按检验批抽查30%，并不少于5件（处）。气密性能检测应对一个单位工程中面积超过1000m²的每一种幕墙均抽取一个试件进行检测。

对于应用高度不超过24m，且总面积不超过300m²的建筑幕墙产品，《建筑幕墙》GB/T21086—2007中对交收检验做了明确规定：交收检验时可采用同类产品的型式试验结果，但型式试验结果必须满足：1）型式试验样品必须能够代表该幕墙产品；2）型式试验样品性能指标不低于该幕墙的性能指标。

5.2.5 幕墙节能工程使用的保温材料，其厚度应符合设计要求，安装牢固，且不得松脱。

检验方法：对保温板或保温层采取针刺法或剖开法，尺量厚度；手扳检查。

检查数量：按检验批抽查10%，并不少于5处。

5.2.6 遮阳设施的安装位置应满足设计要求。遮阳设施的安装应牢固。

检验方法：观察；尺量；手扳检查。

检查数量：检查全数的10%，并不少于5处；牢固程度全数检查。

5.2.7 幕墙工程热桥部位的隔断热桥措施应符合设计要求，断热节点的连接应牢固。

检验方法：对照幕墙节能设计文件，观察检查。

检查数量：按检验批抽查10%，并不少于5处。

5.2.8 幕墙隔汽层应完整、严密、位置正确，穿透隔汽层处的节点构造应采取密封措施。

检验方法：观察检查。

检查数量：按检验批抽查10%，并不少于5处。

5.2.9 冷凝水的收集和排放应通畅，并不得渗漏。

检验方法：通水试验、观察检查。

检查数量：按检验批抽查10%，并不少于5处。

5.3 一般项目

5.3.1 镀（贴）膜玻璃的安装方向、位置应正确。中空玻璃应采用双道密封。中空玻璃的均压管应密封处理。

检验方法：观察，检查施工记录。

检验数量：每个检验批抽查10%，并不少于5件（处）。

镀（贴）膜玻璃在节能方面有两方面的作用，一方面是遮阳，另一方面是降低传热系数。对于遮阳而言，镀膜可以反射阳光或吸收阳光，所以镀膜一般应放在靠近室外的玻璃上。为了避免镀膜层的老化,镀膜面一般在中空玻璃内部,单层玻璃应将镀膜置于室内侧。对于低辐射玻璃(low-E玻璃),低辐射膜应该置于中空玻璃内部。

目前制作中空玻璃一般均应采用双道密封。因为一般来说密封胶的水蒸汽渗透阻力还不足以保证中空玻璃内部空气干燥,需要再加一道丁基胶密封。有些暖边间隔条将密封和间隔两个功能置于一身,本身的密封效果很好,可以不受此限制,实际上这样的间隔条本身就有双道密封的效果。

为了保证中空玻璃在长途(尤其是海拔高度、温度相差悬殊)运输过程中不至于损坏,或者保证中空玻璃不至于因生产环境和使用环境相差甚远而出现损坏或变形,许多中空玻璃设有均压管。在玻璃安装完成之后,为了确保中空玻璃的密封,均压管应进行密封处理。

5.3.2 单元式幕墙板块组装应符合下列要求:
1 密封条:规格正确,长度无负偏差,接缝的搭接符合设计要求;
2 保温材料:固定牢固,厚度符合设计要求;
3 隔汽层:密封完整、严密;
4 冷凝水排水通畅,无渗漏。

检验方法:观察检查;手扳检查;尺量;通水试验。

检查数量:每个检验批抽查10%,并不少于5件(处)。

单元式幕墙板块是在工厂内组装完成运送到现场的。运送到现场的单元板块一般都将密封条、保温材料、隔汽层、凝结水收集装置安装好了,所以幕墙板块到现场后应对这些安装好的部分进行检查验收。

5.3.3 幕墙与周边墙体间的接缝处应采用弹性闭孔材料填充饱满,并应采用耐候密封胶密封。

检查方法:观察检查。

检查数量:每个检验批抽查10%,并不少于10件(处)。

幕墙周边与墙体接缝部位虽然不是幕墙能耗的主要部位,但处理不好,也会大大影响幕墙的节能。由于幕墙边缘一般都是金属边框,所以存在热桥问题,应采用弹性闭孔材料填充饱满。另外,幕墙有水密性要求,所以应采用耐候胶进行密封。

5.3.4 伸缩缝、沉降缝、抗震缝的保温或密封做法应符合设计要求。

检验方法:观察检查。

检查数量:每个检验批抽查10%,并不少于10件(处)。

幕墙的构造缝、沉降缝、热桥部位、断热节点等处理不好,也会影响到幕墙的节能和结露。这些部位主要是要解决好密封问题和热桥问题,密封问题对于冬季节能非常重要,热桥则容易引起结露。

5.3.5 活动遮阳设施的调节机构应灵活、调节到位。

检验方法:现场调节试验,观察检查。

检查数量:每个检验批抽查10%,并不少于10件(处)。

活动遮阳设施的调节机构是保证活动遮阳设施发挥作用的重要部件。这些部件应灵活,能够将遮阳板等调节到位。

第六节 门窗节能工程

6.1 一般规定

6.1.1 建筑外门窗节能工程的质量验收,包括金属门窗、塑料门窗、木质门窗、各种复合门窗、特种门窗,天窗以及门窗玻璃安装等节能工程。

与围护结构节能密切相关的门窗主要是与室外空气接触的门窗,包括普通门窗、凸窗、天窗、倾斜窗以及不封闭阳台的门连窗。这些门窗的保温隔热的节能验收,均作出了明确规定。

6.1.2 建筑门窗进场后,应对其外观、品种、规格及附件等进行检查验收,对质量证明文件进行核查。

门窗的外观、品种、规格及附件等均与节能的相关性能以及门窗的质量有关,所以应进行检查验收,并对质量证明文件进行核查。

6.1.3 建筑外门窗工程施工中,应对门窗框与墙体接缝处的保温填充做法进行隐蔽工程验收,并应有隐蔽工程验收记录和必要的图像资料。

门窗框与墙体缝隙虽然不是能耗的主要部位,但处理不好,会大大影响门窗的节能。这些部位主要是密封问题和热桥问题。密封问题对于冬季节能非常重要,热桥则容易引起结露和发霉,所以必须将这些部位处理好。

6.1.4 建筑外门窗工程的检验批应按下列规定划分:

1 同一厂家的同一品种、类型、规格的门窗及门窗玻璃每100樘划分为一个检验批,不足100樘也为一个检验批。

2 同一厂家的同一品种、类型和规格的特种门每50樘划分为一个检验批,不足50樘也为一个检验批。

3 对于异形或有特殊要求的门窗,检验批的划分应根据其特点和数量,由监理(建设)单位和施工单位协商确定。

6.1.5 建筑外门窗工程的检查数量应符合下列规定:

1 建筑门窗每个检验批应抽查5%,并不少于3樘,不足3樘时应全数检查;高层建筑的外窗,每个检验批应抽查10%,并不少于6樘,不足6樘时应全数检查。

2 特种门每个检验批应抽查50%,并不少于10樘,不足10樘时应全数检查。

6.2 主控项目

6.2.1 建筑外门窗的品种、规格应符合设计要求和相关标准的规定

检验方法:观察、尺量检查;核查质量证明文件。

检查数量:按本规范第6.1.5条执行;质量证明文件应按照其出厂检验批进行核查。

建筑外门窗的品种、规格符合设计要求和相关标准的规定,这是一般性的要求,应该得到满足。门窗的品种一般包含了型材、玻璃等主要材料和主要配件、附件的信息,也包含一定的性能信息,规格包含了尺寸、分格信息等。

6.2.2 建筑外窗的气密性、保温性能、中空玻璃露点、玻璃遮阳系数和可见光透射比应符合设计要求。

检验方法:核查质量证明文件和复验报告。

检查数量:全数核查。

建筑外窗的气密性、保温性能、中空玻璃露点、玻璃遮阳系数和可见光透射比都是重要的节能

指标,所以应符合强制的要求。

6.2.3 建筑外窗进入施工现场时,应按地区类别对其下列性能进行复验,复验应为见证取样送检:

1 严寒、寒冷地区:气密性、传热系数和中空玻璃露点。

2 夏热冬冷地区:气密性、传热系数、玻璃遮阳系数、可见光透射比、中空玻璃露点。

3 夏热冬暖地区:气密性、玻璃遮阳系数、可见光透射比、中空玻璃露点。

检验方法:随机抽样送检;核查复验报告。

检查数量:同一厂家同一品种同一类型的产品各抽查不少于3樘(件)。

为了保证进入工程用的门窗质量达到标准,保证门窗的性能,需要在建筑外窗进入施工现场时进行复验。由于在严寒、寒冷、夏热冬冷地区对门窗保温节能性能要求更高,门窗容易结露,所以需要对门窗的气密性能、传热系数进行复验;夏热冬暖地区由于夏天阳光强烈,太阳辐射对建筑能耗的影响很大,主要考虑门窗的夏季隔热,所以在此仅对气密性能进行复验。

玻璃的遮阳系数、可见光透射比以及中空玻璃的露点是建筑玻璃的基本性能,应该进行复验。因为在夏热冬冷和夏热冬暖地区,遮阳系数是非常重要的。

6.2.4 建筑门窗采用的玻璃品种应符合设计要求。中空玻璃应采用双道密封。

检验方法:观察检查;核查质量证明文件。

检查数量:按本规范第6.1.5条执行。

门窗的节能很大程度上取决于门窗所用玻璃的形式(如单玻、双玻、三玻等)、种类(普通平板玻璃、浮法玻璃、吸热玻璃、镀膜玻璃、贴膜玻璃)及加工工艺(如单道密封、双道密封等),为了达到节能要求,建筑门窗采用的玻璃品种应符合设计要求。

中空玻璃一般均应采用双道密封,为保证中空玻璃内部空气不受潮,需要再加一道丁基胶密封。有些暖边间隔条将密封和间隔两个功能置于一身,本身的密封效果很好,可以不受此限制。

6.2.5 金属外门窗隔断热桥措施应符合设计要求和产品标准的规定,金属副框的隔断热桥措施应与门窗框的隔断热桥措施相当。

检验方法:随机抽样,对照产品设计图纸,剖开或拆开检查。

检查数量:同一厂家同一品种、类型的产品各抽查不少于1樘。金属副框的隔断热桥措施按检验批抽查30%。

金属窗的隔热措施非常重要,直接关系到传热系数的大小。金属框的隔断热桥措施一般采用穿条式隔热型材、注胶式隔热型材,也有部分采用连接点断热措施。验收时应检查金属外门窗隔断热桥措施是否符合设计要求和产品标准的规定。

有些金属门窗采用先安装副框的干法安装方法。这种方法因可以在土建基本施工完成后安装门窗,因而门窗的外观质量得到了很好的保护。但金属副框经常会形成新的热桥,应该引起足够的重视。这里要求金属副框的隔热措施隔热效果与门窗型材所采取的措施效果相当。

6.2.6 严寒、寒冷、夏热冬冷地区的建筑外窗,应对其气密性做现场实体检验,检测结果应满足设计要求。当设计无要求时:

1 住宅工程设计应明确外门窗气密性性能指标,1~6层的气密性不低于3级;7层及以上的气密性不低于4级。

2 公共建筑外窗气密性不应低于4级。

检验方法:随机抽样现场检验。

检查数量:同一厂家同一品种、类型的产品各抽查不少于3樘。

严寒、寒冷、夏热冬冷地区的建筑外窗,为了保证应用到工程的产品质量,本规范要求对外窗的气密性能做现场实体检验。

6.2.7 外门窗框或副框与洞口之间的间隙应采用弹性闭孔材料填充饱满,并使用密封胶密封;外门窗框与副框之间的缝隙应使用密封胶密封。

检验方法:观察检查;核查隐蔽工程验收记录。

检查数量:全数检查。

外门窗框与副框之间以及外门窗框或副框与洞口之间间隙的密封也是影响建筑节能的一个重要因素,控制不好,容易导致渗水、形成热桥,所以应该对缝隙的填充进行检查。

6.2.8 严寒、寒冷地区的外门安装,应按照设计要求采取保温、密封等节能措施。

检验方法:观察检查。

检查数量:全数检查。

严寒、寒冷地区的外门节能也很重要,设计中一般均会采取保温、密封等节能措施。由于外门一般不多,而往往又不容易做好,因而要求全数检查。

6.2.9 外窗遮阳设施的性能、尺寸应符合设计和产品标准要求;遮阳设施的安装应位置正确、牢固,满足安全和使用功能的要求。

检验方法:核查质量证明文件;观察、尺量、手扳检查。

检查数量:按本规范第6.1.5条执行;安装牢固程度全数检查。

在夏季炎热的地区应用外窗遮阳设施是很好的节能措施。遮阳设施的性能主要是其遮挡阳光的能力,这与其尺寸、颜色、透光性能等均有很大关系,还与其调节能力有关,这些性能均应符合设计要求。为保证达到遮阳设计要求,遮阳设施的安装位置应正确。

由于遮阳设施安装在室外效果好,而目前在北方普遍采用外墙外保温,活动外遮阳设施的固定往往成了难以解决的问题。所以遮阳设施的牢固问题要引起重视。

6.2.10 特种门的性能应符合设计和产品标准要求;特种门安装中的节能措施,应符合设计要求。

检验方法:核查质量证明文件;观察、尺量检查。

检查数量:全数检查。

特种门与节能有关的性能主要是密封性能和保温性能。对于人员出入频繁的门,其自动启闭、阻挡空气渗透的性能也很重要。另外,安装中采取的相应措施也非常重要,应按照设计要求施工。

6.2.11 天窗安装的位置、坡度应正确,封闭严密,嵌缝处不得渗漏。

检验方法:观察、尺量检查;淋水检查。

检查数量:按第6.1.5条执行。

天窗与节能有关的性能均与普通门窗类似。天窗的安装位置、坡度等均应正确,并保证封闭严密,不渗漏。

6.3 一般项目

6.3.1 门窗扇密封条和玻璃镶嵌的密封条,其物理性能应符合相关标准的规定。密封条安装位置应正确,镶嵌牢固,不得脱槽,接头处不得开裂;关闭门窗时密封条应确保密封作用。

检验方法:观察检查。

检查数量:全数检查。

门窗扇和玻璃的密封条的安装及性能对门窗节能有很大影响,使用中经常出现由于断裂、收缩、低温变硬等缺陷造成门窗渗水,气密性能差。密封条质量应符合《塑料门窗用密封条》GB/T 12002标准的要求。

密封条安装完整、位置正确、镶嵌牢固对于保证门窗的密封性能均很重要。关闭门窗时应保证密封条的接触严密,不脱槽。

6.3.2 门窗镀(贴)膜玻璃的安装方向应正确,中空玻璃的均压管应密封处理。

检验方法:观察检查。

检查数量:全数检查。

镀(贴)膜玻璃在节能方面有两方面的作用,一方面是遮阳,另一方面是降低传热系数。膜层位置与节能的性能和中空玻璃的耐久性均有关。

为了保证中空玻璃在长途运输过程中不至于损坏,或者保证中空玻璃不至于因生产环境和使用环境相差甚远而出现损坏或变形,许多中空玻璃设有均压管。在玻璃安装完成之后,均压管应进行密封处理,从而确保中空玻璃的密封性能。

6.3.3 外门窗遮阳设施的调节应灵活,能调节到位。

检验方法:现场调节试验检查。

检查数量:全数检查。

动遮阳设施的调节机构是保证活动遮阳设施发挥作用的重要部件。这些部件应灵活,能够将遮阳构件调节到位。

第七节 屋面节能工程

7.1 一般规定

7.1.1 建筑屋面的节能工程,包括采用松散保温材料、现浇保温材料、喷涂保温材料、板材、块材等保温隔热材料的屋面、包括采用松散、现浇、喷涂、板材及块材等保温隔热材料施工的平屋面、坡屋面、倒置式屋面、架空屋面、种植屋面、蓄水屋面、采光屋面等节能工程的质量验收。

7.1.2 屋面保温隔热工程的施工,应在基层质量验收合格后进行。施工过程中应及时进行质量检查、隐蔽工程验收和检验批验收,施工完成后应进行屋面节能分项工程验收。

对屋面保温隔热工程施工条件提出了明确的要求。要求敷设保温隔热层的基层质量必须达到合格,基层的质量不仅影响屋面工程质量,而且对保温隔热层的质量也有直接的影响,基层质量不合格,将无法保证保温隔热层的质量。

7.1.3 屋面保温隔热工程应对下列部位进行隐蔽工程验收,并应有详细的文字记录和必要的图像资料:

1 基层;

2 保温层的敷设方式、厚度;板材缝隙填充质量;

3 屋面热桥部位;

4 隔汽层。

因为这些部位被后道工序隐蔽覆盖后无法检查和处理,因此在被隐蔽覆盖前必须进行验收,只有合格后才能进行后序施工。

7.1.4 屋面保温隔热层施工完成后,应及时进行找平层和防水层的施工,避免保温层受潮、浸泡或受损。

屋面保温隔热层施工完成后的防潮处理非常重要,特别是易吸潮的保温隔热材料。因为保温材料受潮后,其孔隙中存在水蒸气和水,而水的导热系数($\lambda=0.5$)比静态空气的导热系数($\lambda=0.02$)要大20多倍,因此材料的导热系数也必然增大。若材料孔隙中的水分受冻成冰,冰的导热系数($\lambda=2.0$)相当于水的导热系数的4倍,则材料的导热系数更大。黑龙江省低温建筑科学研究所对加气混凝土导热系数与含水率的关系进行测试,其结果见表7.1.4。

上述情况说明,当材料的含水率增加1%时,其导热系数则相应增大5%左右;而当材料的含水率从干燥状态($w=0$)增加到20%时,其导热系数则几乎增大一倍。还需特别指出的是:材料在干燥状态下,其导热系数是随着温度的降低而减少;而材料在潮湿状态下,当温度降到0℃以下,其中的水分冷却成冰,则材料的导热系数必然增大。

加气混凝土导热系数与含水率的关系　　　　表7.1.4

含水率w(%)	导热系数λ[W/(m·K)]	含水率w(%)	导热系数λ[W/(m·K)]
0	0.13	15	0.21
5	0.16	20	0.24
10	0.19	—	—

含水率对导热系数的影响颇大,特别是负温度下更使导热系数增大,为保证建筑物的保温效果,在保温隔热层施工完成后,应尽快进行防水层施工,在施工过程中应防止保温层受潮。

7.2 主控项目

7.2.1 用于屋面节能工程的保温隔热材料,其品种、规格应符合设计要求和相关标准的规定。

检验方法:观察、尺量检查;核查质量证明文件。

检查数量:按进场批次,每批随机抽取3个试样进行检查;质量证明文件应按照其出厂检验批进行核查。

7.2.2 屋面节能工程使用的保温隔热材料,其导热系数、密度、抗压强度或压缩强度、燃烧性能应符合设计要求。

检验方法:核查质量证明文件及进场复验报告。

检查数量:全数检查。

在屋面保温隔热工程中,保温隔热材料的导热系数、密度或干密度指标直接影响到屋面保温隔热效果,抗压强度或压缩强度影响到保温隔热层的施工质量,燃烧性能是防止火灾隐患的重要条件,因此应对保温隔热材料的导热系数、密度或干密度、抗压强度或压缩强度及燃烧性能进行严格的控制,必须符合节能设计要求、产品标准要求以及相关施工技术标准要求。应检查保温隔热材料的合格证、有效期内的产品性能检测报告及进场验收记录所代表的规格、型号和性能参数是否与设计要求和有关标准相符,并重点检查进场复验报告,复验报告必须是第三方见证取样,检验样品必须是按批量随机抽取。

7.2.3 屋面节能工程使用的保温隔热材料,进场时应对其导热系数、密度、抗压强度或压缩强度、燃烧性能进行复验,复验应为见证取样送检。

检验方法:随机抽样送检,核查复验报告。

检查数量:同一厂家同一品种的产品各抽查不少于3组。

在屋面保温隔热工程中,保温材料的性能对于屋面保温隔热的效果起到了决定性的作用。为了保证用于屋面保温隔热材料的质量,避免不合格材料用于屋面保温隔热工程,参照常规建筑工程材料进场验收办法,对进场的屋面保温隔热材料也由监理人员现场见证随机抽样送有资质的试验室复验,复验内容主要包括保温隔热材料的导热系数、密度、抗压强度或压缩强度、燃烧性能,复验结果作为屋面保温隔热工程质量验收的一个依据。

7.2.4 屋面保温隔热层的敷设方式、厚度、缝隙填充质量及屋面热桥部位的保温隔热做法,必须符合设计要求和有关标准的规定。

检验方法:观察、尺量检查。

检查数量:每100m²抽查一处,每处10m²,整个屋面抽查不得少于3处。

影响屋面保温隔热效果的主要因素除了保温隔热材料的性能以外,另一重要因素是保温隔热材料的厚度、敷设方式以及热桥部位的处理等。在一般情况下,只要保温隔热材料的热工性能(导热系数、密度或干密度)和厚度、敷设方式均达到设计标准要求,其保温隔热效果也基本上能达到设计要求。因此,在本规范第7.2.2条按主控项目对保温隔热材料的热工性能进行控制外,本条要求对保温隔热材料的厚度、敷设方式以及热桥部位也按主控项目进行验收。

检查方法:对于保温隔热层的敷设方式、缝隙填充质量和热桥部位采取观察检查,检查敷设的方式、位置、缝隙填充的方式是否正确,是否符合设计要求和国家有关标准要求。保温隔热层的厚度可采取钢针插入后用尺测量,也可采取将保温层切开用尺直接测量。具体采取哪种方法由验收人员根据实际情况选取。

7.2.5 屋面的通风隔热架空层,其架空高度、安装方式、通风口位置及尺寸应符合设计及有关标准要求。架空层内不得有杂物。架空面层应完整,不得有断裂和露筋等缺陷。

检验方法:观察、尺量检查。

检查数量:每$100m^2$抽查一处,每处$10m^2$,整个屋面抽查不得少于3处。

影响架空隔热效果的主要因素有三个方面:一是架空层的高度、通风口的尺寸和架空通风安装方式;二是架空层材质的品质和架空层的完整性;三是架空层内应畅通,不得有杂物。因此在验收时一是检查架空层的型式,用尺测量架空层的高度及通风口的尺寸是否符合设计要求。二是检查架空层的完整性,不应断裂或损坏。如果使用了有断裂和露筋等缺陷的制品,日久后会使隔热层受到破坏,对隔热效果带来不良的影响。三是检查架空层内不得残留施工过程中的各种杂物,确保架空层内气流畅通。

7.2.6 采光屋面的传热系数、遮阳系数、可见光透射比、气密性应符合设计要求。节点的构造做法应符合设计和相关标准的要求。采光屋面的可开启部分应按本规范第6章的要求验收。

检验方法:核查质量证明文件;观察检查。

检查数量:全数检查。

对采光屋面节能方面的基本要求,其传热系数、遮阳系数、可见光透射比、气密性是影响采光屋面节能效果的主要因素,因此必须达到设计要求。通过检查出厂合格证、型式检验报告、进场见证取样复检报告等进行验证。

7.2.7 采光屋面的安装应牢固,坡度正确,封闭严密,嵌缝处不得渗漏。

检验方法:观察、尺量检查;淋水检查;核查隐蔽工程验收记录。

检查数量:全数检查。

对采光屋面的安装质量提出具体要求。安装要牢固是要保证采光屋面的可靠性、安全性,特别是沿海地区,屋面的风荷载非常大,如果不能牢固可靠的安装,在受到负压时会使屋面脱落。封闭要严密,嵌缝处要填充严密,不得渗漏,一方面是减少空气渗透,减少能耗,另一方面是避免雨水渗漏,确保使用功能。采用观察、尺量检查其安装牢固性能和坡度,通过淋水试验检查其严密性能,并核查其隐蔽验收记录。采光屋面主要是公共建筑,数量不多,并且很重要,所以要全数检查。

7.2.8 屋面的隔汽层位置应符合设计要求,隔汽层应完整、严密。

检验方法:对照设计观察检查;核查隐蔽工程验收记录。

检查数量:每$100m^2$抽查一处,每处$10m^2$,整个屋面抽查不得少于3处。

在施工过程中要保证屋面隔汽层位置、完整性、严密性应符合设计要求。主要通过观察检查和核查隐蔽工程验收记录进行验证。

7.3 一般项目

7.3.1 屋面保温隔热层应按施工方案施工,并应符合下列规定:

1 松散材料应分层敷设、按要求压实、表面平整、坡向正确;

2 现场采用喷、浇、抹等工艺施工的保温层,其配合比应计量准确,搅拌均匀、分层连续施工,表面平整,坡向正确。

3 板材应粘贴牢固、缝隙严密、平整。

检验方法:观察、尺量、称重检查。

检查数量:每 $100m^2$ 抽查一处,每处 $10m^2$,整个屋面抽查不得少于 3 处。

保温层的铺设应按本条文规定检查保温层施工质量,应保证表面平整、坡向正确、铺设牢固、缝隙严密,对现场配料的还要检查配料记录。

7.3.2 金属板保温夹芯屋面应铺装牢固、接口严密、表面洁净、坡向正确。

检验方法:观察、尺量检查;核查隐蔽工程验收记录。

检查数量:全数检查。

要求金属保温夹芯屋面板的安装应牢固,接口应严密,坡向应正确。检查方法是观察与尺量,应重点检查其接口的气密性和穿钉处的密封性,不得渗水。

7.3.3 坡屋面、内架空屋面当采用敷设于屋面内侧的保温材料做保温隔热层时,保温隔热层应有防潮措施,其表面应有保护层,保护层的做法应符合设计要求。

检验方法:观察检查;核查隐蔽工程验收记录。

检查数量:每 $100m^2$ 抽查一处,每处 $10m^2$,整个屋面抽查不得少于 3 处。

当屋面的保温层敷设于屋面内侧时,如果保温层未进行密闭防潮处理,室内空气中湿气将渗入保温层;并在保温层与屋面基层之间结露,这不仅增大了保温材料导热系数,降低节能效果,而且由于受潮之后还容易产生细菌,最严重的可能会有水溢出,因此必须对保温材料采取有效防潮措施,使之与室内的空气隔绝。

第八节 地面节能工程

8.1 一般规定

8.1.1 地面节能工程适用于建筑地面节能工程的质量验收。包括底面接触室外空气、土壤或毗邻不采暖空间的地面节能工程。

建筑地面节能工程是指包括采暖空调房间接触土壤的地面、毗邻不采暖空调房间的楼地面、采暖地下室与土壤接触的外墙、不采暖地下室上面的楼板、不采暖车库上面的楼板、接触室外空气或外挑楼板的地面。

8.1.2 地面节能工程的施工,应在主体或基层质量验收合格后进行。施工过程中应及时进行质量检查、隐蔽工程验收和检验批验收,施工完成后应进行地面节能分项工程验收。

对地面保温工程施工条件提出了明确的要求,要求敷设保温层的基层质量必须达到合格,基层的质量不仅影响地面工程质量,而且对保温的质量也有直接的影响,基层质量不合格,必然影响保温的质量。

8.1.3 地面节能工程应对下列部位进行隐蔽工程验收,并应有详细的文字记录和必要的图像资料:

1 基层;

2 被封闭的保温材料厚度;

3 保温材料粘结;

4 隔断热桥部位。

对影响地面保温效果的隐蔽部位提出隐蔽验收要求。主要包括:①基层;②保温层厚度;③保温材料与基层的粘结强度;④地面热桥部位。因为这些部位被后道工序隐蔽覆盖后无法检查和处理,因此在被隐蔽覆盖前必须进行验收,只有合格后才能进行后序施工。

8.1.4 地面节能分项工程检验批划分应符合下列规定:
1 检验批可按施工段或变形缝划分;
2 当面积超过200m² 时,每200m² 可划分为一个检验批,不足200m² 也为一个检验批;
3 不同构造做法的地面节能工程应单独划分检验批。

8.2 主控项目

8.2.1 用于地面节能工程的保温材料,其品种、规格应符合设计要求和相关标准的规定。
检验方法:观察、尺量或称重检查;核查质量证明文件。
检查数量:按进场批次,每批随机抽取3个试样进行检查;质量证明文件应按照其出厂检验批进行核查。

地面节能工程所用保温材料的品种、规格应按设计要求和相关标准规定选择,不得随意改变其品种和规格。材料进场时通过目视、尺量、称重和核对其使用说明书、出厂合格证以及型式检验报告等方法进行检查,确保其品种、规格符合设计要求。

8.2.2 地面节能工程使用的保温材料,其导热系数、密度、抗压强度或压缩强度、燃烧性能应符合设计要求。

在地面保温工程中,保温材料的导热系数、密度或干密度指标直接影响到地面保温效果,抗压强度或压缩强度影响到保温层的施工质量,燃烧性能是防止火灾隐患的重要条件,因此应对保温材料的导热系数、密度或干密度、抗压强度或压缩强度及燃烧性能进行严格的控制,必须符合节能设计要求、产品标准要求以及相关施工技术标准要求。应检查材料的合格证、有效期内的产品性能检测报告及进场验收记录所代表的规格、型号和性能参数是否与设计要求和有关标准相符,并重点检查进场复验报告,复验报告必须是第三方见证取样,检验样品必须是按批量随机抽取。

8.2.3 地面节能工程采用的保温材料,进场时应对其导热系数、密度、抗压强度或压缩强度、燃烧性能进行复验,复验应为见证取样送检。
检验方法:随机抽样送检,核查复验报告。
核查数量:同一厂家同一品种的产品各抽查不少于3组。

在地面保温工程中,保温材料的性能对于地面保温的效果起到了决定性的作用。为了保证用于地面保温材料的质量,避免不合格材料用于地面保温工程,参照常规建筑工程材料进场验收办法,对进场的地面保温材料也由监理人员现场见证随机抽样送有资质的试验室对有关性能参数进行复验,复验结果作为地面保温工程质量验收的一个依据。复验报告必须是第三方见证取样,检验样品必须是按批量随机抽取。

8.2.4 地面节能工程施工前,应对基层进行处理,使其达到设计和施工方案的要求。
检验方法:对照设计和施工方案观察检查;尺量检查。
检查数量:全数检查。

为了保证施工质量,在进行地面保温施工前,应将基层处理好,基层应平整、清洁,接触土壤地面应将垫层处理好。

8.2.5 地面保温层、隔离层、保护层等各层的设置和构造做法以及保温层的厚度应符合设计要求,并应按照施工方案施工。
检验方法:对照设计和施工方案观察检查;尺量检查。
检查数量:全数检查。

影响地面保温效果的主要因素除了保温材料的性能和厚度以外,另一重要因素是保温层、保护层等的设置和构造做法以及热桥部位的处理等。在一般情况下,只要保温材料的热工性能(导热系数、密度或干密度)和厚度、敷设方式均达到设计标准要求,其保温效果也基本上能达到设计要求。因此,在本规范第8.2.2条按主控项目对保温材料的热工性能进行控制外,本条要求对保温层、保护层等的设置和构造做法以及热桥部位也按主控项目进行验收。

对于保温层的敷设方式、缝隙填充质量和热桥部位采取观察检查,检查敷设的方式、位置、缝隙填充的方式是否正确,是否符合设计要求和国家有关标准要求。保温层厚度可采用钢针插入后用尺测量,也可采用将保温层切开用尺直接测量。

8.2.6 地面节能工程的施工质量应符合下列规定:

1 保温板与基层之间、各构造层之间的粘结应牢固,缝隙应严密。
2 保温浆料应分层施工。
3 穿越地面直接接触室外空气的各种金属管道应按设计要求,采取隔断热桥的保温措施。

检验方法:观察检查;核查隐蔽工程验收记录

检查数量:每个检验批抽查2处,每处10m²;穿越地面的金属管道处全数检查。

地面节能工程的施工质量应符合本条的规定。在施工过程中保温层与基层之间粘结牢固、缝隙严密是非常必要的。特别是地下室(或车库)的顶板粘贴XPS板、EPS板或粉刷胶粉聚苯颗粒时,虽然这些部位不同于建筑外墙那样有风荷载的作用,但由于顶板上部有活动荷载,会使其产生振动,从而引发脱落。在楼板下面粉刷浆料保温层时分层施工也是非常重要的,每层的厚度不应超过20mm,如果过厚,由于自重力的作用在粉刷过程中容易产生空鼓和脱落。对于严寒、寒冷地区,穿越接触室外空气地面的各种金属类管道都是传热量很大的热桥,这些热桥部位除了对节能效果有一定的影响外,其热桥部位的周围还可能结露,影响使用功能,因此必须对其采取有效的措施进行处理。

8.2.7 有防水要求的地面,其节能保温做法不得影响地面排水坡度,保温层面层不得渗漏。

检验方法:用长度500mm水平尺检查;观察检查。

检查数量:全数检查。

对有防水要求地面的构造做法和验收方法提出了明确要求。对于厨卫等有防水要求的地面进行保温时,应尽可能将保温层设置在防水层下,可避免保温层浸水吸潮影响保温效果。当确实需要将保温层设置在防水层上面时,则必须对保温层进行防水处理,不得使保温层吸水受潮。另外在铺设保温层时,要确保地面排水坡度不受影响,保证地面排水畅通。

8.2.8 严寒、寒冷地区的建筑首层直接与土壤接触的采暖地下室与土壤接触的外墙、毗邻不采暖空间的地面以及底面直接接触室外空气的地面应按照设计要求采取保温措施。

检验方法:对照设计观察检查。

检查数量:全数检查。

在严寒、寒冷地区,冬季室外最低气温在-15℃以下,冻土层厚度在400mm以上,建筑首层直接与土壤接触的周边地面是热桥部位,如不采取有效措施进行处理,会在建筑室内地面产生结露,影响节能效果,因此必须对这些部位采取保温隔热措施。

8.2.9 保温层和表面防潮层、保护层应符合设计要求。

检验方法:观察检查。

检查数量:全数检查。

对保温层表面必须采取有效措施进行保护,其目的之一是防止保温层材料吸潮,保温层吸潮含水率增大后,将显著影响保温效果,其二是提高保温层表面的抗冲击能力,防止保温层受到外力的破坏。

第九节 围护结构现场实体检验

9.1.1 建筑围护结构施工完成后,应对围护结构的外墙节能构造和严寒、寒冷、夏热冬冷地区的外窗气密性进行现场实体检测。当条件具备时,也可直接对围护结构的传热系数进行检测。

对已完工的工程进行实体检验,是验证工程质量的有效手段之一。通常只有对涉及安全或重要功能的部位采取这种方法验证。围护结构对于建筑节能意义重大,虽然在施工过程中采取了多种质量控制手段,但是其节能效果到底如何仍难确认。曾拟议对墙体等进行传热系数检测,但是受到检测条件、检测费用和检测周期的制约,不宜广泛推广。经过多次征求意见,并在部分工程上试验,决定对围护结构的外墙和建筑外窗进行现场实体检验。据此本条规定了建筑围护结构现场实体检验项目为外墙节能构造和部分地区的外窗气密性。但是当部分工程具备条件时,也可对围护结构直接进行传热系数的检测。此时的检测方法、抽样数量等应在合同中约定或遵守另外的规定。

9.1.2 外墙节能构造的现场实体检验目的是:

1 验证墙体保温材料的种类是否符合设计要求;
2 验证保温层厚度是否符合设计要求;
3 检查保温层构造做法是否符合设计和施工方案要求。

9.1.3 外墙节能构造的现场实体检验方法:

1 钻芯检验外墙节能构造应在外墙施工完工后、节能分部工程验收前进行。

给出采用本方法检验外墙节能构造的时间。即应在外墙施工完工后、节能分部工程验收前进行。当对围护结构中墙体之外的部位(如屋面、地面等)进行节能构造检验时,也可以参照进行。

2 钻芯检验外墙节能构造的取样部位和数量,应遵守下列规定:

1)取样部位应由监理(建设)与施工双方共同确定,不得在外墙施工前预先确定;

2)取样部位应选取节能构造有代表性的外墙上相对隐蔽的部位,并宜兼顾不同朝向和楼层;取样部位必须确保钻芯操作安全,且应方便操作。

3)外墙取样数量为一个单位工程每种节能保温做法至少取3个芯样。取样部位宜均匀分布,不宜在同一个房间外墙上取2个或2个以上芯样。

给出钻芯检验外墙节能构造的取样部位和数量规定。实施时应事先制定方案,在确定取样部位后在图纸上加以标柱。

3 钻芯检验外墙节能构造应在监理(建设)人员见证下实施。

4 钻芯检验外墙节能构造可采用空心钻头,从保温层一侧钻取直径70mm的芯样。钻取芯样深度为钻透保温层到达结构层或基层表面,必要时也可钻透墙体。

当外墙的表层坚硬不易钻透时,也可局部剔除坚硬的面层后钻取芯样。但钻取芯样后应恢复原有外墙的表面装饰层。

给出钻芯检验外墙节能构造的方法。规范建议钻取直径70mm的芯样,是综合考虑了多种直径芯样的实际效果后确定的。实施时如有困难,也可以采取50~100mm范围内的其他直径。由于检验目的是验证墙体节能构造,故钻取芯样深度只需要钻透保温层到达结构层或基层表面即可。

5 钻取芯样时应尽量避免冷却水流入墙体内及污染墙面。从空心钻头中取出芯样时应谨慎操作,以保持芯样完整。当芯样严重破损难以准确判断节能构造或保温层厚度时,应重新取样检验。

为避免钻取芯样时冷却水流入墙体内或污染墙面,钻芯时应采用内注水冷却方式的钻头。

6 对钻取的芯样,应按照下列规定进行检查:

1) 对照设计图纸观察、判断保温材料种类是否符合设计要求；必要时也可采用其他方法加以判断；

2) 用分度值为1mm的钢尺，在垂直于芯样表面(外墙面)的方向上量取保温层厚度，精确到1mm；

3) 观察或剖开检查保温层构造做法是否符合设计和施工方案要求。

给出对芯样的检查方法。可分为3个步骤进行检查并作出检查记录(原始记录)：

①对照设计图纸观察、判断；

②量取厚度；

③观察或剖开检查构造做法。

7 在垂直于芯样表面(外墙面)的方向上实测芯样保温层厚度，当实测芯样厚度的平均值达到设计厚度的95%及以上且最小值不低于设计厚度的90%时，应判定保温层厚度符合设计要求；否则，应判定保温层厚度不符合设计要求。

给出是否符合设计要求结论的判断方法。即实测厚度的平均值达到设计厚度的95%及以上时，应判符合；否则应判不符合设计要求。

8 实施钻芯检验外墙节能构造的机构应出具检验报告。检验报告的格式可参照表9.1.3样式。检验报告至少应包括下列内容：

1) 抽样方法、抽样数量与抽样部位；

2) 芯样状态的描述；

3) 实测保温层厚度，设计要求厚度；

4) 按照本规范14.1,2条的检验目的给出是否符合设计要求的检验结论；

5) 附有带标尺的芯样照片并在照片上注明每个芯样的取样部位；

6) 监理(建设)单位取样见证人的见证意见；

7) 参加现场检验的人员及现场检验时间；

8) 检测发现的其他情况和相关信息。

给出钻芯检验外墙节能构造的检验报告主要内容。这些内容实际上也是对检测报告的基本要求。无论是由检测单位还是由施工单位进行检验，均应按照这些内容和报告格式的要求出具报告，并应保存检验原始记录以备查对。

9 当取样检验结果不符合设计要求时，应委托具备检测资质的见证检测机构增加一倍数量再次取样检验。仍不符合设计要求时应判定围护结构节能构造不符合设计要求。此时应根据检验结果委托原设计单位或其他有资质的单位重新验算房屋的热工性能，提出技术处理方案。

当出现检验结果不符合设计要求时，首先应考虑取点的代表性及偶然性等因素，故应增加一倍数量再次取样检验。当证实确实不符合要求时，应按照统一标准规定的原则进行处理。此时应委托原设计单位或其他有资质的单位重新验算房屋的热工性能，提出技术处理方案。

10 外墙取样部位的修补，可采用聚苯板或其他保温材料制成的圆柱形塞填充并用建筑密封胶密封。修补后宜在取样部位挂贴注有"外墙节能构造检验点"标志牌。

给出对外墙取样部位的修补要求。规范要求采用保温材料填充并用建筑胶密封。实际操作中应注意填塞密实并封闭严密，不允许使用混凝土或碎砖加砂浆等材料填塞，以避免产生热桥。规范建议修补后宜在取样部位挂贴标志牌加以标示。

外墙节能构造钻芯检验报告　　　　　　　　　　　　　　　　表9.1.3

外墙节能构造检验报告				报告编号	
				委托编号	
				检测日期	
工程名称					
建设单位			委托人/联系电话		
监理单位			检测依据		
施工单位			设计保温材料		
节能设计单位			设计保温层厚度		
检验结果	检验项目	芯样1	芯样2	芯样3	
	取样部位	轴线/层	轴线/层	轴线/层	
	芯样外观	完整/基本完整/破碎	完整/基本完整/破碎	完整/基本完整/破碎	
	保温材料种类				
	保温层厚度	mm	mm	mm	
	平均厚度	mm			
	围护结构分层做法	1 基层; 2 3 4 5	1 基层; 2 3 4 5	1 基层; 2 3 4 5	
	照片编号				
结论:				见证意见: 1 抽样方法符合规定; 2 现场钻芯真实; 3 芯样照片真实; 4 其他: 见证人:	
批准		审核		检验	
检验单位		(印章)		报告日期	

9.1.4 严寒、寒冷、夏热冬冷地区的外窗现场实体检测应按照国家现行标准《建筑外窗气密性能分级及检测方法》GB/T7107—2008及《建筑外窗气密、水密、抗风压性能现场检测方法》JG/T211—2007的规定执行,其检验目的是验证建筑外窗气密性是否符合节能设计要求和国家有关标准的规定。

外窗气密性的实体检验,是指对已经完成安装的外窗在其使用位置进行的测试。检验方法按照国家现行有关标准执行。检验目的是抽样验证建筑外窗气密性是否符合节能设计要求和国家有关标准的规定。这项检验实际上是在进场验收合格的基础上,检验外窗的安装(含组装)质量,能够有效防止"送检窗合格、工程用窗不合格"的不法行为。当外窗气密性出现不合格时,应当分析原因,进行返工修理,直至达到合格水平。有关外窗气密性验收要求参见第6.2.6条规定。

9.1.5 外墙节能构造和外窗气密性的现场实体检验,其抽样数量可以在合同中约定,但合同中约定的抽样数量不应低于本规范的要求。当无合同约定时应按照下列规定抽样:

1 每个单位工程的外墙至少抽查3处,每处一个检查点;当一个单位工程外墙有2种以上节能保温做法时,每种节能的外墙应抽查不少于3处;

2 每个单位工程的外窗至少抽查3樘。当一个单位工程外窗有2种以上品种、类型和开启方式时,每种品种、类型和开启方式的外窗应抽查不少于3樘。

现场实体检验两种确定抽样数量的方法:一种是可以在合同中约定,另一种是本规范规定的最低数量。最低数量是一个单位工程每项实体检验最少抽查3个试件(3个点、3樘窗等)。实际上,这样少的抽样数量不足以进行质量评定或工程验收,因此这种实体检验只是一种验证。它建立在过程控制的基础上,以极少的抽样来对工程质量进行验证。这对造假者能够构成威慑,对合格质量则并无影响。由于抽样少,经济负担也相对较轻。

9.1.6 外墙节能构造的现场实体检验应在监理(建设)人员见证下实施,可委托有资质的检测机构实施,也可由施工单位实施。

考虑到围护结构的现场实体检验是采用钻芯法验证其节能保温做法,操作简单,不需要使用试验仪器,为了方便施工,故规定现场实体检验除了可以委托有资质的检测单位来承担外,也可由施工单位自行实施。但是不论由谁实施均须进行见证,以保证检验的公正性。

9.1.7 外窗气密性的现场实体检测应在监理(建设)人员见证下抽样,委托有资质的检测机构实施。

考虑到外窗气密性检验操作较复杂,需要使用整套试验仪器,故规定应委托有资质的检测单位承担,对"有资质的检测单位"的理解,可参照第3.1.5条的条文说明。本项检验应进行见证,以保证检验的公正性。

9.1.8 当对围护结构的传热系数进行检测时,应由建设单位委托具备检测资质的检测机构承担;其检测方法、抽样数量、检测部位和合格判定标准等可在合同中约定。

江苏省地方标准《建筑节能工程施工质量验收规程》DGJ32/J19—2007中规定:

1 建筑节能工程竣工后,应进行热工性能现场抽检。现场检验屋面、墙体传热系数及隔热性能;

2 同一居住小区围护结构保温措施及建筑平面布局基本相同的建筑物作为一个样本抽样,抽样比例不低于样本总数10%,至少1幢;不同保温措施的建筑物应分别抽样检测;

3 居住建筑节能工程质量不符合规程要求时,应逐幢检测其实际节能效果;

4 公共建筑应逐幢抽样检测;

5 热工性能现场检测结果应符合设计要求。

9.1.9 当外墙节能构造或外窗气密性现场实体检验出现不符合设计要求和标准规定的情况时,应委托有资质的检测机构扩大一倍数量抽样,对不符合要求的项目或参数再次检验。仍然不符合要求时应给出"不符合设计要求"的结论。

对于不符合设计要求的围护结构节能构造应查找原因,对因此造成的对建筑节能的影响程度进行计算或评估,采取技术措施予以弥补或消除后重新进行检测,合格后方可通过验收。

对于建筑外窗气密性不符合设计要求和国家现行标准规定的,应查找原因进行修理,使其达到要求后重新进行检测,合格后方可通过验收。

当现场实体检验出现不符合要求的情况时,显示节能工程质量可能存在问题。此时为了得出更为真实可靠的结论,应委托有资质的检测单位再次检验。且为了增加抽样的代表性,规定应扩大一倍数量再次抽样。再次检验只需要对不符合要求的项目或参数检验,不必对已经符合要求的参数再次检验。如果再次检验仍然不符合要求时,则应给出"不符合要求"的结论。

考虑到建筑工程的特点,对于不符合要求的项目难以立即拆除返工,通常的做法是首先查找原因,对所造成的影响程度进行计算或评估,然后采取某些可行的技术措施予以弥补、修理或消除,这些措施有时还需要征得节能设计单位的同意。注意消除隐患后必须重新进行检测,合格后方可通过验收。

第十节　建筑节能分部工程质量验收

10.0.1 建筑节能分部工程的质量验收,应在检验批、分项工程全部验收合格的基础上,进行外墙节能构造实体检验,严寒、寒冷和夏热冬冷地区的外窗气密性现场检测,以及系统节能性能检测和系统联合试运转与调试,确认建筑节能工程质量达到验收条件后方可进行。

建筑节能分部工程质量验收的条件要求与统一标准完全一致,即共有两个条件:第一,检验批、分项、子分部工程应全部验收合格,第二,应通过外窗气密性现场检测、围护结构墙体节能构造实体检验、系统功能检验和无生产负荷系统联合试运转与调试,确认节能分部工程质量达到可以进行验收的条件。

10.0.2 建筑节能工程验收的程序和组织应遵守《建筑工程施工质量验收统一标准》GB 50300 的要求,并应符合下列规定:

1 节能工程的检验批验收和隐蔽工程验收应由监理工程师主持,施工单位相关专业的质量检查员与施工员参加;

2 节能分项工程验收应由监理工程师主持,施工单位项目技术负责人和相关专业的质量检查员、施工员参加;必要时可邀请设计单位相关专业的人员参加;

3 节能分部工程验收应由总监理工程师(建设单位项目负责人)主持,施工单位项目经理、项目技术负责人和相关专业的质量检查员、施工员参加;施工单位的质量或技术负责人应参加;设计单位节能设计人员应参加。

对建筑节能工程验收的程序和组织与《建筑工程施工质量验收统一标准》GB 50300 的规定一致,即应由监理方(建设单位项目负责人)主持,会同参与工程建设各方共同进行。

10.0.3 建筑节能工程的检验批质量验收合格,应符合下列规定:

1 检验批应按主控项目和一般项目验收;

2 主控项目应全部合格;

3 一般项目应合格;当采用计数检验时,至少应有90%以上的检查点合格,且其余检查点不得有严重缺陷;

4 应具有完整的施工操作依据和质量验收记录。

对建筑节能工程检验批验收合格质量条件的基本规定与《建筑工程施工质量验收统一标准》GB 50300 和各专业工程施工质量验收规范完全一致。应注意对于"一般项目"不能作为可有可无的验收内容,验收时应要求一般项目亦应"全部合格"。当发现不合格情况时,应进行返工修理。只有当难以修复时,对于采用计数检验的验收项目,才允许适当放宽,即至少有90%以上的检查点合格即可通过验收,同时规定其余10%的不合格点不得有"严重缺陷"。对"严重缺陷"可理解为明显影响了使用功能,造成功能上的缺陷或降低。

10.0.4 建筑节能分项工程质量验收合格,应符合下列规定:

1 分项工程所含的检验批均应合格;

  2 分项工程所含检验批的质量验收记录应完整。

10.0.5 建筑节能分部工程质量验收合格,应符合下列规定:
  1 分项工程应全部合格;
  2 质量控制资料应完整;
  3 外墙节能构造现场实体检验结果应符合设计要求;
  4 严寒、寒冷和夏热冬冷地区的外窗气密性现场实体检验结果应合格;
  5 建筑设备工程系统节能性能检测结果应合格。

  考虑到建筑节能工程的重要性,建筑节能工程分部工程质量验收,除了应在各相关分项工程验收合格的基础上进行技术资料检查外,增加了对主要节能构造、性能和功能的现场实体检验。在分部工程验收之前进行的这些检查,可以更真实地反映工程的节能性能。具体检查内容在各章均有规定。

10.0.6 建筑节能工程验收时应对下列资料核查,并纳入竣工技术档案:
  1 设计文件、图纸会审记录、设计变更和洽商;
  2 主要材料、设备和构件的质量证明文件、进场检验记录、进场核查记录、进场复验报告、见证试验报告;
  3 隐蔽工程验收记录和相关图像资料;
  4 分项工程质量验收记录;必要时应核查检验批验收记录;
  5 建筑围护结构节能构造现场实体检验记录;
  6 严寒、寒冷和夏热冬冷地区外窗气密性现场检测报告;
  7 风管及系统严密性检验记录;
  8 现场组装的组合式空调机组的漏风量测试记录;
  9 设备单机试运转及调试记录;
  10 系统联合试运转及调试记录;
  11 系统节能性能检验报告;
  12 其他对工程质量有影响的重要技术资料。

10.0.7 建筑节能工程分部、分项工程和检验批的质量验收表格见表10.0.1~表10.0.13。

建筑节能分部工程质量控制资料核查记录 表10.0.1

工程名称			施工单位			
序号		资料名称		份数	核查意见	核查人
1	管理资料	设计文件、图纸会审记录和洽商				
2		建筑节能工程设计变更及施工图变更审查文件				
3		建筑节能工程施工技术方案				
4	围护结构	主要材料、设备和构件的质量证明文件(出厂检验报告)、进场检验记录、型式检验报告(含墙体外保温系统耐候性检验报告)、进场复验报告				
5		隐蔽工程验收记录和相关图像资料				
6		分项工程质量验收记录				
7		建筑围护结构节能构造现场实体检验记录				
8		外窗气密性现场检测报告				
9		热工性能现场检测报告				
10	设备安装	主要材料、设备和构件的质量证明文件、进场检验记录、进场复验报告				
11		隐蔽工程验收记录和相关图像资料				
12		分项工程质量验收记录				
13		风管及系统严密性检验记录				
14		现场组装的组合式空调机组的漏风量测试记录				
15		设备单机试运转及调试记录				
16		系统联合试运转及调试记录				
17		系统节能性能检验报告				
18		其他对工程质量有影响的重要技术资料				
核查结论						
总监理工程师: (建设单位项目负责人) 年　月　日				施工单位项目经理: 年　月　日		

注:工程验收前,监理(建设)单位应对相应资料进行核查,核查人填写核查意见并签字;对资料齐全、结果符合要求的,结论中填写"资料完整"。

建筑节能分部工程质量验收记录

表 10.0.2

工程名称			施工单位		
结构类型		层次		建筑面积(m²)	
开工日期		完工日期		验收日期	

节能设计措施	墙体 施工面积:		采暖	
	屋面 施工面积:		通风与空调	
	门窗(遮阳)		空调与采暖系统 冷热源及管网	
	幕墙(遮阳) 总面积:		配电与照明	
	地面(架空层顶板等)		检测与控制	
	其他			
验收内容及自评意见	分项工程	共　　分项,经检查符合标准和设计要求　　个分项		
	质量控制资料核查	质量控制资料共　　项,经审查符合要求　　项, 经核定符合规范要求　　项		
	节能工程现场检验结果	外墙构造现场实体检验: 外窗气密性现场实体检测: 系统节能性能现场检测: 围护结构现场节能性能检测:		
	分包单位及分包内容明细			
验收意见				

施工单位(总包)		施工单位(分包)		
项目经理: (公章) 年　月　日	项目经理: (公章) 年　月　日	项目经理: (公章) 年　月　日	项目经理: (公章) 年　月　日	项目经理: (公章) 年　月　日

监理单位	设计单位	建设单位
总监理工程师: (公章) 年　月　日	设计负责人: (公章) 年　月　日	项目负责人: (公章) 年　月　日

工程质量验收记录

表 10.0.3

工程名称			检验批数量	
设计单位			监理单位	
施工单位		项目经理		项目技术负责人
分包单位		分包单位负责人		分包项目经理
序号	检验批部位、区段、系统		施工单位检查评定结果	监理(建设)单位验收结果

施工单位检查结论：

项目专业质量(技术)负责人

年 月 日

验收结论：

监理工程师：
(建设单位项目专业技术负责人)：

年 月 日

节能工程质量隐蔽验收记录

表 10.0.4

工程名称		分项工程名称	
施工单位		隐蔽工程项目	
项目经理		专业工长	
分包单位		分包项目经理	
施工标准名称及编号		施工图名称及编号	
隐蔽工程部位			

	质量要求	施工单位自查记录	监理(建设)单位验收记录
1		附图片资料 份 编号：	
2		附图片资料 份 编号：	
3		附图片资料 份 编号：	
4		附图片资料 份 编号：	

施工单位检查结论	项目专业质量检查员： (项目技术负责人)	年 月 日
监理(建设)单位验收结论	监理工程师(建设单位项目负责人)：	年 月 日

建议图片资料单独汇总，同一隐蔽验收项目的不同隐蔽验收内容可对应同一图片。

聚苯板外保温系统墙体节能工程检验批/分项工程质量验收表　　表10.0.5

工程名称			分项工程名称		检验批/分项系统、部位	
施工单位			专业工长		项目经理	
施工执行标准名称及编号						
分包单位			分包项目经理		施工班组长	
		国家验收规范、省验收规程规定		施工单位检查评定记录		监理(建设)单位验收记录
主控项目	1	材料,构件等进场验收	规范4.2.1 规程4.2.1			
	2	保温隔热材料和粘结材料的复验及性能	规范4.2.2 规范4.2.3 规程4.2.1			
	3	寒冷地区外保温粘结的冻融试验结果	规范4.2.4			
	4	基层处理情况	规范4.2.5			
	5	各层构造做法	规范4.2.6			
	6	墙体节能工程的施工	规范4.2.7 规程4.2.2			
	7	预制保温板浇筑混凝土墙体	规范4.2.8			
	8	各类饰面层基层及面层施工	规范4.2.10 规程4.2.4			
	9	隔汽层的设置及做法	规范4.2.13			
	10	外墙或毗邻不采暖空间墙体上的门窗洞口侧面、凸窗四周侧面的保温措施	规范4.2.14 规程4.2.6			
	11	寒冷地区外墙热桥部位的隔断热桥措施	规范4.2.15 规程4.2.5			
	12	外保温粘贴面砖拉拔试验	规程4.2.8			
	13	锚固件的固定、与加强网的连接	规范4.3.2 规程4.2.7			
一般项目	1	保温材料与构件的外观和包装	规范4.3.1			
	2	聚苯板安装错缝、拼缝、接缝处理	规程4.2.9			
	3	夏热冬冷地区外墙热桥部位隔断热桥措施	规范4.3.3 规程4.2.10			
	4	加强网铺压,搭接长度	规程4.2.12			
	5	穿墙套管、脚手眼、孔洞等隔断热桥措施	规范4.3.4			
	6	阳角、门窗洞口及不同材料基体的交接处等特殊部位	规范4.3.7 规程4.2.12			

续表

国家验收规范、省验收规程规定			施工单位检查评定记录		监理(建设)单位验收记录
7	聚苯板安装允许偏差		规程4.2.11		
	项次	项目	允许偏差(mm)	实测值	
	1	表面平整	3		
	2	立面垂直	3		
	3	阴、阳角垂直	3		
	4	阳角方正	3		
	5	接槎高差	1		
8	外保温面层允许偏差		规程4.2.13		
	项次	项目	允许偏差(mm)	实测值	
	1	表面平整	3		
	2	立面垂直	3		
	3	阴、阳角方正	3		
	4	分格缝(装饰线)直线度	3		
施工单位检查评定结果		项目专业质量检查员: (项目技术负责人)			年　月　日
监理(建设)单位验收结论		监理工程师: (建设单位项目专业技术负责人):			年　月　日

保温浆料系统墙体节能工程检验批/分项工程质量验收表　　　　表10.0.6

工程名称		分项工程名称		检验批/分项系统、部位	
施工单位		专业工长		项目经理	
施工执行标准名称及编号					
分包单位		分包项目经理		施工班组长	
国家验收规范、省验收规程规定			施工单位检查评定记录		监理(建设)单位验收记录
主控项目	1	材料,构件等进场验收	规范4.2.1 规程4.3.1 规程4.4.1		
	2	保温隔热材料和粘结材料的复验及性能	规范4.2.2 规范4.2.3 规程4.3.1 规程4.4.1		
	3	寒冷地区外保温粘结的冻融试验结果	规范4.2.4		
	4	基层处理情况	规范4.2.5		
	5	各层构造做法	规范4.2.6		

续表

		国家验收规范、省验收规程规定		施工单位检查评定记录	监理(建设)单位验收记录
主控项目	6	墙体节能工程的施工	规范 4.2.7 规范 4.3.2 规范 4.4.2		
	7	保温浆料保温层同条件试件的见证取样送检	规范 4.2.9 规程 4.3.3 规程 4.4.3		
	8	各类饰面层基层及面层施工	规范 4.2.10		
	9	隔汽层的设置及做法	规范 4.2.13		
	10	外墙或毗邻不采暖空间墙体上的门窗洞口侧面、凸窗四周侧面的保温措施	规范 4.2.14 规程 4.3.5 规程 4.4.5		
	11	寒冷地区外墙热桥部位的隔断热桥措施	规范 4.2.15 规程 4.3.4 规程 4.4.4		
	12	外保温粘贴面砖拉拔试验	规程 4.3.7 规程 4.4.7		
	13	锚固件的固定、与加强网的连接	规程 4.3.2 规程 4.3.6 规程 4.4.6		
一般项目	1	保温材料与构件的外观和包装	规程 4.3.1		
	2	夏热冬冷地区外墙热桥部位隔断热桥措施	规程 4.3.3		
	3	穿墙套管、脚手眼、孔洞等隔断热桥措施	规程 4.3.4		
	4	保温浆料连续施工、厚度均匀及接茬平顺密实	规程 4.3.6 规程 4.3.8 规程 4.4.8		
	5	阳角、门窗洞口及不同材料基体的交接处等特殊部位	规程 4.3.7		
	6	加强网铺压,搭接长度	规程 4.3.9		
	7	外保温面层允许偏差	规程 4.3.11 规程 4.4.10		

项次	项目	允许偏差(mm)	实测值
1	表面平整	3	
2	立面垂直	3	
3	阴、阳角方正	3	
4	分格缝(装饰线)直线度	3	

施工单位检查评定结果	项目专业质量检查员: (项目技术负责人)		年 月 日
监理(建设)单位验收结论	监理工程师: (建设单位项目专业技术负责人):		年 月 日

聚氨酯发泡外保温系统墙体节能工程检验批/分项工程质量验收表 表 10.0.7

工程名称			分项工程名称		检验批/分项系统、部位	
施工单位			专业工长		项目经理	
施工执行标准名称及编号						
分包单位			分包项目经理		施工班组长	
国家验收规范、省验收规程规定				施工单位检查评定记录		监理(建设)单位验收记录
主控项目	1	材料,构件等进场验收	规范 4.2.1 规程 4.5.1			
	2	保温隔热材料和粘结材料的复验及性能	规范 4.2.2 规范 4.2.3 规程 4.5.1			
	3	寒冷地区外保温粘结的冻融试验结果	规范 4.2.4			
	4	基层处理情况	规范 4.2.5			
	5	各层构造做法	规范 4.2.6			
	6	墙体节能工程的施工	规范 4.2.7 规程 4.5.2			
	7	各类饰面层基层及面层施工	规范 4.2.10			
	8	隔汽层的设置及做法	规范 4.2.13			
	9	外墙或毗邻不采暖空间墙体上的门窗洞口侧面、凸窗四周侧面的保温措施	规范 4.2.14 规程 4.5.4			
	10	寒冷地区外墙热桥部位的隔断热桥措施	规范 4.2.15 规程 4.5.3			
	11	外保温粘贴面砖拉拔试验	规程 4.5.6			
	12	锚固件的固定、与加强网的连接	规范 4.3.2 规程 4.5.5			
一般项目	1	保温材料与构件的外观和包装	规范 4.3.1			
	2	夏热冬冷地区外墙热桥部位隔断热桥措施	规范 4.3.3 规程 4.5.9			
	3	穿墙套管、脚手眼、孔洞等隔断热桥措施	规范 4.3.4			
	4	加强网铺压,搭接长度	规程 4.5.8			
	5	阳角、门窗洞口及不同材料基体的交接处等特殊部位	规范 4.3.7 规程 4.5.8			
	6	现场喷涂或模板浇注的有机类保温材料的陈化时间控制	规范 4.3.8			
	7	表面观感、接茬、线角	规程 4.5.7			
	8	外保温面层允许偏差	规程 4.5.10			
		项次	项目	允许偏差(mm)	实测值	

续表

		国家验收规范、省验收规程规定		施工单位检查评定记录	监理(建设)单位验收记录
一般项目	8	1	表面平整	3		
		2	立面垂直	3		
		3	阴、阳角方正	3		
		4	分格缝(装饰线)直线度	3		
施工单位检查评定结果		项目专业质量检查员： (项目技术负责人)			年 月 日
监理(建设)单位验收结论		监理工程师： (建设单位项目专业技术负责人)：			年 月 日

保温装饰板外保温系统墙体节能工程检验批/分项工程质量验收表　　表10.0.8

工程名称			分项工程名称		检验批/分项系统、部位	
施工单位			专业工长		项目经理	
施工执行标准名称及编号						
分包单位			分包项目经理		施工班组长	

		国家验收规范、省验收规程规定		施工单位检查评定记录	监理(建设)单位验收记录
主控项目	1	材料,构件等进场验收	规范4.2.1 规程4.6.1		
	2	保温隔热材料和粘结材料的复验及性能	规范4.2.2 规范4.2.3 规程4.6.1		
	3	寒冷地区外保温粘结的冻融试验结果	规范4.2.4		
	4	基层处理情况	规范4.2.5		
	5	各层构造做法	规范4.2.6		
	6	墙体节能工程的施工	规范4.2.7 规程4.6.2		
	7	装饰保温板外观质量	规范4.3.1 规程4.6.3		
	8	各类饰面层基层及面层施工	规范4.2.10 规程4.2.4		
	9	隔汽层的设置及做法	规范4.2.13		
	10	外墙或毗邻不采暖空间墙体上的门窗洞口侧面、凸窗四周侧面的保温措施	规范4.2.14 规程4.6.5		
	11	寒冷地区外墙热桥部位的隔断热桥措施	规范4.2.15 规程4.6.4		
	12	锚固件的固定、与加强网的连接	规范4.3.2 规程4.6.6		

续表

国家验收规范、省验收规程规定			施工单位检查评定记录					监理(建设)单位验收记录
一般项目	1	装饰保温板安装拼缝平整、缝内无胶粘剂	规程4.6.8					
	2	装饰保温板板缝处理,嵌缝带压贴	规程4.6.9					
	3	夏热冬冷地区外墙热桥部位隔断热桥措施	规范4.3.3 规程4.6.10					
	4	穿墙套管、脚手眼、孔洞等隔断热桥措施	规范4.3.4					
	5	阳角、门窗洞口及不同材料基体的交接处等特殊部位	规范4.3.7					
	6	装饰保温板安装允许偏差	规程4.6.11					
		项次	项目	允许偏差(mm)	实测值			
		1	相邻两竖向板材间距尺寸	2.5				
		2	相邻两横向板材间距尺寸	2.0				
		3	两块相邻板材间距尺寸	1.5				
		4	相邻两横向板水平高差	2.0				
		5	横向板材水平度2m范围	2.0				
		6	竖向板材直线度	2.5				

施工单位检查 评定结果	项目专业质量检查员: (项目技术负责人)　　　　　　　年　月　日
监理(建设)单位 验收结论	监理工程师: (建设单位项目专业技术负责人):　　　　　年　月　日

墙体自保温系统墙体节能工程检验批/分项工程质量验收表　　表10.0.9

工程名称			分项工程名称		检验批/分项系统、部位	
施工单位			专业工长		项目经理	
施工执行标准名称及编号						
分包单位			分包项目经理		施工班组长	
		国家验收规范、省验收规程规定		施工单位检查评定记录		监理(建设)单位验收记录
主控项目	1	材料,构件等进场验收	规范4.2.1 规程4.7.1			
	2	保温隔热材料和粘结材料的复验及性能	规范4.2.2 规范4.2.3 规程4.7.1			
	3	各层构造做法	规范4.2.6			
	4	墙体节能工程的施工	规范4.2.7			
	5	各类饰面层基层及面层施工	规范4.2.10			
	6	保温砌块砌筑的墙体施工	规范4.2.11 规程4.7.2			
	7	预制保温板墙体施工	规范4.2.12 规程4.7.3			
	8	自保温隔热、透气措施及构造做法	规范4.2.13 规程4.7.5			
	9	外墙或毗邻不采暖空间墙体上的门窗洞口侧面、凸窗四周侧面的保温措施	规范4.2.14			
	10	寒冷地区外墙热桥部位的隔断热桥措施	规范4.2.15 规程4.7.4			
一般项目	1	保温材料与构件的外观和包装	规范4.3.1			
	2	夏热冬冷地区外墙热桥部位隔断热桥措施	规范4.3.3 规程4.7.4			
	3	穿墙套管、脚手眼、孔洞等隔断热桥措施	规范4.3.4			
	4	阳角、门窗洞口及不同材料基体的交接处等特殊部位	规范4.3.7			
	5	自保温板材接缝方法及平整	规程4.7.6			
施工单位检查评定结果			项目专业质量检查员： (项目技术负责人)			年　月　日
监理(建设)单位验收结论			监理工程师： (建设单位项目专业技术负责人)：			年　月　日

幕墙节能工程检验批/分项工程质量验收表　表10.0.10

工程名称			分项工程名称		检验批/分项系统、部位	
施工单位			专业工长		项目经理	
施工执行标准名称及编号						
分包单位			分包项目经理		施工班组长	
		国家验收规范、省验收规程规定		施工单位检查评定记录	监理(建设)单位验收记录	
主控项目	1	用于幕墙节能工程的材料、构件等进场检验	规范5.2.1			
	2	保温隔热材料、幕墙玻璃的性能	规范5.2.2 规程5.2.1			
	3	保温材料、幕墙玻璃、隔热型材的进场见证取样送检复验	规范5.2.3 规程5.2.2			
	4	幕墙的气密性能及抽样检测	规范5.2.4 规程5.2.3			
	5	保温材料的厚度及安装质量	规范5.2.5 规程5.2.7			
	6	遮阳设施的安装	规范5.2.6 规程5.2.5			
	7	热桥部位的隔断热桥措施及施工	规范5.2.7 规程5.2.8			
	8	幕墙隔汽层的施工	规范5.2.8 规程5.2.9			
	9	冷凝水的收集和排放应通畅,并不得渗漏	规范5.2.9 规程5.2.9			
一般项目	1	镀(贴)膜玻璃及中空玻璃的施工	规范5.3.1 规程5.3.1			
	2	单元式幕墙板块的组装	规范5.3.2			
	3	幕墙与周边墙体间的接缝处理	规范5.3.3			
	4	伸缩缝、沉降缝、抗震缝的保温或密封做法	规范5.3.4			
	5	活动遮阳设施的调节机构	规范5.3.5 规程5.3.2			
施工单位检查评定结果			项目专业质量检查员: (项目技术负责人)			年　月　日
监理(建设)单位验收结论			监理工程师: (建设单位项目专业技术负责人):			年　月　日

门窗节能工程检验批/分项工程质量验收记录 表10.0.11

工程名称			分项工程名称		检验批/分项系统、部位	
施工单位			专业工长		项目经理	
施工执行标准名称及编号						
分包单位			分包项目经理		施工班组长	
		国家验收规范、省验收规程规定		施工单位检查评定记录		监理(建设)单位验收记录
主控项目	1	建筑外门窗的进场检验	规范6.2.1			
	2	外窗的性能参数及复验	规范6.2.2 规范6.2.3 规程5.2.2 规程5.2.3			
	3	建筑门窗采用的玻璃品种及中空玻璃密封	规范6.2.4			
	4	金属外门窗隔断热桥措施	规范6.2.5 规程5.2.8			
	5	建筑外窗采用气密性现场实体检验	规范6.2.6 规程5.2.4			
	6	外门窗框或副框与洞口之间的密封;外门窗框与副框之间的密封	规范6.2.7 规程5.2.8			
	7	寒冷地区外门安装的保温、密封措施	规范6.2.8			
	8	外窗遮阳设施的性能及安装	规范6.2.9 规程5.2.5			
	9	特种门的性能及安装	规范6.2.10			
	10	天窗安装位置、坡度、密封	规范6.2.11			
一般项目	1	门窗扇镶嵌和玻璃的密封条的性能及安装	规范6.3.1			
	2	门窗镀(贴)膜玻璃的安装及密封	规范6.3.2 规程5.3.1			
	3	外门窗遮阳设施调节应灵活、能调节到位	规范6.3.3 规程5.3.2			
施工单位检查评定结果	项目专业质量检查员: (项目技术负责人)					年 月 日
监理(建设)单位验收结论	监理工程师: (建设单位项目专业技术负责人):					年 月 日

屋面节能工程检验批/分项工程质量验收记录　　　　表10.0.12

工程名称				分项工程名称		检验批/分项系统、部位	
施工单位				专业工长		项目经理	
施工执行标准名称及编号							
分包单位				分包项目经理		施工班组长	
		国家验收规范、省验收规程规定			施工单位检查评定记录		监理(建设)单位验收记录
主控项目	1	保温材料的品种、规格应符合设计要求和相关标准的规定		规范7.2.1 规程6.2.1			
	2	保温隔热材料的性能及复验		规范7.2.2 规范7.2.3			
	3	保温隔热层的敷设方式、厚度、缝隙填充质量及屋面热桥部位施工		规范7.2.4 规程6.2.2			
	4	平屋面找坡时保温层最小厚度		规程6.2.2			
	5	通风隔热架空层的施工		规范7.2.5			
	6	采光屋面的性能及节点的构造做法		规范7.2.6			
	7	采光屋面的安装		规范7.2.7			
	8	屋面的隔汽层位置应符合设计要求,隔汽层应完整、严密		规范7.2.8			
一般项目	1	屋面保温隔热层的施工		规范7.3.1 规程6.3.2			
	2	金属板保温夹芯屋面的施工		规范7.3.2 规程6.3.2			
	3	坡屋面、内架空层屋面当采用敷设与屋面内侧的保温材料做保温隔热层时的施工		规范7.3.3 规程6.3.3			
	4	保温板粘贴点的铺设		规程6.3.1			
施工单位检查评定结果			项目专业质量检查员: (项目技术负责人)				年　月　日
监理(建设)单位验收结论			监理工程师: (建设单位项目专业技术负责人):				年　月　日

地面节能工程检验批/分项工程质量验收记录

表 10.0.13

工程名称				分项工程名称			检验批/分项系统、部位	
施工单位				专业工长			项目经理	
施工执行标准名称及编号								
分包单位				分包项目经理			施工班组长	

		国家验收规范、省验收规程规定		施工单位检查评定记录	监理(建设)单位验收记录
主控项目	1	保温材料的品种、规格应符合设计要求和相关标准的规定	规范8.2.1 规程7.2.1		
	2	保温材料导热系数、密度、抗压强度或压缩强度、燃烧性能应符合设计要求	规范8.2.2		
	3	保温材料进场时应进行见证取样送检复验	规范8.2.3		
	4	地面节能工程施工前的基层处理	规范8.2.4		
	5	地面保温层、隔离层、保护层等各层的设置和构造做法、厚度及按施工方案施工情况	规范8.2.5 规程7.2.2		
	6	地面节能工程的施工质量	规范8.2.6		
	7	有防水要求地面的节能保温做法。保温层面层不得渗漏	规范8.2.7		
	8	寒冷地区的建筑首层直接与土壤接触的地面、采暖地下室与土壤接触的外墙、毗邻不采暖空间的地面以及底面直接接触室外空气的地面的保温措施	规范8.2.8		
	9	保温层的表面防潮层、保护层施工	规范8.2.9		
一般项目	1	采用地面辐射采暖的工程,地面节能做法符合设计要求及《地面辐射供暖技术规程》JGJ142 规定情况	规范8.3.1		
	2	保温板(块)材铺施、面层平整度	规程7.3.1		

施工单位检查评定结果	项目专业质量检查员: (项目技术负责人)	年 月 日
监理(建设)单位验收结论	监理工程师: (建设单位项目专业技术负责人):	年 月 日

思考题

一、简答题
1　节能设计变更如何进行?
2　外墙使用保温材料、粘接材料复试检验要求?
3　胶粉聚苯颗粒保温砂浆施工过程中留置同条件试块检验要求是什么?
4　建筑外窗进入施工现场时,按地区类对哪些性能进行复验? 如何检验?
5　型式检验报告的定义是什么?
6　建筑节能分项工程有哪些?
7　墙体节能工程当采用外保温定型产品或成套技术时,其型式检验报告包括那些内容?
8　墙体节能工程应对哪些部位或内容进行隐蔽工程验收?
9　面砖饰面胶粉聚苯颗粒外保温系统基本构造有哪些层?
10　外墙金属窗、塑料窗实体检验要求?
11　外墙围护结构节能实体检验项目有哪些?

二、论述题
1　对围护结构的传热系数进行检测要求如何?
2　我省对于膨胀聚苯板镶贴面砖的具体要求是什么?

第十章 住宅工程质量分户验收规则(土建工程)

根据江苏省建设厅苏建质(2006)448号文要求,《江苏省住宅工程质量分户验收规则》于2007年7月1日颁布实施,为江苏省开展分户验收工作提供了科学依据。本章主要介绍该规则的主要内容和基本要求。

江苏省建设工程质量监督总站已着手编制《住宅工程质量分户验收规程》,该规程将精装修部分纳入其中,目前正在起草阶段,注意发布使用时间。

第一节 基本规定

10.1.1 住宅工程质量分户验收定义:施工单位提交竣工验收报告后,单位工程竣工验收前,建设单位按照本规则的要求,组织对住宅工程的每一户及公共部位,涉及主要使用功能和观感质量进行的专门验收。

10.1.2 适用范围

江苏省行政区域内住宅工程的质量分户验收及其监督管理。包括新建、改建、扩建等,商住楼工程中住宅部分也应实施分户验收。

10.1.3 分户验收的条件:

1 工程已完成设计和合同约定的工程量。
2 所含(子)分部工程的质量均验收合格。
3 工程质量控制资料完整。
4 主要功能项目的抽查结果均符合要求。
5 有关安全和功能的检测资料应完整。
6 施工单位已提交工程竣工报告。

10.1.4 分户验收前的准备工作:

1 根据工程特点制定分户验收方案,对验收人员进行培训交底。
2 配备好分户验收所需的检测仪器和工具。
3 做好屋面蓄(淋)水、卫生间等有防水要求房间的蓄水、外窗淋水试验的准备工作。
4 在室内地面上标识好暗埋水、电管线的走向和室内空间尺寸测量的控制点、线;配电控制箱内电气回路标识清楚。
5 确定检查单元。
6 建筑物外墙的显著部位镶刻工程铭牌。

室内空间尺寸测量的控制点、线:指在室内每个房间地面距纵横墙体50cm处和中心点用十字交叉线标出净高测量点,按《规则》附录A-2表中"室内空间尺寸测量示意图"标明相关点的编号。对于无分隔墙的房间应弹出墙体两侧边缘线作为测量基准线。

检查单元的划分应符合下列要求:

1) 室内检查单元:以每户为一个检查单元。
2) 公共部位检查单元:每个单元的外墙为一个检查单元;每个单元每层楼(电)梯及上下梯段、通道(平台)为一个检查单元;地下室(地下车库等大空间的除外)每个单元或每个分隔空间为一个检查单元。

10.1.5 分户验收人员应具备相应资格

1 建设单位参验人员应为项目负责人、专业技术人员；

2 施工单位参验人员应具备建造师、质量检查员、施工员等职业资格；

3 监理单位参验人员应为相关专业的监理工程师。

10.1.6 住宅工程分户验收合格标准

1 检查项目应符合规则的规定。

2 每一检查单元计量检查的项目中有90%及以上检查点在允许偏差范围内，最大偏差不超过允许偏差的1.2倍。

3 分户验收记录完整。

当设计文件高于规则的要求时，应依据设计文件进行验收。

10.1.7 分户验收时应形成下列资料：

1 验收过程中应按《规则》附录A填写《住宅工程质量分户验收记录表》（本书略）；

2 分户验收结束后应按《规则》附录B填写《住宅工程质量分户验收记录汇总表》（本书略）；

3 分户验收资料应整理、组卷，由建设单位归档专项保存，存档期限不应少于5年。

10.1.8 验收组织：住宅工程分户验收由建设单位组织相关责任单位（监理、施工企业）进行。已选定物业公司的，物业公司应参与住宅工程分户验收工作。

10.1.9 分户验收程序

1 依照分户验收要求的验收内容、质量要求、检查数量合理分组，成立分户验收组，并依据本章10.1.4条要求做好分户验收前的准备工作；

2 分户验收过程中，验收人员应及时填写、签认《住宅工程质量分户验收记录表》（本书略），每户验收符合要求后应在户内醒目位置张贴《住宅工程质量分户验收合格证》（本书略）；

3 分户验收检查过程中发现不符合要求的分户或公共部位检查单元，检查小组应对不符合要求部位及时标注并记录。并按要求进行处理。

4 单位工程通过分户验收后，建设单位应按《规则》附录B填写《住宅工程质量分户验收汇总表》（本书略）。

5 分户验收后、住宅工程竣工验收前，建设单位应将包含验收的时间、地点及验收组名单的《单位工程竣工验收通知书》连同《住宅工程质量分户验收汇总表》报送该工程的质量监督机构。未进行分户验收或不按本规则规定进行分户验收的单位工程不得进行竣工验收。

6 住宅工程竣工验收时，竣工验收组应通过现场抽查的方式复核分户验收记录，核查分户验收标记，工程质量监督机构对验收组复核工作予以监督。住宅工程竣工验收复核发现验收条件不符合相关规定、分户验收记录内容不真实或存在影响主要使用功能的严重质量问题时，应终止验收，责令改正，符合要求后重新组织竣工验收。复核数量各地方质量监督机构可根据当地具体情况做具体规定。

7 住宅工程交付使用时，建设单位应向住户提交《住宅工程质量分户验收合格证》。《住宅工程质量分户验收记录表》由建设单位保存，供有关部门和住户查阅。

10.1.10 不合格时处理原则：

1 由建设单位组织监理、施工单位制定处理方案，对不符合要求的部位进行返修或返工。

2 处理完成后，应对返修或返工部位重新组织验收，直至全部符合要求。

3 当返修或返工确有困难而造成质量缺陷时，设计单位认可在不影响工程结构安全和使用功能的前提下，建设单位应将分户验收不符合本规则情况书面告知住户并报当地工程质量监督站。工程质量监督站应根据《建筑工程施工质量验收统一标准》GB50300—2001第5.0.6条规定监督该工程的验收。

第二节 室内地面

10.2.1 普通水泥楼地面(水泥混凝土、水泥砂浆楼地面)

1 面层粘结质量

检查标准:空鼓面积不大于400cm²,且每自然间(标准间)不多于2处可不计。

检查数量和方法:沿房间两个方向均匀布点,一般情况下每隔40~50cm布点,保证覆盖房间的整个地坪;用小锤轻击检查。

2 面层观感质量

检查标准:水泥楼地面工程面层不应有裂缝、脱皮、起砂等缺陷,当缺陷面积不大于400cm²,且每自然间(标准间)不多于2处时可不计。目测发现裂缝应进行表面处理,由结构层裂缝引起的面层裂缝,应按《混凝土结构工程施工质量验收规范》GB50204—2002第8章的规定进行处理。

检查数量和方法:以目测高度为1.5m左右,俯视地坪逐间观察检查。

10.2.2 板块楼地面面层

1 面层粘结质量

检查标准:板块面层上下层应结合牢固、无空鼓。局部空鼓面积不应大于单块板块面积的20%,且每自然间不超过总数的5%可不计。

检查数量和方法:对每一自然间板块地坪按梅花形布点进行敲击,板块阳角处应全数检查,检查数量约为板块数量的一半。

2 面层观感质量

检查标准:板块面层表面应洁净、平整,无明显色差,接缝均匀,板块无裂缝、掉角、缺棱等缺陷。

检查数量和方法:以目测高度为1.5m左右,俯视地坪逐间观察检查。

10.2.3 室内楼梯尺寸

检查标准:室内楼梯踏步的宽度、高度应符合设计要求,相邻踏步高差、踏步两端宽度差不应大于10mm。

检查数量和方法:尺量全数检查。

第三节 室内墙面、顶棚抹灰工程

10.3.1 室内墙面

1 面层粘结质量

检查标准:抹灰面层与基层之间应粘结牢固,不应有脱层、空鼓等缺陷。空鼓面积不大于400cm²,且每自然间(标准间)不多于2处可不计。

检查数量和方法:全数检查。

在可击范围内用小锤轻击,均匀布点,逐点敲击。遇到门窗洞口的,将布点布置于门窗洞口侧边。

2 面层观感质量

检查标准:室内墙面不应有爆灰、裂缝。阴阳角应顺直。

检查数量和方法:距墙800~1000mm处全数观察检查。

10.3.2 室内顶棚抹灰

1 粘结质量

检查标准:室内顶棚宜采用免粉刷工艺,当采用顶棚砂浆抹灰时,抹灰面层与基层之间应粘结牢固,无空鼓。

检查数量和方法:全数观察检查。当发现顶棚抹灰有起鼓、裂缝时,采用小锤轻击检查。

2 面层观感质量

检查标准:顶棚抹灰应光滑、洁净,面层无爆灰和裂缝。

检查数量和方法:全数观察检查。

第四节 空间尺寸

10.4.1 验收内容

净空间、进深和净高的测量;空间尺寸偏差和极差。

10.4.2 质量标准:

空间尺寸的允许偏差值和允许极差值应符合表10.4.2的规定。

空间尺寸的允许偏差值和允许极差值　　　　表10.4.2

项目	允许偏差(mm)	极差(mm)	检查方法
净开间	±15	18	激光测距仪辅以钢卷尺检查
净高度	-15	20	

空间尺寸的检查以户为单元与分户验收的要求一致。考虑到户内各自然间质量要求的等同性,为防止空间尺寸不合格部位漏检,故要求逐间检查。

由于室内空间尺寸与轴线位置、层高等是不同的概念,故在施工过程中检查轴线位置、层高等指标时,必须符合国家相应施工质量验收规范的规定。

允许偏差和允许极差的设定主要是考虑目前住户对空间尺寸偏差的关心程度和测量手段,其数值综合考虑轴线、标高及主体和装饰施工允许偏差的组合影响。

10.4.3 检查方法

1 空间尺寸检查前应根据户型特点确定测量方案,并按设计要求和施工情况确定空间尺寸的推算值。

2 空间尺寸测量宜按下列程序进行:

1)在分户验收记录所附的套型图上标明房间编号。

2)净开间、进深尺寸每个房间各测量不少于2处,测量部位宜在距墙角(纵横墙交界处)500mm。净高尺寸每个房间不少于5处,测量部位宜为房间四角距纵横墙500mm处及房间几何中心处。

3)每户检查时应按附录A进行记录,检查完毕检察人员应及时签字。

3 特殊形式的自然间可单独制定测量方法。

10.4.4 检查数量:

自然间全数检查。

第五节 门窗、护栏和护手、玻璃安装工程

10.5.1 门窗工程

1 门窗开启性能

质量标准:门窗应开关灵活、关闭严密,无倒翘。

检查数量和方法:全数观察、手扳检查;开启和关闭检查。

2 门窗配件

质量标准:门窗配件的规格、数量应符合设计要求,安装应牢固,位置应正确,功能应满足使用要求。配件应采用不锈钢、铜等材料,或有可靠防锈措施。

检查数量和方法:全数观察、手扳检查;开启和关闭检查。

配件包括除门窗启闭的销、扳手等,还包括金属门窗、塑料门窗采用的限位块、缓冲器等。

3 门窗扇的橡胶密封条和毛毡密封条

质量标准:金属门窗扇的橡胶密封条或毛毡密封条应安装完好,不应脱槽。铝合金门窗的橡胶密封条应在转角处断开,并用密封胶在转角处固定。

检查数量和方法:全数观察、手扳检查;开启和关闭检查。

铝合金门窗的橡胶密封条应在转角处断开,并用密封胶密封,如橡胶密封条不断开易在转角处产生橡胶密封条位移。

4 门窗的排水

质量标准:有排水孔的门窗,排水孔应畅通,位置数量应满足排水要求。窗台流水坡度、滴水线、鹰嘴设置合理到位。

检查数量和方法:全数观察检查。

5 进户门质量

质量标准:进户门种类应符合设计要求,若设计进户门为非防盗门,应在进户门洞口室外一侧预留安装防盗门的位置。

检查数量和方法:全数观察、开启和关闭检查。

10.5.2 护栏和护手工程

1 质量标准:护栏和护手的造型、尺寸、高度、栏杆间距和安装位置应符合设计要求,并应符合下列规定:

(1)阳台、外廊、内天井及上人屋面等临空处栏杆高度不应小于1.05m,中高层、高层建筑的栏杆高度不应低于1.10m。

(2)栏杆应采用不宜攀登的构造。栏杆各杆件须尽量向室内一侧设。

(3)楼梯护手高度不应小于0.9m,水平段杆件长度大于0.5m时,其护手高度不应小于1.05m。

(4)栏杆垂直杆件的净距不应大于0.11m。

(5)外窗台低于0.9m,应有防护措施。

(6)护栏玻璃应使用公称厚度不小于12mm的钢化玻璃或钢化夹层玻璃。当护栏一侧距楼地面高度5m及以上时,应使用钢化夹层玻璃。

(7)当设计文件规定室内楼梯栏杆由用户自理时,应设置安全防护。

2 检查数量和方法:

全数观察、尺量、手扳检查。

10.5.3 玻璃安装工程

1 玻璃的品种、规格、尺寸、色彩、图案和涂膜朝向

质量标准:玻璃的质量应符合设计要求和相应标准的要求。必须使用安全玻璃的门窗:无框玻璃门,且厚度不小于10mm;有框玻璃门面积大于$0.5m^2$;单块玻璃大于$1.5m^2$;沿街单块玻璃大于$1.0m^2$;7层及7层以上建筑物外开窗;玻璃底边离最终装饰面小于500mm的落地窗等。

检查数量和方法:全数观察、尺量检查;检查玻璃标记。

2 落地门窗、玻璃隔断的安全措施

质量标准：落地门窗、玻璃隔断等易受人体或物体碰撞的玻璃，应在视线高度设醒目标志或护栏，碰撞后可能发生高处人体或玻璃坠落的部位，必须设置可靠的护栏。

检查数量和方法：全数观察检查。

3 玻璃观感质量

1) 质量标准：安装后的玻璃应牢固，不应有裂缝、损伤和松动。中空玻璃内外表面应洁净，玻璃中空层内不应有灰尘和水蒸气。

2) 检查数量和方法：全数观察检查。

第六节 防水工程

10.6.1 外墙防水

1 质量标准

工程竣工时，墙面不应留有渗漏、开裂等缺陷。

2 检查数量和方法

逐户全数检查。进户目测观察检查（验收时和外窗淋水后），对户内外墙体发现有渗漏水、渗湿、印水现象的部位作醒目标记，查明渗漏原因，并将检查情况作详细书面记录。

10.6.2 外窗防水

1 质量标准

1) 建筑外墙金属窗、塑料窗应经备案的检测单位对气密性和水密性进行现场抽检合格。

2) 门窗框与墙体之间采用密封胶密封。密封胶表面应光滑、顺直，无裂缝。

3) 住宅工程外窗及周边不应有渗漏。

2 检查数量

1) 建筑外墙金属窗、塑料窗现场抽样数量按现行国家验收规范窗复验要求的数量，现场检测可代替窗进场抽样复验。

2) 人工淋水逐户全数检查。

3 检验方法

1) 建筑外墙金属窗、塑料窗的现场抽样检测报告。

2) 淋水观察检查。采用人工淋水试验，每三～四层（有挑檐的每一层）设置一条横向淋水带，淋水时间不少于一小时后进户目测观察检查，对户内外门、窗发现有渗漏水、渗湿、印水现象的部位作醒目标记，查明渗漏原因，并将检查情况作详细书面记录。

10.6.3 有防水、排水要求的楼地面工程

1 面层坡度

质量标准：不应有倒泛水和积水现象。

检查数量和方法：全数观察检查和采用泼水试验。

2 防水效果

质量标准：蓄水试验无渗漏。

检查数量和方法：对有防水、排水要求的楼地面全数采用蓄水试验。蓄水深度最浅处不小于20mm，时间不少于24h。另外，为了在验收时复核蓄水试验的真实性，规定竣工验收前一天对所有有防水要求的楼地面提前蓄水24h，在竣工验收时进行随机抽查，以控制厨卫间渗漏的质量通病。

10.6.4 屋面防水

1 质量标准

不应有渗漏、开裂和积水现象。天沟、檐沟、泛水、变形缝等构造，应符合设计要求。（排水后水深度超过5mm的视为积水)。

2　检查数量

住宅顶层逐户全数检查。

3　检查方法

1)对照设计文件要求,观察检查天沟、檐沟、泛水、变形缝和伸出屋面管道的防水构造是否满足设计及规范要求。

2)平屋面分块蓄水24h后目测观察检查户内顶棚,天沟、管道根部,蓄水深度不低于20mm。

3)坡屋面在雨后或持续淋水2h后目测观察检查。

提倡雨后或持续淋水后及时对屋面是否渗漏进行观察检查。对于平屋面,有条件的可分块蓄水,并确保蓄水深度和时间。

第七节　安装工程

10.7.1　给水管道安装工程

1　给水管道及配件安装

质量标准:管道支、吊架安装应平稳、牢固,其间距应符合规范;水表、阀门安装位置应便于使用检修、不受暴晒、污染和冻结。安装螺翼式水表,表前与阀门应有不小于8倍水表接口直径的直线管段,表外壳距墙表面净距为10～30mm,水表进水口中心标高按设计要求,允许偏差为±10mm。

检查数量和方法:全数观察、尺量和手扳检查。

2　通水及压力功能试验

质量标准:给水管道末端应保持水压在0.05～0.35MPa范围内不渗不漏;室内各用水点放水通畅,水质清澈。

检查数量和方法:全数通水检查。保压24h后每户逐一打开用水点,检查卫生洁具、阀门及给水管管道及接口。

10.7.2　排水管道安装工程

1　排水管道安装

质量标准:排水塑料管必须按设计要求及位置设置伸缩节,顶层出墙(屋面)的管道应设置伸缩节。管道固定或滑动支吊架位置应设置合理,并应符合设计及规范要求。管道不应有倒坡或平坡现象。对于住宅工程排水塑料管道应每层设伸缩节,伸缩节还要与固定支架配套设置,两个固定支架之间设一个伸缩节,当排水管道穿过楼板没有设套管而是管道与楼板采用混凝土封堵固定时,这时的管道洞封堵就充当了一个固定支架,在二楼板之间只能设滑动支架,才不会影响伸缩节的正常动作。室内塑料雨水管道也按室内生活污水排水管道要求设置伸缩节;支吊架安装间距按规范GB50242—2002要求检查;排水管道的坡度可用水平管测量。

检查数量和方法:全数观察、尺量检查。

2　排水管道配件安装(包括检查口或清扫口,排水通气管,三通及弯头,组火圈或防水套管等)

质量标准:

1)生活污水管道上设置的检查口。在立管上应每隔一层设置一个检查口,但在最底层和有卫生洁具的最高层必须设置,检查口的朝向应便于检修。暗装立管,在检查口处应安装检修门。在转角小于135°的污水横管上,应设置检查口或清扫口。

2)生活污水管道上设置的清扫口。在连接3个及3个以上卫生器具的污水横管上应设置清扫口。当污水管在楼板下悬吊敷设时，可将清扫口设在上一层楼地面上，污水管起点的清扫口与管道相垂直的墙面距离不得小于200mm；若污水管起点设置堵头代替清扫口时，与墙面距离不得小于400mm。在转角小于135°的污水横管上，应设置检查口或清扫口。

3）排水通气管。排水通气管不得与风道或烟道连接；通气管应高出屋面300mm，且必须大于最大积雪厚度；在通气管出口4m范围以内有门、窗时，通气管应高出门、窗顶600mm或引向无门、窗一侧；上人屋面通气管应高出屋面2m，并应根据防雷要求设置防雷装置。

4）其他。高层建筑中明设排水塑料管应按设计要求设置阻火圈或防火套管。用于室内排水的水平管道与水平管道、水平管道与立管的连接，应采用45°三通或45°四通和90°斜三通或90°斜四通。立管与排出管端部的连接，应采用两个45°弯头或曲率半径不小于4倍管径的90°弯头。

检查数量和方法：全数观察、尺量检查。

3 排水管道系统功能试验（通水试验，通球试验）

质量标准：排水管道通水应畅通，管道及接口无渗漏。排水主立管及水平干管管道的通球应畅通。

检查数量和方法：全数抽查。同时打开该户所有用水点对排水管道及接口进行通水检查；用球径不小于排水管道管径的2/3的球对排水主立管及水平干管管道进行通球检查，且在室内排水管道距主立管最远的受水口处放入球。

10.7.3 室内采暖系统安装

1 管道及管配件安装

质量标准：

1）供回水水平干管宜采用热镀锌钢管，镀锌层破坏处应作防腐处理；保温层应完整无缺损，材质、厚度、平整度符合要求。

2）供回水主干管的固定与补偿器的位置应符合要求；当散热器支管>1.5m时应设管卡固定。

3）供回水水平干管坡度和连接散热器支管的坡度应满足使用功能要求。

4）立管过楼板处应设套管，防水要求的房间套管高度为50mm，其他为20mm，套管与管道之间封闭严密。

5）暗装管道饰面应做醒目标志，供、回水管道应有明显标识。

6）采暖系统的最高点或有空气聚集的部位应设排气阀，最低点可能有水积存的部位应设泄水装置。

检查数量和方法：全数观察、尺量检查。

2 采暖系统入口装置及分户热计量系统入户装置

质量标准：各种阀门及配件性能应符合要求，安装位置应便于检修、维护和观察。平衡阀、调节阀安装完毕后应根据系统平衡要求进行调试，并做好调试标记。

检查数量和方法：对照图纸和调试记录检查。

分户供、回水干管的流量调节阀（如平衡阀、压差控制阀），建设单位不得自行变更取消，施工单位应进行有效调节、测试使采暖系统达到平衡。采暖系统平衡是指到达各采暖分回路热水的压力、流量大致相同，通过调节热水采暖系统之间各并联环路压力损失相对差额不大于15%，用来保证采暖各用户之间热负荷指标一致。

3 分、集水器

质量标准：

1）分、集水器材质应为铜质，成型质量符合要求。不应有裂缝、砂眼、冷隔、夹渣、凹凸不平等缺陷。

2）规格、型号、公称压力及安装位置、高度符合设计要求。

3) 固定牢靠,阀门连接严密。

检查数量和方法:全数观察、尺量检查。

4 散热器

质量标准:

1) 散热器的规格、型号、公称压力符合设计及相关产品的要求。

2) 散热器的防护及面漆附着良好,色泽均匀。

3) 散热器背面与装饰后的内墙面安装距离为30mm,支架、托架埋设牢固、安装位置正确。

检查数量和方法:全数观察检查。

10.7.4 卫生器具安装工程

1 卫生器具安装

质量标准:

1) 卫生器具安装尺寸、接管及坡度应符合设计及规范要求;固定牢固;接口封闭严密;支、托架等金属件防腐良好。

2) 卫生器具给水配件应完好无损伤,接口严密,启闭灵活。

3) 地漏位置合理,低于排水表面,地漏水封高度不小于50mm。

检查数量和方法:全数观察、手扳和尺量检查。

2 卫生器具功能试验(盛水和通水试验)

质量标准:盛水试验满水后各连接件不渗不漏;通水试验排水畅通。

检查数量和方法:全数观察检查。

10.7.5 电气工程

1 分户配电箱安装

质量标准:

1) 配电系统的器件极数、参数及性能与设计图纸一致。

2) 除壁挂空调插座外其他插座回路应设置动作电流不大于30mA,动作时间不大于0.1s的漏电保护装置,漏电保护优先选用二线型,剩余电流保护应做模拟动作试验。

3) 回路功能标志齐全、准确。

4) 端子排的螺钉数量、机械强度满足导线连接的要求,导线分色符合要求,配线整齐、无绞接,导线不伤芯、不断股,端子接线不多于2根。PE干线直接与PE排连接,零线和PE线经汇流排配出。

5) 导线连接紧密。当多股线与柱子接线端子连接须拧紧搪锡或采用端子;多股线用闭口接线端子与螺钉型接线端子排连接;不同截面导线采用连接端子后方可压在同一端子下。

检查数量:全数检查。

检查方法:

1) 对照规范和设计图纸检查,核对断路器、漏电保护的技术参数额定电流、极数。

2) 剩余电流测试按剩余电流保护器的试验按钮三次和用漏电测试测量插座回路保护动作参数进行。

3) 通过开关通、断电试验检查回路功能标识。

4) 观察检查导线分色、内部配线、接线。

2 开关、插座安装

质量标准:

1) 开关为同一系列、通断位置一致,安装位置距门框边15～20cm。

2) 卫生间防护0-2区内,严禁设置电源插座。安装高度在1.8m以下的电源插座应采用安全性插座；卫生间电源插座、非封闭阳台插座应采用防溅裂插座；洗衣机、电热水器、空调电源插座应带开关。

3）单向三孔插座左中性线、右相线、上接地；PE线不得串接。

4）面板安装紧贴墙面，面板四周无缝隙。

检查数量：全数检查。PE是否串接每户检查不少于两处，并做好已查标记。

检查方法：

1）对照规范和设计图纸检查开关、插座型号。

2）核查插座安全门。可用探针试插安全门，现场可以用钥匙、螺丝刀等单根异物检查安全门，如有异议送法定检测机构检测。

3）通电后用插座相位检测仪检查接线。

4）打开插座面板查看PE线连接。

3 导线连接

质量标准：单股导线连接采用标准绕接、搪锡和绝缘处理；或用质量合格的压线帽顺直插入、填塞饱满、压接牢固。

检查数量和方法：每户抽查不少于两处。打开导线连接处检查，并做已查标记。

4 等电位联结

质量标准：设洗浴设备的卫生间应作等电位联结；联结卫生间范围内的建筑物钢筋（结构施工时已连成一体用扁钢引出）和插座PE线；端子排铜质材料厚度应大于4mm。异种材料搭接面应有防止电化学腐蚀措施。

检查数量和方法：全数观察、测量检查。

由于人在洗浴过程中的人体电阻下降，为防止出现电击事故，在卫生间范围内将建筑物钢筋、插座PE线等金属联结，以减少接触电压对人体的伤害。

10.7.6 智能建筑

1 多媒体箱安装

质量标准：

1）每套住宅应设置多媒体箱。

2）语音、数据、电视器件接口齐全。

3）语音、数据、电视接线（管）齐全。

4）弱电线缆符合设计要求。

检查数量和方法：全数观察检查。

2 信息插座面板安装

质量标准：

1）在主卧室、起居室应设置通信、有线电视终端，符合设计要求。

2）线缆与信息插座面板连接可靠，与墙面贴合严密。

检查数量和方法：全数观察检查。打开信息面板接线检查不少于两处，并做好已查标记。

3 访客对讲系统安装

质量标准：

1）住宅内应设置楼宇访客对讲和门锁控制装置，按系统要求预留管线。

2）开启防盗门应灵活。

3）语音、视频信号应清晰。

检查数量和方法：全数观察检查，且模拟操作试验不少于三次。

第八节　公共部位及其他

10.8.1　楼梯

1　楼层梯段踏步

质量标准：相邻踏步高差不应大于10mm。

检查数量和方法：全数观察检查和用钢尺量测。

2　楼梯护栏

验收内容、质量要求、检查方法应符合本章"门窗护栏"部分要求。

检查数量和方法：按每个梯段各不少于1处。

10.8.2　地下室

1　地下室防水（与住户相关联的地下室、车库）

质量标准：地下室防水等级应符合设计要求，如设计无要求，应不低于2级。地下室墙面宜批防水腻子，并涂刷防水涂料。

检查数量和方法：全数观察检查。

对防水等级为1级的地下室，不允许渗水，结构表面无湿渍；防水等级为2级的房屋建筑地下室，不允许漏水，结构表面可有少量湿渍，且单个湿渍的最大面积不大于$0.1m^2$，任意$100m^2$防水面积(含顶板、墙面、地面)上的湿渍不超过1处。防水等级为3级的地下工程，结构表面可有少量漏水点，不应有线流和漏泥砂，且单个湿渍面积不大于$0.3m^2$，单个漏水点的漏水量不大于2.5L/d，任意$100m^2$防水面积不超过7处。

2　地下室通道净高

质量标准：地下室通道的净高不应小于2m。

检查数量和方法：走道净高按10延长米检查1处，但不少于3处。用钢尺或激光测距仪量测。

10.8.3　其他

1　烟道、透气孔

质量标准：烟道表面无开裂；烟道口安装止回阀并悬挂出厂合格标记，止回阀阀板摆动灵活，关闭位置准确；烟道伸出屋面高度不小于600mm且不低于女儿墙的高度，退层平台上的烟道应超过跃层外开门窗的上口。

检查数量和方法：全数观察检查和用钢尺量测。

2　通风道

质量标准：厨房间及无外窗的卫生间应预留通风设施的位置及排风机的位置和电源。

检查数量和方法：全数观察检查。

思考题

一、简答题

1．分户验收前应在室内地面上做什么标识？

2．分户验收人员应具备什么相应资格？

3．分户验收的条件有哪些？

4．分户验收时应形成哪些主要资料？

5．住宅工程质量分户验收不符合要求时应按哪些原则进行处理？

6．住宅工程分户验收室内空间尺寸验收的主要内容有哪些？

7．必须使用安全玻璃的建筑门窗有哪些？

8. 排水管道安装工程分户验收内容有哪些？
9. 室内采暖系统安装及配件安装工程分户验收内容有哪些？
10. 卫生器具安装分户验收质量要求有哪些？

二、论述题

试述外窗人工淋水试验的方法？

第十一章 法律法规

一、民用建筑节能条例

中华人民共和国国务院令第 530 号

《民用建筑节能条例》已经 2008 年 7 月 23 日国务院第 18 次常务会议通过,现予公布,自 2008 年 10 月 1 日起施行。

总　理　温家宝
二〇〇八年八月一日

民用建筑节能条例

第一章　总　则

第一条　为了加强民用建筑节能管理,降低民用建筑使用过程中的能源消耗,提高能源利用效率,制定本条例。

第二条　本条例所称民用建筑节能,是指在保证民用建筑使用功能和室内热环境质量的前提下,降低其使用过程中能源消耗的活动。

本条例所称民用建筑,是指居住建筑、国家机关办公建筑和商业、服务业、教育、卫生等其他公共建筑。

第三条　各级人民政府应当加强对民用建筑节能工作的领导,积极培育民用建筑节能服务市场,健全民用建筑节能服务体系,推动民用建筑节能技术的开发应用,做好民用建筑节能知识的宣传教育工作。

第四条　国家鼓励和扶持在新建建筑和既有建筑节能改造中采用太阳能、地热能等可再生能源。

在具备太阳能利用条件的地区,有关地方人民政府及其部门应当采取有效措施,鼓励和扶持单位、个人安装使用太阳能热水系统、照明系统、供热系统、采暖制冷系统等太阳能利用系统。

第五条　国务院建设主管部门负责全国民用建筑节能的监督管理工作。县级以上地方人民政府建设主管部门负责本行政区域民用建筑节能的监督管理工作。

县级以上人民政府有关部门应当依照本条例的规定以及本级人民政府规定的职责分工,负责民用建筑节能的有关工作。

第六条　国务院建设主管部门应当在国家节能中长期专项规划指导下,编制全国民用建筑节能规划,并与相关规划相衔接。

县级以上地方人民政府建设主管部门应当组织编制本行政区域的民用建筑节能规划,报本级人民政府批准后实施。

第七条　国家建立健全民用建筑节能标准体系。国家民用建筑节能标准由国务院建设主管部门负责组织制定,并依照法定程序发布。

国家鼓励制定、采用优于国家民用建筑节能标准的地方民用建筑节能标准。

第八条 县级以上人民政府应当安排民用建筑节能资金,用于支持民用建筑节能的科学技术研究和标准制定、既有建筑围护结构和供热系统的节能改造、可再生能源的应用,以及民用建筑节能示范工程、节能项目的推广。

政府引导金融机构对既有建筑节能改造、可再生能源的应用,以及民用建筑节能示范工程等项目提供支持。

民用建筑节能项目依法享受税收优惠。

第九条 国家积极推进供热体制改革,完善供热价格形成机制,鼓励发展集中供热,逐步实行按照用热量收费制度。

第十条 对在民用建筑节能工作中做出显著成绩的单位和个人,按照国家有关规定给予表彰和奖励。

第二章 新建建筑节能

第十一条 国家推广使用民用建筑节能的新技术、新工艺、新材料和新设备,限制使用或者禁止使用能源消耗高的技术、工艺、材料和设备。国务院节能工作主管部门、建设主管部门应当制定、公布并及时更新推广使用、限制使用、禁止使用目录。

国家限制进口或者禁止进口能源消耗高的技术、材料和设备。

建设单位、设计单位、施工单位不得在建筑活动中使用列入禁止使用目录的技术、工艺、材料和设备。

第十二条 编制城市详细规划、镇详细规划,应当按照民用建筑节能的要求,确定建筑的布局、形状和朝向。

城乡规划主管部门依法对民用建筑进行规划审查,应当就设计方案是否符合民用建筑节能强制性标准征求同级建设主管部门的意见;建设主管部门应当自收到征求意见材料之日起10日内提出意见。征求意见时间不计算在规划许可的期限内。

对不符合民用建筑节能强制性标准的,不得颁发建设工程规划许可证。

第十三条 施工图设计文件审查机构应当按照民用建筑节能强制性标准对施工图设计文件进行审查;经审查不符合民用建筑节能强制性标准的,县级以上地方人民政府建设主管部门不得颁发施工许可证。

第十四条 建设单位不得明示或者暗示设计单位、施工单位违反民用建筑节能强制性标准进行设计、施工,不得明示或者暗示施工单位使用不符合施工图设计文件要求的墙体材料、保温材料、门窗、采暖制冷系统和照明设备。

按照合同约定由建设单位采购墙体材料、保温材料、门窗、采暖制冷系统和照明设备的,建设单位应当保证其符合施工图设计文件要求。

第十五条 设计单位、施工单位、工程监理单位及其注册执业人员,应当按照民用建筑节能强制性标准进行设计、施工、监理。

第十六条 施工单位应当对进入施工现场的墙体材料、保温材料、门窗、采暖制冷系统和照明设备进行查验;不符合施工图设计文件要求的,不得使用。

工程监理单位发现施工单位不按照民用建筑节能强制性标准施工的,应当要求施工单位改正;施工单位拒不改正的,工程监理单位应当及时报告建设单位,并向有关主管部门报告。

墙体、屋面的保温工程施工时,监理工程师应当按照工程监理规范的要求,采取旁站、巡视和平行检验等形式实施监理。

未经监理工程师签字,墙体材料、保温材料、门窗、采暖制冷系统和照明设备不得在建筑上使用或者安装,施工单位不得进行下一道工序的施工。

第十七条 建设单位组织竣工验收,应当对民用建筑是否符合民用建筑节能强制性标准进行查验;对不符合民用建筑节能强制性标准的,不得出具竣工验收合格报告。

第十八条 实行集中供热的建筑应当安装供热系统调控装置、用热计量装置和室内温度调控装置;公共建筑还应当安装用电分项计量装置。居住建筑安装的用热计量装置应当满足分户计量的要求。

计量装置应当依法检定合格。

第十九条 建筑的公共走廊、楼梯等部位,应当安装、使用节能灯具和电气控制装置。

第二十条 对具备可再生能源利用条件的建筑,建设单位应当选择合适的可再生能源,用于采暖、制冷、照明和热水供应等;设计单位应当按照有关可再生能源利用的标准进行设计。

建设可再生能源利用设施,应当与建筑主体工程同步设计、同步施工、同步验收。

第二十一条 国家机关办公建筑和大型公共建筑的所有权人应当对建筑的能源利用效率进行测评和标识,并按照国家有关规定将测评结果予以公示,接受社会监督。

国家机关办公建筑应当安装、使用节能设备。

本条例所称大型公共建筑,是指单体建筑面积2万平方米以上的公共建筑。

第二十二条 房地产开发企业销售商品房,应当向购买人明示所售商品房的能源消耗指标、节能措施和保护要求、保温工程保修期等信息,并在商品房买卖合同和住宅质量保证书、住宅使用说明书中载明。

第二十三条 在正常使用条件下,保温工程的最低保修期限为5年。保温工程的保修期,自竣工验收合格之日起计算。

保温工程在保修范围和保修期内发生质量问题的,施工单位应当履行保修义务,并对造成的损失依法承担赔偿责任。

第三章 既有建筑节能

第二十四条 既有建筑节能改造应当根据当地经济、社会发展水平和地理气候条件等实际情况,有计划、分步骤地实施分类改造。

本条例所称既有建筑节能改造,是指对不符合民用建筑节能强制性标准的既有建筑的围护结构、供热系统、采暖制冷系统、照明设备和热水供应设施等实施节能改造的活动。

第二十五条 县级以上地方人民政府建设主管部门应当对本行政区域内既有建筑的建设年代、结构形式、用能系统、能源消耗指标、寿命周期等组织调查统计和分析,制定既有建筑节能改造计划,明确节能改造的目标、范围和要求,报本级人民政府批准后组织实施。

中央国家机关既有建筑的节能改造,由有关管理机关事务工作的机构制定节能改造计划,并组织实施。

第二十六条 国家机关办公建筑、政府投资和以政府投资为主的公共建筑的节能改造,应当制定节能改造方案,经充分论证,并按照国家有关规定办理相关审批手续方可进行。

各级人民政府及其有关部门、单位不得违反国家有关规定和标准,以节能改造的名义对前款规定的既有建筑进行扩建、改建。

第二十七条 居住建筑和本条例第二十六条规定以外的其他公共建筑不符合民用建筑节能强制性标准的,在尊重建筑所有权人意愿的基础上,可以结合扩建、改建,逐步实施节能改造。

第二十八条 实施既有建筑节能改造,应当符合民用建筑节能强制性标准,优先采用遮阳、改善通风等低成本改造措施。

既有建筑围护结构的改造和供热系统的改造,应当同步进行。

第二十九条 对实行集中供热的建筑进行节能改造,应当安装供热系统调控装置和用热计量装置;对公共建筑进行节能改造,还应当安装室内温度调控装置和用电分项计量装置。

第三十条 国家机关办公建筑的节能改造费用,由县级以上人民政府纳入本级财政预算。

居住建筑和教育、科学、文化、卫生、体育等公益事业使用的公共建筑节能改造费用,由政府、建筑所有权人共同负担。

国家鼓励社会资金投资既有建筑节能改造。

第四章 建筑用能系统运行节能

第三十一条 建筑所有权人或者使用权人应当保证建筑用能系统的正常运行,不得人为损坏建筑围护结构和用能系统。

国家机关办公建筑和大型公共建筑的所有权人或者使用权人应当建立健全民用建筑节能管理制度和操作规程,对建筑用能系统进行监测、维护,并定期将分项用电量报县级以上地方人民政府建设主管部门。

第三十二条 县级以上地方人民政府节能工作主管部门应当会同同级建设主管部门确定本行政区域内公共建筑重点用电单位及其年度用电限额。

县级以上地方人民政府建设主管部门应当对本行政区域内国家机关办公建筑和公共建筑用电情况进行调查统计和评价分析。国家机关办公建筑和大型公共建筑采暖、制冷、照明的能源消耗情况应当依照法律、行政法规和国家其他有关规定向社会公布。

国家机关办公建筑和公共建筑的所有权人或者使用权人应当对县级以上地方人民政府建设主管部门的调查统计工作予以配合。

第三十三条 供热单位应当建立健全相关制度,加强对专业技术人员的教育和培训。

供热单位应当改进技术装备,实施计量管理,并对供热系统进行监测、维护,提高供热系统的效率,保证供热系统的运行符合民用建筑节能强制性标准。

第三十四条 县级以上地方人民政府建设主管部门应当对本行政区域内供热单位的能源消耗情况进行调查统计和分析,并制定供热单位能源消耗指标;对超过能源消耗指标的,应当要求供热单位制定相应的改进措施,并监督实施。

第五章 法律责任

第三十五条 违反本条例规定,县级以上人民政府有关部门有下列行为之一的,对负有责任的主管人员和其他直接责任人员依法给予处分;构成犯罪的,依法追究刑事责任:

(一)对设计方案不符合民用建筑节能强制性标准的民用建筑项目颁发建设工程规划许可证的;

(二)对不符合民用建筑节能强制性标准的设计方案出具合格意见的;

(三)对施工图设计文件不符合民用建筑节能强制性标准的民用建筑项目颁发施工许可证的;

(四)不依法履行监督管理职责的其他行为。

第三十六条 违反本条例规定,各级人民政府及其有关部门、单位违反国家有关规定和标准,以节能改造的名义对既有建筑进行扩建、改建的,对负有责任的主管人员和其他直接责任人员,依法给予处分。

第三十七条 违反本条例规定,建设单位有下列行为之一的,由县级以上地方人民政府建设主管部门责令改正,处20万元以上50万元以下的罚款:

(一)明示或者暗示设计单位、施工单位违反民用建筑节能强制性标准进行设计、施工的;

(二)明示或者暗示施工单位使用不符合施工图设计文件要求的墙体材料、保温材料、门窗、采暖制冷系统和照明设备的;

(三)采购不符合施工图设计文件要求的墙体材料、保温材料、门窗、采暖制冷系统和照明设备的;

(四)使用列入禁止使用目录的技术、工艺、材料和设备的。

第三十八条 违反本条例规定,建设单位对不符合民用建筑节能强制性标准的民用建筑项目出具竣工验收合格报告的,由县级以上地方人民政府建设主管部门责令改正,处民用建筑项目合同价款2%以上4%以下的罚款;造成损失的,依法承担赔偿责任。

第三十九条 违反本条例规定,设计单位未按照民用建筑节能强制性标准进行设计,或者使用列入禁止使用目录的技术、工艺、材料和设备的,由县级以上地方人民政府建设主管部门责令改正,处10万元以上30万元以下的罚款;情节严重的,由颁发资质证书的部门责令停业整顿,降低资质等级或者吊销资质证书;造成损失的,依法承担赔偿责任。

第四十条 违反本条例规定,施工单位未按照民用建筑节能强制性标准进行施工的,由县级以上地方人民政府建设主管部门责令改正,处民用建筑项目合同价款2%以上4%以下的罚款;情节严重的,由颁发资质证书的部门责令停业整顿,降低资质等级或者吊销资质证书;造成损失的,依法承担赔偿责任。

第四十一条 违反本条例规定,施工单位有下列行为之一的,由县级以上地方人民政府建设主管部门责令改正,处10万元以上20万元以下的罚款;情节严重的,由颁发资质证书的部门责令停业整顿,降低资质等级或者吊销资质证书;造成损失的,依法承担赔偿责任:

(一)未对进入施工现场的墙体材料、保温材料、门窗、采暖制冷系统和照明设备进行查验的;

(二)使用不符合施工图设计文件要求的墙体材料、保温材料、门窗、采暖制冷系统和照明设备的;

(三)使用列入禁止使用目录的技术、工艺、材料和设备的。

第四十二条 违反本条例规定,工程监理单位有下列行为之一的,由县级以上地方人民政府建设主管部门责令限期改正;逾期未改正的,处10万元以上30万元以下的罚款;情节严重的,由颁发资质证书的部门责令停业整顿,降低资质等级或者吊销资质证书;造成损失的,依法承担赔偿责任:

(一)未按照民用建筑节能强制性标准实施监理的;

(二)墙体、屋面的保温工程施工时,未采取旁站、巡视和平行检验等形式实施监理的。

对不符合施工图设计文件要求的墙体材料、保温材料、门窗、采暖制冷系统和照明设备,按照符合施工图设计文件要求签字的,依照《建设工程质量管理条例》第六十七条的规定处罚。

第四十三条 违反本条例规定,房地产开发企业销售商品房,未向购买人明示所售商品房的能源消耗指标、节能措施和保护要求、保温工程保修期等信息,或者向购买人明示的所售商品房能源消耗指标与实际能源消耗不符的,依法承担民事责任;由县级以上地方人民政府建设主管部门责令限期改正;逾期未改正的,处交付使用的房屋销售总额2%以下的罚款;情节严重的,由颁发资质证书的部门降低资质等级或者吊销资质证书。

第四十四条 违反本条例规定,注册执业人员未执行民用建筑节能强制性标准的,由县级以上人民政府建设主管部门责令停止执业3个月以上1年以下;情节严重的,由颁发资格证书的部门吊销执业资格证书,5年内不予注册。

第六章 附 则

第四十五条 本条例自2008年10月1日起施行。

二、关于新建居住建筑严格执行节能设计标准的通知

建科[2005]55号

各省、自治区建设厅,直辖市建委及有关部门,计划单列市建委,新疆生产建设兵团建设局:

建筑节能设计标准是建设节能建筑的基本技术依据,是实现建筑节能目标的基本要求,其中强制性条文规定了主要节能措施、热工性能指标、能耗指标限值,考虑了经济和社会效益等方面的要求,必须严格执行。1996年7月以来,建设部相继颁布实施了各气候区的居住建筑节能设计标准。一些地区还依据部的要求,在建筑节能政策法规制定、技术标准图集编制、配套技术体系建立、科技试点示范、建筑节能材料产品开发应用与管理、宣传培训等方面开展了大量工作,取得了成效。但是,也有一些地方和单位,包括建设、设计、施工等单位不执行或擅自降低节能设计标准,新建建筑执行建筑节能设计标准的比例不高,不同程度存在浪费建筑能源的问题。为了贯彻落实科学发展观和今年政府工作报告提出的"鼓励发展节能省地型住宅和公共建筑"的要求,切实抓好新建居住建筑严格执行建筑节能设计标准的工作,降低居住建筑能耗,现通知如下:

一、提高认识,明确目标和任务

(一)我国人均资源能源相对贫乏,在建筑的建造和使用过程中资源、能源浪费问题突出,建筑的节能节地节水节材潜力很大。随着城镇化和人民生活水平的提高,新建建筑将继续保持一定增长势头。在发展过程中,必须考虑能源资源的承载能力,注重城镇发展建设的质量和效益。各级建设行政主管部门要牢固树立科学发展观,要从转变经济增长方式、调整经济结构、建设节约型社会的高度,充分认识建筑节能工作的重要性,把推进建筑节能工作作为城乡建设实现可持续发展方式的一项重要任务,抓紧、抓实、抓出成效。

(二)城市新建建筑均应严格执行建筑节能设计标准的有关强制性规定;有条件的大城市和严寒、寒冷地区可率先按照节能率65%的地方标准执行;凡属财政补贴或拨款的建筑应全部率先执行建筑节能设计标准。

(三)开展建筑节能工作,需要兼顾近期重点和远期目标、城镇和农村、新建和既有建筑、居住和公共建筑。当前及今后一个时期,应首先抓好城市新建居住建筑,严格执行建筑节能设计标准工作,同时,积极进行城市既有建筑节能改造试点工作,研究相关政策措施和技术方案,为全面推进既有建筑节能改造积累经验。

二、明确各方责任,严格执行标准

(四)建设单位要遵守国家节约能源和保护环境的有关法律法规,按照相应的建筑节能设计标准和技术要求委托工程项目的规划设计、开工建设、组织竣工验收,并应将节能工程竣工验收报告报建筑节能管理机构备案。

房地产开发企业要将所售商品住房的结构形式及其节能措施、围护结构保温隔热性能指标等基本信息载入《住宅使用说明书》。

(五)设计单位要遵循建筑节能法规、节能设计标准和有关节能要求,严格按照节能设计标准和节能要求进行节能设计,设计文件必须完备,保证设计质量。

（六）施工图设计文件审查机构要严格按照建筑节能设计标准进行审查，在审查报告中单列是否符合节能标准的章节；审查人员应有签字并加盖审查机构印章。不符合建筑节能强制性标准的，施工图设计文件审查结论应为不合格。

（七）施工单位要按照审查合格的设计文件和节能施工技术标准的要求进行施工，确保工程施工符合节能标准和设计质量要求。

（八）监理单位要依照法律、法规以及节能技术标准、节能设计文件、建设工程承包合同及监理合同，对节能工程建设实施监理。监理单位应对施工质量承担监理责任。

三、加强组织领导，严格监督管理

（九）推进建筑节能涉及城市规划、建设、管理等各方面的工作，各地要完善建筑节能工作领导小组的工作制度，通过联席会议和专题会议等有效形式，形成协调配合、运行顺畅的工作机制。

（十）各地建设行政主管部门要加大建筑节能宣传力度，增强公众的节能意识，逐步建立社会监督机制。要结合实例向公众宣传建筑节能的重要性，提高公众建筑节能的自觉性和主动性。同时，要建立监督举报制度，受理公众举报。

（十一）各地和有关单位要加强对设计、施工、监理等专业技术人员和管理人员的建筑节能知识与技术的培训，把建筑节能有关法律法规、标准规范和经核准的新技术、新材料、新工艺等作为注册建筑师、勘察设计注册工程师、监理工程师、建造师等各类执业注册人员继续教育的必修内容。

（十二）各地建设行政主管部门要采取有效措施加强建筑节能工作中设计、施工、监理和竣工验收、房屋销售核准等的监督管理。在查验施工图设计文件审查机构出具的审查报告时，应查验对节能的审查情况，审查不合格的不得颁发施工许可证。发现违反国家有关节能工程质量管理规定的，应责令建设单位改正；改正后要责令其重新组织竣工验收，并且不得减免新型墙体材料专项基金。

房地产管理部门要审查房地产开发单位是否将建筑能耗说明载入《住宅使用说明书》。

（十三）设区城市以上建设行政主管部门要组织推进节能建筑性能测评工作。各级建筑节能工作机构要切实履行职责，认真开展对节能建筑及部品的检测。要建立健全建筑节能统计报告制度，掌握分析建筑节能进展情况。

（十四）各地建设行政主管部门要加强经常性的建筑节能设计标准实施情况的监督检查，发现问题，及时纠正和处理。各省（自治区、直辖市）建设行政主管部门每年要把建筑节能作为建筑工程质量检查的专项内容进行检查，对问题突出的地区或单位依法予以处理，并将监督检查和处理情况于今年9月30日前报建设部。建设部每年在各地监督检查的基础上，对各地建筑节能标准执行情况进行抽查，对建筑节能工作开展不力的地方和单位进行重点检查。2005年底以前，建设部重点抽查大城市和特大城市；2006年6月以前，对其他城市进行抽查，并将抽查的情况予以通报。

凡建筑节能工作开展不力的地区，所涉及的城市不得参加"人居环境奖"、"园林城市"的评奖，已获奖的应限期整改，经整改仍达不到标准和要求的将撤消获奖称号。不符合建筑节能要求的项目不得参加"鲁班奖"、"绿色建筑创新奖"等奖项的评奖。

（十五）各地建设行政主管部门对不执行或擅自降低建筑节能设计标准的单位，要依据《中华人民共和国建筑法》、《中华人民共和国节约能源法》、《建设工程质量管理条例》（国务院令第279号）、《建设工程勘察设计管理条例》（国务院令第293号）、《民用建筑节能管理规定》（建设部令第76号）、《实施工程建设强制性标准监督规定》（建设部令第81号）等法律法规和规章的规定进行处罚：

1　建设单位明示或暗示设计单位、施工单位违反节能设计强制性标准，降低工程建设质量；

或明示或者暗示施工单位使用不合格的建筑材料、建筑构配件和设备;或施工图设计文件未经审查或者审查不合格,擅自施工的;或未按照国家规定将竣工验收报告、有关认可文件或者准许使用文件报送备案的;处20万元以上50万元以下的罚款。

建设单位未取得施工许可证或者开工报告未经批准,擅自施工的,责令停止施工,限期改正,处工程合同价款1%以上2%以下的罚款。

建设单位未组织竣工验收,擅自交付使用的;或验收不合格,擅自交付使用的;或对不合格的建设工程按照合格工程验收的;处工程合同价款2%以上4%以下的罚款;造成损失的,依法承担赔偿责任。建设工程竣工验收后,建设单位未向建设行政主管部门或者其他有关部门移交建设项目档案的,责令改正,处1万元以上10万元以下的罚款。

2 设计单位指定建筑材料、建筑构配件的生产厂、供应商的;或未按照工程建设强制性标准进行设计的;责令改正,处10万元以上30万元以下的罚款;有上述行为造成重大工程质量事故的,责令停业整顿,降低资质等级;情节严重的,吊销资质证书;造成损失的,依法承担赔偿责任。

3 施工图设计文件审查单位如不按照要求对施工图设计文件进行审查,一经查实将由建设行政主管部门对当事人和其所在单位进行批评和处罚,直至取消审查资格。

4 施工单位在施工中偷工减料的,使用不合格的建筑材料、建筑构配件和设备的,或者有不按照工程设计图纸或者施工技术标准施工的其他行为的,责令改正,并处工程合同价款2%以上4%以下的罚款;造成建设工程质量不符合规定的质量标准的,负责返工、修理,并赔偿因此造成的损失;情节严重的,责令停业整顿,降低资质等级或者吊销资质证书。

施工单位不履行保修义务或者拖延履行保修义务的,责令改正,处10万元以上20万元以下的罚款,并对在保修期内因质量缺陷造成的损失承担赔偿责任。

5 工程监理单位与建设单位或者施工单位串通,弄虚作假、降低工程质量的;或将不合格的建设工程、建筑材料、建筑构配件和设备按照合格签字的;责令改正,处50万元以上100万元以下的罚款,降低资质等级或者吊销资质证书;有违法所得的,予以没收;造成损失的,承担连带赔偿责任。

6 注册建筑师、注册结构工程师、监理工程师等注册执业人员因过错造成质量事故的,责令停止执业1年;造成重大质量事故的,吊销执业资格证书,5年以内不予注册;情节特别恶劣的,终身不予注册。

中华人民共和国建设部
二〇〇五年四月十五日

三、关于印发《建筑门窗节能性能标识试点工作管理办法》的通知

建科[2006]319号

各省、自治区建设厅,直辖市、计划单列市建委(建设局),新疆生产建设兵团建设局:

现将《建筑门窗节能性能标识试点工作管理办法》印发给你们,请试点地区认真组织做好有关工作。工作中遇到的问题及建议,请及时告建设部科学技术司。

中华人民共和国建设部
二〇〇六年十二月二十九日

建筑门窗节能性能标识试点工作管理办法

第一章 总 则

第一条 为保证建筑门窗产品的节能性能,规范市场秩序,促进建筑节能技术进步,提高建筑物的能源利用效率,推进建筑门窗节能性能标识试点工作,制定本办法。

第二条 本办法适用于建筑门窗节能性能标识试点工作的组织实施和管理。

第三条 本办法所称的建筑门窗节能性能标识(以下简称"标识")是指表示标准规格门窗的传热系数、遮阳系数、空气渗透率、可见光透射比等节能性能指标的一种信息性标识。

第四条 标识的申请遵循自愿的原则。

第二章 组织机构

第五条 建设部标准定额研究所负责组织实施标识试点工作,接受建设部的监督。地方建设行政主管部门负责本行政区域的标识试点工作的监督。

第六条 建筑门窗节能性能标识专家委员会负责承担标识试点中技术性的评审、指导、咨询等工作。

第七条 建筑门窗节能性能标识实验室(以下简称"标识实验室")负责企业生产条件现场调查、产品抽样和样品节能性能指标的检测与模拟计算,出具《建筑门窗节能性能标识测评报告》。

第三章 标识申请及程序

第八条 申请标识的基本条件:

(一)企业应持有工商行政主管部门颁发的《企业法人营业执照》或有关机构的登记注册证明;

(二)企业应取得门窗生产许可证;

(三)产品应具备可靠的质量保证体系,能正常批量生产;

(四)产品应符合国家颁布的有关门窗标准,并通过产品型式检验。

第九条 企业向标识实验室提出生产条件现场调查和产品节能性能检验委托。

第十条 标识实验室对企业的生产条件进行现场调查,同时进行现场抽样;对样品进行实验

室检测和模拟计算;并在规定的时间内出具《建筑门窗节能性能标识测评报告》,报告应真实、可靠。

第十一条 企业向建设部标准定额研究所提交以下材料:
(一)标识申请表;
(二)营业执照副本或登记注册证明文件的复印件;
(三)门窗生产许可证复印件;
(四)产品的《型式检验报告》;
(五)标识实验室出具的《建筑门窗节能性能标识测评报告》。

第十二条 建设部标准定额研究所组织建筑门窗节能性能标识专家委员会对企业提交标识申请材料进行审查,并将通过审查的产品在网上公示,一个月内没有收到异议的,准许使用标识。

第四章 标识使用与监督检查

第十三条 标识包括证书和标签。证书由建设部标准定额研究所颁发并统一编号,标签由企业按照统一的样式、规格以及标注规定自行印制。

第十四条 试点期间标识证书有效期为三年。企业应在有效期满前六个月重新提出申请。

第十五条 企业应在产品的显著位置粘贴标签,并可在产品包装物、说明书及广告宣传中使用标识。

在产品包装物、说明书及广告宣传中使用的标签可按比例放大或缩小,并应清晰可辨。

第十六条 企业应建立证书和标签使用制度,每年向地方建设行政主管部门和建设部标准定额研究所报告证书和标签的使用情况。

第十七条 标识实验室应建立健全管理制度,每年向地方建设行政主管部门和建设部标准定额研究所报送标识工作情况。

第十八条 凡有下列情况之一者,标识实验室不得继续承担标识试点过程的相关工作:
(一)出具虚假报告;
(二)泄露申请标识的企业或产品的商业秘密;
(三)不能继续满足标识实验室的相关条件。

第十九条 任何单位和个人不得利用标识对产品进行虚假宣传,不得转让、伪造或冒用标识。

第二十条 在证书有效期内,凡有下列情况之一者,暂停企业使用标识:
(一)产品的生产条件与申请标识的要求不符;
(二)产品达不到标识证书中的技术指标;
(三)证书或标签的使用不符合规定要求。

第二十一条 在证书有效期内,凡有下列情况之一者,撤消该产品的节能标识证书,企业不得使用该产品的节能标识证书和标签:
(一)经监督检查和检验判定获得标识的产品为不合格产品;
(二)标识暂停使用时间超过一年。

被撤消标识证书的产品,自撤消之日起三年内不得再次提出标识申请。

第二十二条 在证书有效期内,凡有下列情况之一者,撤消企业该产品的节能标识证书,企业不得使用该产品的节能标识证书和标签:
(一)转让证书、标签或违反有关规定、损害标识信誉的;
(二)以不真实的申请材料获得标识的;
(三)没有正当理由拒绝监督检查。

被撤销标识证书的企业,自撤销之日起三年内不得再次提出标识申请。

第二十三条 标识实验室、企业有第十八条、第十九条、第二十条、第二十一条情况之一时,省级建设行政主管部门应提出意见报建设部,建设部根据有关法律法规和本办法予以处理。

第五章 附 则

第二十四条 建设部标准定额研究所应根据本办法制定相关实施细则。

第二十五条 本办法自发布之日起施行。

四、关于印发《民用建筑节能信息公示办法》的通知

建科[2008]116号

各省、自治区建设厅,直辖市建委,计划单列市建委(建设局),新疆生产建设兵团建设局:

为贯彻落实《中华人民共和国节约能源法》,我部制定了《民用建筑节能信息公示办法》,现印发给你们,请结合实际贯彻执行。

中华人民共和国住房和城乡建设部
二〇〇八年六月二十六日

民用建筑节能信息公示办法

为了发挥社会公众监督作用,加强民用建筑节能监督管理,根据《中华人民共和国节约能源法》的有关规定,制定本办法。

第一条 民用建筑节能信息公示,是指建设单位在房屋施工、销售现场,按照建筑类型及其所处气候区域的建筑节能标准,根据审核通过的施工图设计文件,把民用建筑的节能性能、节能措施、保护要求以张贴、载明等方式予以明示的活动。

第二条 新建(改建、扩建)和进行节能改造的民用建筑应当公示建筑节能信息。

第三条 建筑节能信息公示内容包括节能性能、节能措施、保护要求。

节能性能指:建筑节能率,并比对建筑节能标准规定的指标。

节能措施指:围护结构、供热采暖、空调制冷、照明、热水供应等系统的节能措施及可再生能源的利用。

具体内容见附件一、附件二。

第四条 建设单位应在施工、销售现场张贴民用建筑节能信息,并在房屋买卖合同、住宅质量保证书和使用说明书中载明,并对民用建筑节能信息公示内容的真实性承担责任。

第五条 施工现场公示时限是:获得建筑工程施工许可证后30日内至工程竣工验收合格。

销售现场公示时限是:销售之日起至销售结束。

第六条 建设单位公示的节能性能和节能措施应与审查通过的施工图设计文件相一致。

房屋买卖合同应包括建筑节能专项内容,由当事人双方对节能性能、节能措施作出承诺性约定。

住宅质量保证书应对节能措施的保修期作出明确规定。

住宅使用说明书应对围护结构保温工程的保护要求,门窗、采暖空调、通风照明等设施设备的使用注意事项作出明确规定。

建筑节能信息公示内容必须客观真实,不得弄虚作假。

第七条 建筑工程施工过程中变更建筑节能性能和节能措施的,建设单位应在节能措施实施

变更前办妥设计变更手续,并将设计单位出具的设计变更报经原施工图审查机构审查同意后于15日之内予以公示。

  第八条 建设单位未按本办法规定公示建筑节能信息的,根据《节约能源法》的相关规定予以处罚。

  第九条 建筑能效测评标识按《关于试行民用建筑能效测评标识制度的通知》(建科[2008]80号)执行,绿色建筑标识按《关于印发〈绿色建筑评价标识管理办法〉(试行)的通知》(建科[2007]206号)执行。

  第十条 本办法自2008年7月15日起实施。

附件一：

施工、销售现场公示内容

建设单位			
项目名称			
围护结构	墙体	传热系数(W/㎡·K)/保温材料层厚度(mm)	
	屋面	传热系数(W/㎡·K)/保温材料层厚度(mm)	
	地面	传热系数(W/㎡·K)/保温材料层厚度(mm)	
	门窗	传热系数	
		综合遮阳系数	
		节能性能标识	
供热系统	室内采暖形式		
	热计量方式		
	系统调节装置		
空调系统	冷源机组类型		
	能效比		
热水利用	供应方式		
	用能类型		
照明	照度		
	功率密度		
可再生能源利用	利用形式		
	保证率		
建筑能源利用效率	本建筑的节能率与建筑节能标准比较情况		

填表内容说明：

一、本表所填内容应与建筑节能报审表、经审查合格的节能设计文件一致；

二、门窗类型包括：断热桥铝合金中空玻璃窗、断热桥铝合金 Low-E 中空玻璃窗、塑钢中空玻璃窗、塑钢 Low-E 中空玻璃窗、塑钢单层玻璃窗、其他；

三、室内采暖形式包括：散热器供暖、地面辐射供暖、其他；

四、热计量方式包括：户用热计量表法、热分配计法、温度法、楼栋热量表法、其他；

五、系统调节装置包括：静态水力平衡阀、自力式流量控制阀、自力式压差控制阀、散热器恒温阀、其他；

六、空调冷热源类型包括：压缩式冷水(热泵)机组、吸收式冷水机组、分体式房间空调器、多联机、区域集中供冷、独立冷热源集中供冷、其他；

七、热水供应方式包括：集中式、分散式；

八、热水利用用能类型包括：电、燃气、太阳能、蒸汽、其他；

九、本建筑的节能率与建筑节能标准比较情况包括：优于标准规定、满足标准规定、不符合标准规定。

附件二：

商品房买卖合同、住宅质量保证书和使用说明书中载明的内容

一、围护结构保温（隔热）、遮阳设施

（一）墙体

1 保温形式：[　　]［A 外保温］［B 内保温］［C 夹芯保温］［D 其他］

2 保温材料名称：[　　]［A 挤塑聚苯乙烯发泡板］［B 模塑聚苯乙烯发泡板］［C 聚氨酯发泡］［D 岩棉］［E 玻璃棉毡］［F 保温浆料］［G 其他］

3 保温材料性能：密度[　　kg/m³]燃烧性能[　　h]导热系数[　　(W/M·K)]保温材料层厚度[　　mm]

4 墙体传热系数：[　　W/(m²·K)]

（二）屋面

1 保温（隔热）形式：[　　]［A 坡屋顶］［B 平屋顶］［C 坡屋顶、平屋顶混合］［D 有架空屋面板］［E 保温层与防水层倒置］［F 其他］

2 保温材料名称[　　]［A 挤塑聚苯乙烯发泡板］［B 聚氨酯发泡］［C 加气混凝土砌块］［D 憎水珍珠岩］［E 其他］

3 保温材料性能：密度[　　kg/m³]、导热系数[　　W/(M·K)]吸水率[　　%]保温材料层厚度[　　mm]

4 屋顶传热系数：[　　W/(m²·K)]

（三）地面（楼面）

1 保温形式：[　　][　　]［A 采暖区不采暖地下室顶板保温］［B 采暖区过街楼面保温］［C 底层地面保温］［D 其他］

2 保温材料名称：[　　]［A 挤塑聚苯乙烯发泡板］［B 模箱聚苯乙烯发泡板］［C 聚氨酯发泡］［D 其他］

3 保温材料性能：密度：[　　kg/m³]导热系数[　　W/(m·K)]保温材料层厚度[　　mm]

4 地面（楼面）传热系数：[　　W/(m²·K)]。

（四）外门窗（幕墙）

1 门窗类型：[　　][　　][　　][　　]［A 断热桥铝合金中空玻璃窗］［B 断热桥铝合金 loe 中空玻璃窗］［C 塑钢中空玻璃窗］［D 塑钢 loe 中空玻璃窗］［E 塑钢单层玻璃窗］［F 其他］

2 外遮阳形式：[　　]［A 水平百叶遮阳］［B 水平挡板遮阳］［C 垂直百叶遮阳］［D 垂直挡板遮阳］［E 垂直卷帘遮阳］

3 内遮阳材料[　　]［A 金属百叶］［B 无纺布］［C 绒布］［D 纱］［E 竹帘］［F 其他］

4 门窗性能：传热系数[　　W/(m²·K)]、遮阳系数[　　%]可见光透射比[　　]气密性能[　　]

二、供热采暖系统及其节能设施

（1）供热方式：[　　]［A 城市热力集中供热］［B 区域锅炉房集中供热］［C 分户独立热源供

热][D 热电厂余热供热]

（2）室内采暖方式：[　　　][A 散热器供暖][B 地面辐射供暖][C 其他]

（3）室内采暖系统形式：[A 垂直双管系统][B 水平双管系统][C 带跨越管的垂直单管系统][D 带跨越管的水平单管系统][E 地面辐射供暖系统][F 其他系统]

（4）系统调节装置：[　　　　][A 静态水力平衡阀][B 自力式流量控制阀][C 自力式压差控制阀][D 散热器恒温阀][E 其他]

（5）热量分摊（计量）方法：[　　　][A 户用热计量表法][B 热分配计法][C 温度法][D 楼栋热量表法][E 其他]

三、空调、通风、照明系统及其节能设施（公共建筑）

（1）空调风系统形式：[　　][A 定风量全空气系统][B 变风量全空气系统][C 风机盘管加新风系统][D 其他]

（2）有无新风热回收装置：[　　　][A 有][B 无]

（3）空调水系统制式：[　　　][A 一次泵系统][B 二次泵系统][C 一次泵变流量系统][D 其他]

（4）空调冷热源类型及供冷方式：[　　　][　　　][A 压缩式冷水（热泵）机组][B 吸收式冷水机组][C 分体式房间空调器][D 多联机][E 其他][F 区域集中供冷][G 独立冷热源集中供冷]

（5）系统调节装置：[　　　　][A 电动两通阀][B 电动两通调节阀][C 动态电动两通阀][D 动态电动两通调节阀][E 压差控制装置][F 对开式电动风量调节阀][G 其他]

（6）送、排风系统形式：[　　　][A 自然通风系统][B 机械送排风系统][C 机械排风、自然进风系统][D 设有排风余热回收装置的机械送排风系统][E 其他]

（7）照明系统性能：照度值[　　　　]功率密度值[　　　　]

（8）节能灯具类型：[A 普通荧光灯][B T8 级][C T5 级][D LED][E 其他]

（9）照明系统有无分组控制控制方式：[A 有][B 无]

（10）生活热水系统的形式和热源：[A 集中式][B 分散式][C 电][D 蒸汽][E 燃气][F 太阳能][G 其他]

四、可再生能源利用

（一）太阳能利用：[　　　][A 太阳能生活热水供应][B 太阳能采暖][C 太阳能空调制冷][D 太阳能光伏发电][E 其他]

（二）地源热泵：[　　　][A 土壤源热泵][B 浅层地下水源热泵][C 地表水源热泵][D 污水水源热泵]

（三）风能利用：[　　　][A 风能发电][B 其他]

（四）余热利用：[　　　][A 利用余热制备生活热水采暖][B 利用余热制备采暖热水][C 利用余热制备空调热水][D 利用余热加热（冷却）新风]

五、建筑能耗与能源利用效率

（一）当地节能建筑单位建筑面积年度能源消耗量指标：采暖[　　　]W/m^2，制冷[　　　]W/m^2

（二）本建筑单位建筑面积年度能源消耗量指标：采暖[　　　]W/m^2，制冷[　　　]W/m^2

（三）本建筑建筑物用能系统效率：热（冷）源效率[　　　%]管网输送效率[　　　%]

（四）本建筑与建筑节能标准比较：[　　　　][A 优于标准规定][B 满足标准规定][C 不符合标准规定]

五、关于加强建筑节能材料和产品质量监督管理的通知

建科[2008]147号

各省、自治区、直辖市建设厅(建委)、工商行政管理局、质量技术监督局,新疆生产建设兵团建设局:

近一时期,建筑节能材料和产品在各地程度不同地存在着一些质量问题。有的生产企业不按产品标准组织生产;有的建材市场经销企业非法经营无产品名称、无厂名、无厂址(以下简称"三无")的节能材料和产品;有的建筑工程违规购买和使用质量不合格的建筑节能材料和产品,这些行为严重扰乱、违反了建筑节能材料和产品正常的生产秩序、流通秩序和使用程序,也给建筑工程质量特别是建筑节能标准的执行带来严重影响。为了及时纠正和预防上述问题,进一步加强民用建筑新建、改造过程中节能材料和产品的质量监督管理,确保新建建筑和既有建筑节能改造所使用的节能材料和产品符合标准要求,保证工程质量,现就加强建筑节能材料和产品质量监督管理的有关事项通知如下:

一、提高认识,增强抓好建筑节能材料和产品质量监督管理的责任感和紧迫感

(一)提高认识。各级住房和城乡建设主管部门、工商行政管理部门、质量技术监督部门要从贯彻科学发展观,落实《国务院关于印发节能减排综合性工作方案的通知》精神,全面完成建筑节能工作任务,促进建筑增长方式根本转变的高度,充分认识抓好建筑节能材料和产品质量监督管理的重要性和紧迫性,将这项工作列入重要的议事日程,作为近一时期的重要工作任务,精心组织、周密部署,狠抓落实,务见实效。

(二)明确监管重点。建筑节能材料和产品一般包括围护结构和用能系统两大类。主要有墙体屋面保温材料及其辅料、节能门窗幕墙,采暖、空调、通风、照明、热水供应等设施相关的产品。各地住房和城乡建设主管部门要会同同级工商行政管理、质量技术监督部门,组织对当地建筑节能材料、产品的生产、流通、使用情况进行一次专项检查,及时发现和纠正这些环节存在的产品质量问题,依法查处一批、曝光一批。要重点查验生产企业是否按照材料、产品标准组织生产,建材市场有无销售"三无"节能材料、产品,建筑工程有无采购和使用不合格节能材料、产品的现象。

二、严控源头,加强对建筑节能材料和产品生产的质量监管

(三)进一步健全建筑节能材料和产品的生产标准。国家将不断修订和完善建筑节能材料和产品的标准。对一些性能可靠、经济适用但目前尚无国家标准、行业标准、地方标准的建筑节能新材料和新产品,其生产企业要及时制订材料和产品的企业标准,并按照规定程序进行备案、发布,但其性能指标应严于已有类似材料和产品的国家标准、行业标准、地方标准的要求。

(四)严格按照建筑节能材料和产品标准组织生产。建筑节能材料和产品生产企业要严格按照产品标准组织生产,按规定进行产品的型式检验、出厂检验,未经检验合格的产品一律不得出厂销售。要建立健全建筑节能材料和产品的质量保证体系和计量管理制度,重点抓好原材料进货质量和配比、生产工艺工序、产品出厂质量检验等环节的控制,同时配备相应的实验室,实验室使用

的计量器具必须经依法检定合格。

（五）加强建筑节能材料和产品生产环节的质量监管。各地住房和城乡建设主管部门应积极配合质量技术监督部门加大对建筑节能材料和产品生产环节的质量监管力度，重点查处不按材料、产品标准进行生产，不对材料、产品按规定进行型式检验和出厂检验，或者将不合格产品出厂销售等行为。各地质量技术监督部门要加强对建筑节能材料和产品生产企业的巡查力度，全面建立企业质量档案。除日常监管外，各地今后每年至少开展一次专项检查，并将检查结果向社会公示，对违规企业依法处理。要加大对建筑工程中使用建筑节能材料和产品的执法力度，严厉打击生产、使用不合格产品的违法行为。

三、规范市场，加强对建筑节能材料和产品流通领域的质量监管

（六）加强建筑节能材料和产品流通市场监管。强化市场主办者的责任，经销建筑节能材料和产品的市场主办者要切实承担起第一责任人的责任，督促建材经销企业建立索证索票和进货台账制度，确保其依法销售质量合格、手续齐备的节能材料和产品，严禁采购和销售"三无"节能材料和产品。工商行政管理部门要加强建筑节能材料和产品流通市场的监管，对节能材料和产品的经销企业销售的材料和产品的出厂合格证、检验报告等手续进行查验，及时查处无照经营、销售"三无"节能材料和产品、冒用他人产品商标、厂名、厂址及检验报告、利用广告对产品质量做虚假宣传、以次充好的销售企业，切实净化流通市场。

（七）建立建筑节能材料和产品流通市场监测、巡查和专项检查制度。各地工商行政管理部门要加强对建筑节能材料和产品流通环节的质量监管，在加大日常检查、巡查力度的同时，加强质量监测，针对当地市场上存在的突出问题适时开展专项检查、整治，及时向社会曝光重大、典型案例。

四、多措并举，提高对节能材料和产品在建筑工程中使用的监管水平

（八）进一步落实建筑节能材料和产品推广、限制、淘汰公告制度。省级住房和城乡建设主管部门要根据建筑节能标准要求和国家的产业政策，结合当地实际，及时制定并发布建筑节能材料和产品的推广、限制和淘汰目录，指导建筑工程正确选购。

（九）建立建筑节能材料和产品备案、登记、公示制度。各地住房和城乡建设主管部门应根据当地气候和资源情况，制定适合本地实际的建筑节能材料和产品的推广目录。对建筑工程使用的建筑节能材料和产品，在质量合格和手续齐全的前提下，由设区市级以上住房和城乡建设主管部门进行备案、登记、公示。鼓励建筑工程使用经过备案、登记、公示的节能材料和产品。

（十）建筑工程各方主体应严格履行职责确保工程质量。建筑工程必须采购和使用质量合格、手续齐备的节能材料和产品，建设单位（房地产开发商）不得明示或者暗示使用不符合标准规范要求的节能材料和产品；设计单位不得设计不符合标准规范及国家明令淘汰的材料和产品；施工图审查机构应严格按照相关的规程、规范进行节能审查；施工单位应当对进入施工现场的建筑节能材料和产品进行查验，不符合施工图设计文件要求的，不得进场使用，并按照有关施工质量验收规程要求进行产品的抽样检测；工程监理单位要组织对进场材料和产品见证取样，签字验收，未经监理工程师签字的，不得在建筑上使用或者安装；建筑工程使用不符合要求的材料和产品，有关部门不得通过竣工验收备案。

五、部门联动，建立建筑节能材料和产品质量监管的长效机制

（十一）建立监督检查联动机制。各地住房和城乡建设主管部门、工商行政管理部门、质量技术监督部门及墙体材料革新与建筑节能管理机构要依据有关职能组织联合检查，依照有关规定和标准，针对建筑节能材料和产品生产、流通、使用等环节存在的质量突出问题，对需要重点检查的节能材料和产品进行汇总归纳,列出检查清单,根据实际需要及时安排进行产品质量抽查、监测和专项检查,及时发现和纠正存在的产品质量问题。抽查、监测结果要在当地的主要媒体上予以公布,对违法违规的企业和单位要依法予以处罚。

(十二)落实市场信用分类监管。各地要联合建立建筑节能材料和产品的信用分类管理机制,按照企业违法违规程度和频次,对违反规定的节能材料和产品生产企业、经销企业和建筑工程使用单位进行不良信誉记录,对一定时期内未出现不良记录的守法企业建立企业优良信誉记录,并予以公示。各地住房和城乡建设主管部门对违法违规企业信息要及时予以通报,限制或禁止其参加建设工程材料投标,确保在建筑工程建设中使用合格的节能材料和产品。要推广合同示范文本,清理建材市场的霸王合同条款,保护消费者合法权益。

(十三)建立服务机制。各地住房和城乡建设主管部门要及时编制配套相关技术规程和标准图集,不断提高产品质量和工程应用质量水平。各地工商管理部门要积极支持经销优质节能材料和产品的企业进入当地建材市场并依法办理登记注册手续。各级住房和城乡建设主管部门应当会同有关部门加强对建筑节能材料和产品在生产、使用等环节相关人员的技术培训及指导。各地建筑节能材料、产品所属行业协会要充分发挥桥梁纽带作用,制订会员章程,加强行业的产品质量自律和价格自律,制止低价恶性竞争等不良行为。

(十四)建立舆论监督和考核评价机制。各地应充分利用各种媒体资源,对建筑节能材料和产品的生产企业、经销企业和使用单位的质量情况及时进行公示,发挥新闻舆论的监督作用,营造全社会关注、监督建筑节能材料、产品质量以及工程质量的良好氛围,指导公众增强对节能材料和产品的质量识别能力。

住房和城乡建设部将把各地建筑工程使用节能材料、产品的质量情况纳入每年一度的建设领域节能减排工作的考核内容,进行专门评价检查。各级住房和城乡建设主管部门应将建筑节能材料和产品在建筑工程中使用的质量情况纳入年度建设领域节能减排工作的考核评价内容,进行严格考核。

请各省级住房和城乡建设主管部门于2008年10月31日之前将本地区建筑工程使用节能材料与产品的质量检查情况书面报告住房和城乡建设部。

中华人民共和国住房和城乡建设部
中华人民共和国国家工商行政管理总局
中华人民共和国国家质量监督检验检疫总局
二〇〇八年八月二十日

六、关于印发《关于进一步加强我省民用建筑节能工作的实施意见》的通知

苏建科[2005]206号

省建管局、各省辖市建设局(建委)、规划局、园林局、房管局(房改办)、建工局:

我省是一个经济大省,也是一个耗能大省,人多地少,又是一个资源和能源比较匮乏的省份,80%的能源要依靠省外;我省人口密度全国最大,矿产性资源全国最少,人均环境容量全国最小,全省在总体上已进入工业化的中期、城市化的加速期和经济国际化的提升期,资源消耗、环境污染以及能源供应紧张等问题十分突出,这些将极有可能成为制约今后我省经济可持续发展的瓶颈。大力推进建筑节能工作,是节约能源的重要途径。为此,我们要从战略和贯彻科学发展观的高度,重视并推进我省的建筑节能工作,全面建设节能省地型住宅和公共建筑。

国家行业标准《夏热冬冷地区居住建筑节能设计标准》(JGJ134—2001)和江苏省地方标准《江苏省民用建筑热环境与节能设计标准》(DB32/478—2001)都已在2001年10月1日正式实施。近年来,在各级建设部门的重视和努力下,我省建筑节能工作稳步推进。科技投入逐年加大、初步建立了节能技术体系框架;加快了节能工程试点示范,建成了一批省级、部级节能示范小区;2004年施工图设计审查统计,全省节能建筑设计面积达2180万 m^2。然而,全省建筑节能工作发展很不平衡,一些地区建筑节能工作监管不力,部分设计单位未能按节能设计标准进行设计,个别施工图审查机构对新建工程的节能设计审查不严格,有些房地产开发商或施工单位在施工过程中擅自变更节能设计,工程中采用的材料、设备达不到节能标准的要求,严重影响了我省节能设计标准的执行和节能建筑的实施,应该引起全社会的高度重视,必须加以纠正。

最近,《公共建筑节能设计标准》(GB50189—2005)已经发布,并在今年7月1日起正式实施。希望各地要及时组织培训,认真贯彻执行。

在我省民用建筑工程中全面实施节能是国家和我省强制性标准的要求。为认真执行这些标准,全面建设节能建筑,我们制定了《关于进一步加强我省民用建筑节能工作的实施意见》,现印发给你们,请各地要结合实际,根据该《实施意见》,制定相应的实施办法,切实加强建筑节能工作的领导,加强节能建筑建设各个环节的监管,严格执行现行国家和我省节能建筑设计标准和规程,全面实施和建设好节能建筑。

附:《关于进一步加强我省民用建筑节能工作的实施意见》

江苏省建设厅
二〇〇五年六月二十九日

抄报:省政府,建设部。
抄送:省建设工程招投标办公室、施工图审查中心、工程质量监督总站。

附:

关于进一步加强我省民用建筑节能工作的实施意见

一、提高认识,明确目标和任务

(一)建筑节能对于促进能源资源节约和合理利用,缓解我省能源资源供应与经济社会发展的矛盾,加快发展循环经济,实现经济社会的可持续发展,有着举足轻重的作用,也是保障国家能源安全、保护环境、提高人民群众生活质量、贯彻落实科学发展观的一项重要举措。各级建设行政主管部门要切实把全面建设节能建筑作为贯彻落实党和国家方针政策和法律法规、落实科学发展观、加强依法行政的一项重要工作,抓紧抓好并抓出成效。

各地应以建设节能省地型住宅和公共建筑为突破口,以建筑"四节"(节地、节能、节水、节材)为工作重点,制定相应的工作目标和规划,努力建设节约型城镇。

(二)城市(含县城)新建住宅必须全部达到国家和地方标准规定的节能50%的标准,经济发达地区的乡镇新建住宅可参照实施;大城市应积极开展建筑节能65%的试点;设区市应有计划地积极进行既有建筑节能改造试点工作。

全省所有公共建筑自2005年7月1日起必须严格执行《公共建筑节能设计标准》GB50189—2005。政府投资的工程项目必须率先执行节能设计标准,采用节能产品与设备。

二、大力开展对建筑节能的宣传培训,提高全民节能意识

(三)各地要充分利用新闻媒体,采取制作节能"科教片"、编辑宣传册、开展"节能宣传周"等多种方式,广泛宣传建筑节能的重要性,增强公众的节能意识,提高各有关部门、单位贯彻建筑节能设计标准的自觉性,努力营造"各级领导重视、相关部门理解支持、建设各方积极执行、群众监督"的良好氛围。

(四)要加大对建筑节能知识的培训。各地要组织建设行政主管部门的分管领导和相关人员进行学习;要加强对设计、施工、监理、施工图审查、质量监督等专业技术人员和管理人员的建筑节能知识与技术的培训,使技术人员都能熟悉和掌握节能设计标准,并在实施中得到落实。要将节能标准、节能新技术作为注册建筑师、勘察设计注册工程师、监理工程师、建造师等各类执业注册人员继续教育的必修内容。

三、加强领导,完善工作机制

(五)建筑节能涉及面广,政策性强,技术要求高,是一个系统工程,必须统一协调、统一管理。各地建设行政主管部门应有专门的机构或专人来负责这项工作。同时,加强与经贸委、国土等部门的联系和沟通,加强与当地墙改部门的合作与配合,充分联合各方面力量,共同推进我省建筑节能工作。

(六)推进建筑节能涉及城乡规划、建设、管理等各方面的工作,各地要逐步建立和完善建筑节能工作领导小组的工作制度,通过联席会议和专题会议等有效形式,形成协调配合、齐抓共管、运行顺畅的工作机制。

(七)要逐步建立激励约束机制。各级建设行政主管部门要将建筑节能工作列入主要工作目标,每年进行考核评比;省建设厅每年对全省建筑节能工作进行检查评比,对成绩突出的先进单位和个人予以表彰;对不执行建筑节能有关标准和规定的予以曝光,并严肃处理。各级建设行政主管部门要建立监督举报制度,设立监督举报电话,受理公众举报,并及时进行查处。

凡建筑节能工作开展不力的地区,所涉及的城市不得参加"人居环境奖"、"园林城市"的评奖;已获奖的应限期整改,经整改仍达不到标准和要求的将撤消获奖称号。

四、落实责任,严格执行标准

(八)建设单位要严格按照建筑节能设计标准和技术要求组织工程项目的规划设计、建设和竣工验收。建设单位不得擅自修改节能设计文件,不得暗示或明示设计、施工单位违反节能建筑标准进行设计、施工。

房地产开发企业须将所售商品住房的结构形式及其节能措施、围护结构保温隔热性能指标等基本信息载入《住宅使用说明书》。

(九)设计单位要严格按照国家和地方的节能建筑设计标准和节能要求进行设计。

设计单位在设计文件中选用的材料、构配件和设备,应当注明规格、型号、热工性能、能效比等技术指标,其质量、性能指标等必须符合国家规定的标准。对没有国家和地方标准的产品与材料应经省建设行政主管部门组织专家进行技术论证后方可选用。

(十)施工图设计审查机构必须按规定进行节能设计专项审查,并在审查意见书中将不符合有关节能设计强制性标准和规定的内容单独列出。审查内容包括:建筑热工计算书、节能设计主要技术措施,以及相关节能材料、产品的技术参数等。对不符合建筑节能强制性标准的,施工图设计文件审查应不予通过。

(十一)施工单位必须严格按照审查合格的设计文件以及节能施工技术标准、规范和工艺的要求进行施工,不得擅自修改工程设计,不得偷工减料。特别是要加强新型墙体材料和外保温材料施工时的质量控制,消除质量通病,以保证节能效果。

(十二)监理单位要按照节能技术标准、节能设计文件对节能建筑施工质量进行监理,并对符合验收要求的隐蔽工程、工序予以鉴认;同时对施工单位报检的符合节能技术标准和节能设计文件要求的材料、产品和设备予以鉴认。

五、严格执法,加强监督管理

(十三)工程项目的方案设计或可行性研究报告中必须编制"节能篇(章)",并经建筑节能管理部门专题论证,符合建筑节能设计标准的项目,城市规划行政管理部门方可办理建设用地规划许可证。

(十四)工程项目施工图设计必须经审图机构审查合格后,建设行政主管部门方可颁发施工许可证。施工图设计审查合格的工程项目,建设单位需在项目所在地的建筑节能管理部门办理备案登记手续。

(十五)工程项目施工前,建设单位须将节能工程与主体工程一并报请工程质量监督部门进行质量监督。对工程质量达不到节能设计标准要求的项目,工程质量监督部门应通知建设单位改正,并在质量监督文件中应予注明,报建设行政主管部门备案。

(十六)建设单位在节能工程单独验收合格后,方可组织工程项目的竣工验收。竣工验收合格的工程,方可向建设行政主管部门和房地产行政主管部门申办竣工验收备案手续和申领房屋产权使用证,同时将节能工程竣工验收报告报建筑节能管理部门备案。

(十七)各地要加强建筑节能设计标准实施情况的日常监督检查,发现问题,应及时纠正和处理。省建设厅每年在各地监督检查的基础上,对各地建筑节能标准执行情况进行抽查,对建筑节能工作开展不力的地方和单位进行重点抽查,并将抽查情况予以通报。

对达不到国家和我省节能设计标准的工程,或在工程中采用国家和我省明令禁止、淘汰的产品、材料和设备的,一律定为不合格工程,不得办理竣工验收备案手续和发放产权使用证,不得减免新型墙体材料专项基金,更不得参加"扬子杯"、"鲁班奖"、"绿色建筑创新奖"等优质工程以及省和国家优秀设计的评选。

六、积极推广建筑节能新技术、新产品,淘汰落后和耗能高的技术与产品

(十八)各地应根据国家和省发布的建筑节能技术公告和节能推广项目目录,引导单位和个人在建筑工程中采用先进的节能技术、材料、产品和设备。为规范市场行为,应开展与建筑节能有关的技术、材料和设备性能的认定,以及节能建筑的认定工作。对列入淘汰目录的技术、产品、材料和设备,不得进入工程使用。节能建筑应优先选用经国家和省推广认定的建筑节能技术、产品、材料和设备。

(十九)节能设计必须充分考虑到建筑、结构、材料、设备以及环境等因素,进行系统优化与技术整合。

建筑的选址、布局、朝向、间距、层高等应合理规划与设计。应积极推广应用节能门窗和中空玻璃;严禁采用非节能的玻璃幕墙、玻璃窗;外窗必须采取外遮阳措施,限制采用凸窗;公共建筑除执行以上规定外,还应限制屋顶透明中厅的面积,合理设计室内空间和高度。

优先选择使用混凝土结构、钢结构以及钢混组合结构(型钢混凝土、钢管混凝土),推广符合建筑工业化方向的预制结构体系;逐步在县级及以上城市的建筑中限制烧结黏土砖砌体结构的使用,直至禁止使用。积极推广应用复合叠合楼板和现浇空心楼板技术。积极采用高强、高性能混凝土。

各地应因地制宜,就地取材,做好建筑外围护结构的保温隔热措施。优先采用外墙外保温技术,提倡自保温技术;禁止使用易吸水的开孔型材料作为外墙外保温与屋面的保温材料。

小区景观用水应采用小区收集、净化的雨水,严禁采用自来水补水,鼓励采用中水回用技术;同时,应大力推广平屋面、墙面立体绿化种植技术。

应经技术经济环境效益分析比较后,合理选择采暖空调系统冷热源形式,并选用高效率设备,减少冷热媒输送系统的能耗,优先考虑采用自然能源;一般情况下不得采用电热锅炉、电热水器作为直接采暖和空调的热源。积极采用智能控制管理系统,减少采暖空调系统运行能耗。

(二十)积极推广太阳能(光热、光电、光纤)、地热、水热、空气源热泵等自然能源和沼气、秸秆制气等生物质能源在建筑中的应用。在城市,要鼓励集中使用太阳能,推广太阳能与建筑一体化技术,要结合城市既有建筑平改坡改造工程,推进太阳能的利用;在农村,要积极推广太阳能技术、沼气、秸秆制气等生物质能源技术。从今年起,我省新建住宅小区应优先采用集中式太阳能热水技术,并按照我省地方标准《住宅建筑太阳热水系统一体化设计、安装与验收规程》进行太阳能热水系统的设计、施工和安装。

七、依靠科技进步,提升节能建筑的技术含量

(二十一)各地要加大建筑节能技术科技攻关力度。要通过多种渠道,加大对建筑节能技术研发的投入,组织力量加大对新结构、新能源、新材料、新产品的研发力度。结构体系要重点研发钢结构、复合木结构等新型结构体系;外围护结构要重点研发利用固体建筑垃圾、工业废渣、粉煤灰、煤矸石、页岩、江河湖泊淤泥等利废保温的新型墙体材料和外保温材料及既隔热又保温的新型建筑玻璃;新能源要重点研发利用太阳能、地热、水热、空气源热泵等自然能源和沼气、秸秆制气等生物质能源技术。

(二十二)积极实施建筑节能示范工程。各地区要结合实际,注重成熟技术和技术集成的推广应用,加快建设节能示范小区。建筑节能的示范提倡多元技术的整合,包括新型结构体系、围护结构体系、新能源的利用;结合示范工程,开展节能技术和产品的检测、检验技术、地方标准和"四新"成果推广应用技术规程的编制等。我省康居小区必须实施节能示范,政府投资的工程应率先建设节能示范工程,积极建设绿色建筑。

(二十三)尽快完善建筑节能的相关技术标准。要加快节能建筑快速检测方法和设备的科研攻关,加快编制《江苏省节能建筑的检测标准》、《江苏省节能建筑验收规范》、《建筑外围护结构设计导则》等相关标准和图集;继续鼓励企业编制"四新"成果推广应用的推荐性技术规程。

七、江苏省建设厅关于印发《复合保温砂浆建筑保温系统应用管理暂行规定》的通知

苏建科[2007]144号

各省辖市建设局(建委),各有关单位:

近年来,随着我省建筑节能的全面实施,各类围护结构保温技术大量应用,特别是复合保温砂浆建筑保温系统,在建筑节能工程中得到了广泛应用,其应用量已超过全省建筑保温系统总量的80%。由于生产门槛较低,大量生产企业一哄而上,低价竞争、产品质量良莠不齐、市场混乱的局面已经凸显。同时,应用过程中质量控制不严,出现了空鼓、开裂、热工性能不达标等问题,严重影响了我省建筑节能工作的健康发展。

为规范复合保温砂浆建筑保温系统的应用,确保建筑节能工程质量,我厅制定了《复合保温砂浆建筑保温系统应用管理暂行规定》,现印发给你们,请遵照执行。

附件:《复合保温砂浆建筑保温系统应用管理暂行规定》

二〇〇七年四月二十四日

附件:

复合保温砂浆建筑保温系统应用管理暂行规定

为规范复合保温砂浆建筑保温系统的应用管理,确保建筑节能工程质量,特制定如下暂行规定。

一、凡在我省应用复合保温砂浆建筑保温系统,其性能指标、检验方法和工程质量要求必须统一执行《水泥基复合保温砂浆建筑保温系统技术规程》(DGJ32/J 22—2006)和《民用建筑节能工程施工质量验收规程》(DGJ32/J 19—2006)地方标准。

二、《水泥基复合保温砂浆建筑保温系统技术规程》(DGJ32/J 22—2006)中新增了体积吸水率、抗裂砂浆线性收缩率等性能指标,规定W型水泥基聚苯颗粒保温砂浆体积吸水率≤8%,L型水泥基聚苯颗粒保温砂浆体积吸水率≤10%,抗裂砂浆线性收缩率≤0.20%,是针对我省雨水多、湿度大的气候特点,为确保保温系统性能,在国家相关标准的基础上制定的,各类保温砂浆均须符合上述指标并提供相应的检测报告。

三、复合保温砂浆建筑保温系统对其组成材料及材料性能、整体施工工艺等都有严格的技术要求,保温系统供应商应配套供应各组成材料,确保其稳定性和相容性,并提供相应的技术说明和应用指导文件。保温系统施工时,除正常掺水拌合外,现场不得掺加水泥、砂等其他材料。

四、聚苯颗粒复合保温砂浆只适用于建筑外墙外保温,无机矿物轻集料保温砂浆作为外墙外保温系统的补充,只适用于外墙内保温。外墙外保温砂浆粉刷厚度不宜超过30mm。为增加外墙内保温系统的呼吸性,外墙内保温宜选用石膏基类保温砂浆。

五、为保障复合保温砂浆建筑保温系统质量,应用单位在选用复合保温砂浆时,应考察生产企业是否具备以下生产工艺和装备条件。

1 有可靠的技术来源。

2 具有健全的质量管理体系。

3 原材料在线自动计量,出料自动计量和包装。混合机有效容积大于1500L,聚苯颗粒保温砂浆生产线具有二次混合工艺。

4 具有产品出厂检验试验室,具备万能试验机(50~100kN)、砂浆搅拌机、电热恒温干燥箱、电子天平、标准法维卡仪、标准筛、试模等检测设备、仪器。

5 具有经过专业培训的技术人员和试验室人员。

六、加强复合保温砂浆建筑保温系统科技成果推广项目的发布与管理,省建设厅按季度公布推广项目,供使用单位选用。

七、省建设厅组织对生产企业技术人员和试验室人员进行技术培训;选择一批符合条件的生产企业,列入我省复合保温砂浆产业化基地,扶持企业做大做强。

八、建设单位在应用复合保温砂浆时,应优先选用经省建设厅科技成果推广认定的产品,并由保温砂浆生产企业负责供应系统的组成材料和配套材料,不得分别采购;同时,按规范要求对进场材料进行见证取样复检,做好现场热工性能测试和建筑节能专项验收工作。

九、设计单位应按本暂行规定第四条正确选用保温系统,保温系统如需变更的,必须由原设计单位重新进行节能计算,并报施工图审查机构重新审查。

十、施工单位应编制建筑保温系统施工方案,并经监理工程师审核;在项目施工前应做样板墙,样板墙检验合格才能组织施工。

十一、监理单位应严格作好各施工工序的质量控制,工序间应进行交接检查,上道工序未经质量验收合格,下道工序不得施工。

十二、质量监督机构应按照有关规定加强对复合保温砂浆建筑保温系统的质量监督。

十三、对应用伪劣产品、影响复合保温砂浆建筑保温系统质量的,由当地建设行政主管部门予以查处。任何单位或个人如发现伪劣产品进入施工现场,可及时向当地建设行政主管部门举报。

八、江苏省建设厅关于加强节能建筑墙体自保温推广应用的通知

苏建科[2007]275号

各省辖市建设局(委):

《省政府办公厅关于加强建筑节能工作的通知》(苏政办发[2008]17号)、《关于印发〈江苏省建设领域节能减排工作实施方案〉的通知》(苏建科[2007]275号)等文件要求,"十一五"期间全省要实现建筑节能1000万吨标准煤的目标。加强节能建筑墙体自保温推广应用,引导我省建筑节能技术健康发展,是完成该目标的一项重要途径。

节能建筑自保温墙体是指不通过内、外保温技术,其自身的热工指标达到现行国家和地方节能建筑标准要求的墙体结构。节能建筑墙体自保温技术与其他墙体保温技术比较,具有与建筑同寿命、降低造价、施工方便、便于维修改造、安全等优点。节能建筑墙体自保温技术是今后节能墙体材料改革发展的重要方向,对于降低能源消耗、减少环境污染、促进节能减排、实现可持续发展都具有重要的意义。现就加强节能建筑墙体自保温推广应用有关工作通知如下:

一、加强有利于节能建筑墙体自保温结构体系的推广和应用。各地在住宅结构体系的选择与工作导向上,在建筑节能的设计和审查环节上,应结合当地技术经济条件、抗震设防要求等,制定相关政策,优先推广应用节能建筑墙体自保温结构体系,为节能建筑墙体自保温技术的推广应用提供支持。

二、因地制宜地开发节能利废的自保温砌体。目前我省节能建筑中应用的墙体自保温材料和技术主要有烧结类、非烧结类、复合结构类。各地要根据自身资源条件,结合"禁实限黏"等墙体改革的要求,积极研发自保温墙体材料,确定本地条件的节能建筑墙体自保温技术方向,做到技术要有标准,产品要有标识,材料要定点生产。积极鼓励发展非烧结制品、复合结构自保温技术。

省建设厅将不定期公布有关适应我省各地区的节能建筑墙体自保温技术推广使用目录,供各地选择、参考。

三、组织节能建筑墙体自保温技术的科研攻关及规模化生产。加强高校、科研单位、企业之间的合作,通过多种途径开展科技攻关,研究开发具有地方特色的多样化的节能建筑墙体自保温技术,逐步完善生产设备、生产工艺、检测手段,不断丰富我省节能建筑墙体保温技术体系。加强节能建筑墙体自保温系统的研究,特别是砌筑砂浆及冷、热桥处理配套等技术的研究。

四、完善节能建筑墙体自保温技术标准。组织研究制定节能建筑墙体自保温技术的应用标准。编制节能建筑墙体自保温系统图集,指导节能建筑墙体自保温技术的设计、审图、施工、检测、监理、验收。避免不同厂家生产的同类产品性能差异较大,产品质量参差不齐,工程施工和质量监督缺乏技术依据。

五、加强节能建筑墙体自保温技术的规范化管理。开展节能建筑墙体自保温技术(系统)的评估认定管理,未经省建设厅推广认定或论证的不得应用于我省建筑工程中。进一步研究完善我省节能建筑墙体自保温技术(系统)在设计、审图、施工、检测、监理、验收等各环节的管理措施,减少质量通病。

六、积极开展节能建筑墙体自保温技术工程试点示范。积极培育地方主导技术,扶持发展地

方节能建筑墙体自保温生产企业,培育从事节能建筑墙体自保温技术研发、生产的产业化基地。树立绿色建材、绿色建筑的理念,充分利用地方资源,合理布局,引导开发生产节能建筑墙体自保温产品。省建设厅将把节能建筑墙体自保温的应用情况作为节能建筑、绿色建筑、优秀设计、优质工程等评选的重要指标之一,优先给予评奖。

各地应根据本通知要求,结合当地实际情况,制定具体的工作措施,并加强宣传,以保证这项工作平稳、健康地开展。

二〇〇八年七月二十七日

九、关于加强太阳能热水系统推广应用和管理的通知

苏建科[2007]361号

各省辖市建设局、规划局、房管局：

太阳能热水系统是一种重要的可再生能源利用技术，推广应用太阳能热水系统，对于减少矿物能源消耗、减少环境污染、缓解我省用能紧张形势、促进节能减排、实现可持续发展都具有重要意义。

我省具备太阳能热水系统应用的自然条件和产业优势，且太阳能热水系统技术成熟、经济性好，与建筑一体化设计、统一安装可以满足城市规划要求，不破坏城市景观。

为推动太阳能热水系统在我省房屋建筑中的规模化应用，加强房屋建筑中应用太阳能热水系统的管理，根据《中华人民共和国可再生能源法》、国家发展改革委、建设部《关于加快太阳能热水系统推广应用工作的通知》和国家、省有关房屋建筑管理的法律、法规的要求，现就有关工作通知如下：

一、自2008年1月1日起，我省城镇区域内新建12层及以下住宅和新建、改建和扩建的宾馆、酒店、商住楼等有热水需求的公共建筑，应统一设计和安装太阳能热水系统。拟不采用太阳能热水系统的，由建设单位和建筑设计单位共同提出书面原因，经建设行政主管部门召集专家对原因进行分析论证后作出决定。城镇区域内12层以上新建居住建筑应用太阳能热水系统的，必须进行统一设计、安装。鼓励农村集中建设的居住点统一设计、安装太阳能热水系统。

二、各级规划、建设、房产主管部门要在规划设计要点、建筑设计审查、工程质量监督、施工许可、房屋销售与物业管理等环节上，按照各自的职责分工加强对应用太阳能热水系统的监督、管理和协调，共同促进太阳能热水系统在建筑中的推广应用。

三、建筑设计单位应将太阳能热水系统作为建筑的有机组成部分，严格按照国家《太阳热水系统设计、安装及工程验收技术规范》GB/T 18713—2002、《民用建筑太阳能热水系统应用技术规范》GB50364—2005和我省《住宅建筑太阳能热水系统一体化设计、安装与验收规程》DGJ32/TJ08—2005、《太阳热水系统与建筑一体化设计标准图集》等标准规程进行系统设计，力求建筑物外观协调、整齐有序，热水系统性能匹配、布局合理，保证建筑质量和太阳能热水系统的使用安全，方便安装和维修。农村住房应用太阳能热水系统也应进行系统设计。

施工图审查机构应当按照有关标准进行审查，发现未按本通知要求设计太阳能热水系统又未经过主管部门组织专家论证的，应暂停审查并及时报主管部门。

四、太阳能热水系统应由专业施工单位按照国家和省的相关标准规范进行施工，保证太阳能热水系统和建筑物的工程质量。监理单位应把太阳能热水系统安装施工纳入监理范围。建设单位在组织工程竣工验收时，应按相关验收规范、规程对太阳能热水系统工程进行验收。

五、建设单位应按国家相关规定与物业服务企业做好太阳能热水系统涉及共用部位、共用设施设备的移交和承接验收工作。物业服务企业应当依照物业服务合同的约定，做好日常管理与维护，及时制止擅自改装、移动、损坏太阳能热水系统的行为，保证太阳能热水系统的正常运行。

六、规范对已建成建筑应用太阳能热水系统的管理，安装太阳能热水系统不得影响建筑质量

和景观,物业服务公司要做好协调配合工作。在政府组织的小区重新改造、环境整治等工作中,应用太阳能热水系统必须进行统一设计、安装。

七、在建筑能耗评价时,太阳能热水系统集热能量计入建筑节能总量。省建设厅对应用太阳能热水系统的情况作为节能建筑、绿色建筑、优秀设计、优质工程等评选的重要指标之一,优先给予评奖。

各地应根据本通知要求,结合当地实际情况,制定具体的实施细则,并加强宣传,使社会各界和广大群众深入、全面地了解推广应用太阳能热水系统的重要意义,认真分析、妥善解决推广应用过程中出现的新情况、新问题,以保证这项工作平稳、健康地开展。

执行过程中遇到的问题,请及时与省建设厅联系。

二〇〇七年十一月十三日

十、江苏省建设厅关于统一使用《建筑节能工程施工质量验收资料》的通知

苏建质[2007]371号

各省辖市建设局、南京市建委(建工局):

根据国家《建筑节能工程施工质量验收规范》(GB50411—2007)和江苏省工程建设标准《建筑节能工程施工质量验收规程》(DGJ32/J19—2007),江苏省建设工程质量监督总站制定了《建筑节能工程施工质量验收资料》,现予发布使用。

凡2007年10月1日后开工的工程,其建筑节能分部工程施工质量验收资料均应按规定要求及时、准确地收集整理,并作为分部工程验收资料单独成册,纳入《建筑工程施工质量验收资料》。

《建筑工程施工质量评价验收系统》软件可到江苏工程质量监督网上升级《建筑节能工程施工质量验收资料》。

附件:建筑节能工程施工质量验收资料(略,可到江苏省建设工程质量监督总站网站上下载)

二〇〇七年十一月二十三日

十一、江苏省建设关于进一步加强复合保温砂浆建筑保温系统应用管理的通知

苏建函科[2008]228号

各省辖市建设局(建委)、建工局：

为规范复合保温砂浆建筑保温系统的应用,落实《复合保温砂浆建筑保温系统应用管理暂行规定》(苏建科[2007]144号)文件要求,近期我厅组织了复合保温砂浆工程应用情况检查。检查发现,目前我省复合保温砂浆应用形势不容乐观,抽检的复合保温砂浆产品合格率偏低,仍有单位违规选用双组份产品和非厂家统一供应组成材料的产品,给建筑节能工程质量带来隐患。为加强复合保温砂浆应用管理、确保建筑节能工程质量,特作如下通知：

一、加强监督管理

建筑保温工程质量直接关系到建筑节能效果和装饰工程安全,目前我省建筑外墙采用复合保温砂浆建筑保温系统占大多数,但由于其系统组成和施工工艺复杂,现场操作要求高,质量控制难度大,操作不当容易产生墙面空鼓、开裂、热工性能不达标等问题,各地建设行政主管部门应重点加强对复合保温砂浆建筑保温系统应用的管理,开展专项质量整治,确保建筑保温工程质量。

二、正确选用复合保温砂浆建筑保温系统

为了避免施工中的不确定因素影响建筑保温工程质量,明确材料责任主体,应用复合保温砂浆建筑保温系统时,其组成材料必须由厂家统一供应,严禁采购不同厂家的材料进行复配施工,不得选用双组份产品和明显低于市场价格的产品,优先选用取得江苏省建设科技成果推广认定的产品。

三、加强施工过程质量控制

施工单位、监理单位应按照相关标准规程要求,编制外墙外保温专项施工方案,做好复合保温砂浆进场复检、施工工序报验和监理验收工作,杜绝发生以次充好、保温层厚度不足、减少施工工序等违规行为。为提高外保温系统的可靠性,可结合工程特点做好样板墙、样板房的施工,优选应用方案。

四、严格复合保温砂浆推广认定管理

江苏省建设科技成果推广认定有效期内的复合保温砂浆产品,我厅将不定期组织对其应用情况进行检查,检查不合格的予以通报,连续两次检查不合格的,取消其推广认定。鉴于目前各类外墙外保温技术尚处于完善阶段,我省复合保温砂浆产品供应能力已满足市场需求,为避免恶性竞争和投资浪费,自本通知下发之日起,不再受理复合保温砂浆产品的科技成果推广认定。鼓励建设单位优先采用节能建筑墙体自保温、复合保温装饰一体化等保温节能新技术。

二〇〇八年四月二十二日

十二、江苏省建设厅关于加强建筑节能门窗和外遮阳应用管理工作的通知

苏建科[2008]269号

各省辖市建设局(委):

门窗是建筑节能的关键部位,提高外窗的热工性能可以明显改善建筑热环境,节能效果显著。应用外遮阳系统可以减少阳光照射和辐射,起到隔热效果。根据国家有关要求,结合本省实际,现就加强建筑节能门窗及外遮阳应用工作通知如下:

1 根据国家和省有关建筑节能标准要求,我省民用建筑中应当全面采用断热铝合金中空门窗、塑料中空门窗等节能门窗和复合卷帘式和水平百叶式等各种建筑遮阳技术;禁止使用32系列实腹钢窗、25和35系列空腹钢窗、非断热金属型材制作的单玻窗、单腔结构型材的PVC-U塑料窗、非中空玻璃单框双玻窗等非节能门窗。积极推广门窗节能改造技术和门窗玻璃贴膜技术,推进既有建筑门窗节能改造。

2 设计单位要严格执行节能设计标准,正确选用节能门窗和外遮阳技术。必须按节能设计标准要求选择门窗规格、型号,并具体说明采用的外遮阳措施。采用固定外遮阳的应有构造设计详图。

3 施工图审查机构应当在节能设计专项审查环节对节能门窗和外遮阳措施审查把关。达不到设计深度要求的不予审查通过。

4 建设单位要严格按照设计要求组织节能门窗和外遮阳产品采购、招标。产品生产企业应当提供节能门窗和外遮阳产品设计图、安装节点大样图或选用标准图,交设计单位审核并纳入施工图。

5 工程监理单位应严格按照建筑节能工程施工质量验收规范的规定,做好节能门窗进场见证抽样复验工作,重点检查进场与送检产品是否一致。加强节能门窗和外遮阳产品的质量控制。

6 开展节能门窗和外遮阳产品推广认定管理。省建设厅委托厅科技发展中心对进入我省建筑市场的节能门窗和外遮阳产品实行推广认定。各地建筑工程应选用获得推广认定证书的产品,并加强对这些企业的监督。

7 推动门窗性能标识工作。申请门窗节能性能标识的企业可与推广认定工作一并进行产品性能检测。有关性能标识工作按照《建筑门窗节能性能标识试点工作管理办法》(建科[2006]319号)执行。

8 省建设厅组织的建筑节能专项检查,将把检查建筑节能门窗和外遮阳技术应用工作情况列入专项检查内容。

二〇〇八年九月十七日

十三、江苏省建设厅关于印发《江苏省应用外墙外保温粘贴饰面砖做法技术规定》的通知

苏建科[2008]295号

各市建设局(建委)、规划局：

　　为确保建筑节能工程质量，规范我省建筑外墙外保温粘贴饰面砖技术应用，我厅制定了《江苏省应用外墙外保温粘贴饰面砖做法技术规定》，现印发给你们。

　　本技术规定自2008年12月1日起实施，原《江苏省外墙外保温粘贴饰面砖做法技术要求(暂行)》(苏建科[2006]287号)同时废止。

　　附件：《江苏省应用外墙外保温粘贴饰面砖做法技术规定》。

二〇〇八年十月二十三日

附件：

江苏省应用外墙外保温粘贴饰面砖做法技术规定

　　第一条　为了规范我省建筑外墙外保温粘贴饰面砖做法，确保工程质量和安全，特制定本技术要求。

　　第二条　外墙外保温粘贴饰面砖系统应充分考虑抗震、抗风时基层材料的正常变形及大气物理化学作用等因素的影响，结合我省的实际情况，外墙外保温粘贴饰面砖系统最大应用高度不得大于40m。

　　第三条　外墙外保温粘贴饰面砖系统应有完善的系统设计方案。系统应采用增强网加机械锚固措施，锚固件应保证可靠锚入基层，增强网应采用热镀锌电焊钢丝网，增强网和锚固件构成的系统应能独立承受风荷载和自重作用。外墙外保温粘贴饰面砖系统的材料，包括保温材料、锚固件、抗裂砂浆、胶粘剂、界面砂浆、增强网、饰面砖、填缝材料等的各项性能指标都应符合国家和省有关标准的规定。且面砖质量不应大于$20kg/m^2$，单块面砖面积不宜大于$0.01m^2$。

　　系统应经过包括耐候性试验的型式检验，当系统材料有任一变更时应重新进行该项检验。

　　第四条　当系统经过严格的型式检验并有成熟的施工工艺时，可采用耐碱玻纤网格布增强薄抹灰外保温系统粘贴饰面砖，系统各组成材料除了应符合国家和省有关标准规定外，系统抗拉强度不应小于0.2MPa，保温板的表观密度应在$25kg/m^3$至$35kg/m^3$之间，压缩强度应在150kPa至250kPa之间，吸水率(浸水96h)应小于1.5%，耐碱玻纤网格布的ZrO_2含量不应小于14.5%，且表面须经涂塑处理。

　　第五条　外墙外保温粘贴饰面砖系统应结合立面设计合理设置分格缝，分格缝间距：竖向不宜大于12m，横向不宜大于6m。面砖间应留缝，缝宽不小于6mm，并应采取柔性防水材料勾缝处理，确保面层不渗水。

第六条 建设单位应慎重选用成熟、可靠的外墙外保温粘贴饰面砖系统。设计单位应进行系统设计,明确系统构造及各组成材料的性能指标。施工单位应按设计和标准要求编制专项施工方案,在大面积施工前应进行现场"样板"试验,在"样板"试验验收合格后方可进行大面积施工。工程监理单位应当按照设计要求和施工单位的专项施工方案进行材料、工序等过程控制。

第七条 在进行外墙外保温粘贴饰面砖系统施工和验收时,除执行本技术规定外,尚应符合国家和省现行的有关标准和规定。

第八条 本技术规定自2008年12月1日起实施,《江苏省外墙外保温粘贴饰面砖做法技术要求(暂行)》同时废止。